趣味导游美食知识

《趣味导游知识》编辑部　主编

U0241851

北京·旅游教育出版社

编委会

主　编：徒步天涯

编　委：（排名不分先后）

孙　沛	祝世超	马　静	杜蒙蒙
罗凤琴	陈雪姣	杨晓东	赵一文
李　然	王军锋	周鸣敏	江　飞
王　欢	谌立军	陈代明	邓　阳
邓益香	谌雨霞	邓辛妮	洪　武
程　倩	邓琴书	王　超	梁　慧
夏鸥云	唐　璐	刘小波	闵颖慧
黄　玉	霍庆冬	罗　垠	潘吉钜
彭赠忠	杨成芳	雒岩卫	张　娟
曹昌虹	秦玉虎	张冬霞	赵东瑾
王雷鸣	宗　静	徐丽丽	李瑶瑶
宫　烁	江鑫淼	杜　慧	

　　有人说，我们的一生要一直在路上，要么是身体，要么是心灵。唯有在路上的人生才会有实际价值。在路上，磨砺的不仅仅是我们的身体，更多的是不同文化对我们心灵的冲击和洗礼。在某种意义上，导游就是旅途中的实践者。也许，他们的一生都在探寻，探寻美丽、神秘的风景，探寻丰富、广博的知识。

　　文化知识的海洋是无边无际的。我们穷毕生精力，也无法通晓所有的知识。为了让导游在最短的时间里尽可能多地了解相关的旅游文化知识，我们编写了这套《趣味导游知识丛书》。本丛书共分八本，仅从历史、地理、国学、民俗、宗教、美食、特产、文物等诸方面提炼最典型、最有趣的知识点，以飨读者。有了这些丰富而又趣味十足的知识，旅途中的您不仅能尽享风景背后的底蕴，而且更能体验文化盛宴、智慧之旅；不仅可获得轻松阅读之愉悦，亦可永存奇特探秘之回忆！

　　本丛书内容丰富，浅显易懂，语言流畅。您可以在最短的时间内，获取尽可能多的营养。另外，丛书中还配置了数百张精美图片，让您在轻松学知识的趣味阅读中，充分感受到中华旅游文化的底蕴和魅力，独享一桌超级视觉盛宴！

　　一个故事，一段历史；一种文化，一份传承……但愿本丛书能成为您领略文化、品味人生的窗口；能成为您休闲生活中不可或缺的文化快餐、知识读本……

《趣味导游知识》编辑部

趣味川菜知识

趣味鲁菜知识

趣味粤菜知识

趣味苏菜知识

趣味湘菜知识

趣味浙菜知识

趣味闽菜知识

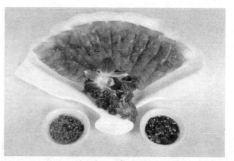

趣味徽菜知识

趣味京菜知识

趣味津菜知识

趣味东北菜知识

趣味赣菜知识

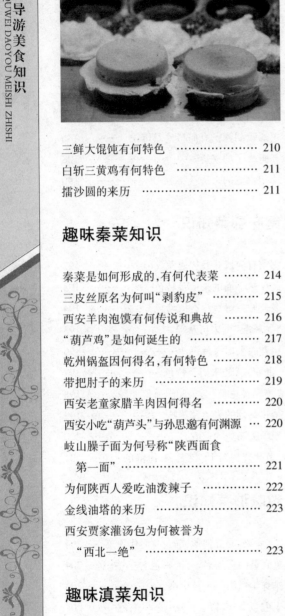

趣味新疆菜知识

趣味黔菜知识

趣味晋菜知识

趣味陇菜知识

趣味渝菜知识

趣味青海菜知识

趣味宁夏菜知识

趣味西藏菜知识

趣味台湾菜知识

趣味香港菜知识

趣味澳门菜知识

趣味川菜知识

QUWEI CHUANCAI ZHISHI

川菜是如何形成的

川菜，是对我国四川一带饮食特征的统称；为我国八大菜系之一。各地川菜风味比较统一，是我国民间最大的菜系。

川菜的历史悠久。有人认为其起源于先秦时期的古巴蜀国。根据近些年出土的考古文物可以证明，在先秦时期的古巴蜀国有着灿烂的文明。但从这些文物中我们仍然不能知道当时的烹饪与现代川菜的联系。而根据东汉郑玄在注释《礼记·内则》与高诱所注的《吕氏春秋·本味篇》里的说法，古巴蜀人有嗜臭的习俗。这显然与现在的川菜有着一定的区别。

现在人们对川菜的印象大多是"麻辣鲜香"。早在东晋时就有记载蜀人"尚滋味"、"好辛香"的特点。由此，我们可大概推断出：现在川菜的特点主要承袭自三国两晋时期。这样算来，川菜至少已有近两千年的历史了。

川菜婚宴

隋唐五代时期，因战乱等原因，四川成为许多中原贵族、文化名人避世的地方。中原文明随着人们的涌入也一块来到了四川，促进了四川文明的发展，而这些体现在饮食的变化上，川菜也在这一时期得到了极大的发展。到宋朝时，川菜已经不仅只在川蜀一带流行，其影响跨越巴蜀旧疆，向四周辐射，形成了一个独立的菜系。此时它被人们称为"川饭"。这是古典川菜的高峰。

现代川菜诞生于清代，是随着四川经济文化的复苏而发展起来的。由于明朝末年战乱频繁，四川经济文化一落千丈，古典川菜也遭到了几乎毁灭性的打击。清初，朝廷的移民政策注定了现代川菜是一种移民文化的混合。它受多家菜系的影响，又适应本地的饮食要求，在我国的八大菜系中极具特色。

早期的川菜烹饪比较简单粗糙，主要受来自两广、江西、陕西等进川下层移民的影响。除此之外，《醒园录》与来自北方的旗人

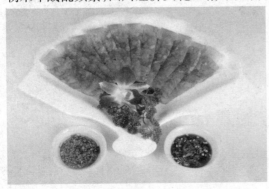

川菜拼盘

青羊区宽巷子 16 号的"花间
新派川菜馆"

官员也对上层川菜的发展有着重要影响。

《醒园录》的作者是四川罗江人李化楠,为乾隆时期进士,后赴浙江当官。他在闲暇之余,喜欢收集家厨、主妇的烹饪经验,并把这些记录在《醒园录》里,后由其子李调元编撰整理成书出版。它详细记载了烹调的原料选择和烹饪操作程序。其中记载的烹调手法对现代川菜的发展起到了极大的促进作用。书中所记菜式多为浙菜,但李氏父子大都对这些浙菜进行了川化改造。

清初,朝廷在四川设防,派驻 1600 名八旗子弟驻守。民间百姓效仿这些旗人与满族官员的京城菜式,自创出一些新菜,如,"肉八碗"、"九大碗"等。从中我们可以看到明显的鲁菜特点。而另一方面,随着四川经济的发展,清朝廷也越来越重视其战略地位,派驻多位朝廷大员到此上任,如,丁宝桢、张之洞、岑春煊、锡良等。他们在这里兴洋务、办新学,使得四川经济文化取得了自南宋末以来的第一次飞跃。由于这些来自朝廷大员的提倡及南馆在成渝两地的开设,使得现代上层川菜的演进得到强化。

由此可知,现代川菜受鲁菜与浙菜影响很深。在此基础上所创制的川菜,一般不含辣,麻味不突出,制作精致,但这些并不是现代川菜的特点。现代川菜麻辣强烈、色泽艳丽,更多地还是受下层移民对当地饮食的影响。

总之,现代川菜的诞生,是与晚清时期四川文化的起飞分不开的。它主要是在移民烹饪文化、烹饪学家,包括上层示范文化的影响下发展起来的。

川菜有哪些特色和味型

川菜具有取材广泛、调味多样、菜式适应性强三个特征。由筵席菜、大众便餐菜、家常菜、三蒸九扣菜、风味小吃等五个大类,组成了一个完整的风味体系。川菜烹调方法多样,擅长炒、滑、熘、爆、煸、炸、煮、煨等,其小煎、小炒、干煸和干烧有其独到之处。在口味上讲究色、香、味、形兼有,以风味的多、广、厚著称,历来有七味八滋之说。川菜烹调有四个特点:一是选料认真;二是刀工精细;三是合理搭配;四是精心烹调。

川菜菜系从地理上可分为上河帮、下河帮与小河帮。每个菜系都有自己的特点。上河帮，以成都乐山为中心，特点是调味丰富，口味相对清淡，川菜中的高档菜基本出自于此；下河帮，以南充、重庆为中心，菜色粗犷大方、花样翻新、用料大胆，选材不拘一格，俗称江湖菜；小河帮，以川南自贡为中心，以味厚、味重、味丰为其鲜明特色，分为盐帮菜、盐工菜和会馆菜。

四川盆地湿度大、多阴雨，因此在饮食上喜食辛辣以便排出湿气，故川菜厨师在辣上所做的文章远非其他菜系所能比拟的，除辣椒外，像生姜、茱萸、麻椒、花椒等也都是川菜厨子最爱用的调味料。辣味型的菜在川菜中占有相当大的比例，因而麻辣也就成了川菜最大的特色。但川菜绝不仅仅只会

地道的川菜美食

麻辣，川菜讲究综合用味，川菜特点是突出麻、辣、香、鲜、油大、味厚，重用"三椒"（辣椒、花椒、胡椒）和鲜姜。调味方法有干烧、鱼香、怪味、椒麻、红油、姜汁、糖醋、荔枝、蒜泥等复合味型，形成了川菜的特殊风味。它在酸、甜、麻、辣、苦、咸这六种基本味型上，结合丰富多变的烹调方法，又调配出多种复合味型，所以素有"一菜一格，百菜百味"的美誉。

川菜：火锅

川菜的味型有 24 种之多，是目前全国所有菜系里味型最丰富的菜系，是调味变化的精华，并构成了川菜的独特风味：麻辣、辛香、咸鲜、酸辣、泡椒、怪味、鱼香、糊辣、红油、家常、荔枝、甜香、烟香、椒麻、蒜泥、五香、糖醋、咸甜、陈皮、酱香、姜汁、麻酱、椒盐、香槽、芥末。

 ## "宫保鸡丁"因何得名

宫保鸡丁，又称宫爆鸡丁，由鸡丁、干辣椒、花生米等在一起炒制而成，是川菜的传统名菜之一。其鸡肉的鲜嫩配合花生的香脆，加上入口的鲜辣，颇受大

众喜爱。即使是在英美等西方国家，宫保鸡丁也久负盛名，几乎成为中国菜的代名词。

宫保鸡丁

"宫保鸡丁"的来源有三种说法：

其一，清朝时由丁宝桢创制。丁宝桢原籍贵州，是清咸丰年间进士，曾任四川总督。据说他在山东时曾让家厨制作"酱爆鸡丁"。调任四川总督后，受川菜喜辣的影响，每逢客宴，他就让家厨用花生米、干辣椒和嫩鸡肉炒制鸡丁，肉嫩味美，很受客人欢迎。他后因戍边御敌有功，被清朝廷封为"太子少保"，人称"丁宫保"。这道菜也就被称为"宫保鸡丁"了。

其二，丁宝桢在四川时大兴水利，百姓感其恩德，献炒鸡丁，名曰"宫保鸡丁"。

其三，丁宝桢在四川任职时，有一次微服私访，在一家小肆吃到以花生米炒的辣子鸡丁，甚觉味美，后让家厨仿制。家厨名之"宫保鸡丁"。

这三种说法都与丁宝桢有关。看来"宫保鸡丁"无论是由谁首创，其得名的确来自"丁宫保"。这也是丁宝桢的荣誉，是民众对一位好官的纪念。

 ## "东坡肘子"的来历

东坡肘子是传统四川名菜，肥而不腻、粑而不烂，色、香、味、形俱佳。眉山东坡肘子的制作比较讲究，在选料上只选猪蹄膀，将其洗净后放入清水中炖，至八分火候，再将肘子捞起来，上蒸笼蒸。经过这两次脱脂后，肘子能达到肥而不腻、粑而不烂的程度。东坡肘子的来历主要有三种说法。

一说，东坡肘子实为东坡之妻王弗的佳作。一次她在炖肘子时把肘子炖焦煳了。为了掩饰煳味，她赶紧加入各种配料慢慢烹煮。不想做出来的肘子味道奇好，很得东坡喜欢。于是东坡如法反复试做，才最终定型。东坡肘子遂因此而得名。

东坡肘子

二说，东坡在江西永修一带时，为一农夫的孩子治好了病。农夫留东坡吃饭。东坡看到乡村美景便吟了句诗："禾草珍珠透心香。"农夫听成"和草整煮透心香"，以为大学士在教他煮肉，于是便将猪肉和系肉的稻草一起煮，不料煮出来的肉别有风味。

三说，是 20 世纪 40 年代，四川大学中文系的 4 位学生在成都开办了一家餐厅，取名"味之腴"，并从苏东坡的传世墨迹中辑出"味之腴"三字，做成招牌，宣称这三字系苏东坡亲手所写，店内的"东坡肘子"也是苏东坡亲手所创，秘传而来。因东坡名气大，加之肘子味道好，东坡肘子很受欢迎。

"龙抄手"因何得名

四川一带的人喜欢把馄饨称作"抄手"，而这里最有名的抄手，就是位于成都春熙路上的龙抄手。这家店始创于抗日战争时期，创办人名叫张武光。当时春熙路上的"浓花茶园"是很多人休闲娱乐的场所。这里不仅有当地人，还有大量因战事迁到成都的外省人。张武光看到了其中的商机，于是与朋友商量在此处开一家抄手店。在给小店起名字的时候，他们借用了浓花茶园的"浓"字。四川话里，浓与龙同音，从而得名"龙抄手"，也有"龙凤吉祥、生意兴隆"之寓意。这家店在 20 世纪 40 年代开业，地址选在春熙路的悦来场，20 世纪 50 年代初期搬到了新技场，到 60 年代又迁到春熙路南段至今。

成都市内有许多经营抄手的店铺，龙抄手却是最有特色：皮"薄如纸，细如绸"，馅料细腻嫩滑，汤清鲜美醇厚。龙抄手的选料特别精细讲究，手抄皮用的是特级面粉，经细搓慢揉擀制而成；馅心采用猪肉加水制成水打馅，吃到嘴里特别细腻；原汤所选材料是鸡、鸭、猪的精华部位，汤经过猛炖慢煨，尝起来香醇浓厚。另外根据四川人的特点，会配以清汤、红油、海鲜等多种口味。

成都龙抄手由开店时起，就吸引了不少文化名人前来捧场。该店的招牌就是时任四川大学文学院院长书写的，而现在的店招牌则是已故著名书画家赵蕴玉先生补书的，颇有文人底蕴。现在的龙抄手，为适应顾客需求，不单只经营抄手，还兼营玻璃烧卖、汉阳鸡等各类小吃。

龙抄手

"夫妻肺片"因何得名

　　夫妻肺片原名夫妻废片,已有百年的历史。相传早在清朝末年,成都街头便有卖凉拌肺片的小摊。20世

纪30年代成都少城附近有一男子名郭朝华,与其妻一起以制售凉拌肺片为业。当时成都回族居民只食用牛羊肉,将内脏丢弃。郭朝华夫妻便捡起这些废弃的内脏做成肺片。由于其味道鲜美,价廉物美,很受好评,特别受到拉车夫、脚夫和学生们的青睐。据说当时成都长顺街有一家"张婆

夫妻肺片

酒铺",有好酒却无好菜。店主遂邀郭氏夫妻俩在铺前摆长摊,互借他长。某日,一客商赞赏"废片"的味道,竟送来"夫妻废片"金字牌匾。从此他们经营的废片正式定名为"夫妻废片"。

　　新中国成立后不久,实行公私合营,郭氏夫妇的店并入国营单位。经几代人的努力,夫妻废片已成为很有名的菜品了。有人嫌"废片"不雅,改名为"肺片"。1985年正式注册商标"夫妻肺片"。如今"夫妻肺片"已成为一个杰出品牌。

"担担面"有何由来

　　小吃初创时大都是在街巷之中流传出来的。走街串巷的小贩们用自己的智慧,留给我们许多美好的回忆与美食。距今已有100多年历史的川菜担担

面,相传就是由一个叫陈包包的自贡小贩在1841年创制的。最初源于大户人家的太太小姐们深夜搓麻,饿了就叫街上挑担卖消夜的小贩,来一碗热腾腾的面补充体力。小贩的扁担一头是炉灶,上面置一口铜锅,铜锅分两格,一格炖着老母鸡汤,一格留有清汤;另一头则装着碗筷、调料、

担担面

洗碗的水桶。煮面的时候把清汤烧开,面下锅不久就要捞起,装进放有各种调料的碗里;然后舀起一大瓢香气袭人的鸡汤浇进面条,上面再放些肉燥与切好的葱末;最后加一勺地道的四川辣酱,一碗色泽鲜艳、麻辣爽口的担担面就做好了。因为这是挑着担子沿街卖的,所以人们就叫它"担担面"。

担担面的制作与用料都不复杂,但在和面和作料的制作上却很讲究,

如今担担面的经营者,已经不需要再像过去小贩那样,挑着担子在街巷子里游走吆喝,多数已经改为铺面经营。但其地道的美味,仍流传至今。

"麻婆豆腐"的来历

麻婆豆腐,是川菜中的名品,主要原料是豆腐。豆腐嫩白而有光泽,色泽淡黄,有麻、辣、烫、鲜、嫩、香、酥、活八字之誉。

麻婆豆腐

据说在清代光绪年间,成都万宝酱园的温掌柜有一个麻脸女儿,名叫温巧巧,后来嫁给了马家碾一个油坊的陈掌柜。10年后,她的丈夫意外身亡,巧巧和小姑的生计成了问题。她们的左右隔邻分别是豆腐铺和羊肉铺。她把辣椒、碎羊肉、豆腐一起炖成羊肉豆腐,味道辛辣,尝过的人都觉味美。于是,姑嫂俩便把屋子门面改成食店,以羊肉豆腐作招牌菜招揽顾客。由于价钱不贵,味道又好,小店生意红火。巧巧死后,人们便把羊肉豆腐命名为"麻婆豆腐",以示纪念。

另一说是陈老太做的牛肉炖豆腐香鲜味美,生意异常红火,令对面副食店的老板娘眼红,便骂她是个麻脸婆子。陈老太是个胸怀大度的人,一切容忍,后来干脆挂起一块"陈麻婆豆腐"大招牌,使麻婆豆腐名声越来越大。

"水煮牛肉"因何得名

水煮牛肉,起源于北宋时期。当时在四川自贡一带钻了很多盐井。盐井上安装有辘轳,以牛拉动提取卤水。此活儿是重体力活儿,一头壮牛多则半年,少则三月,就会力尽而被淘汰。故当地常有退役的牛被宰杀。人们取肉切片,放在盐水中,加花椒、辣椒煮食,肉鲜味美。后来这种做法广泛流传,经菜馆厨师

改进，成为四川民间的一道名菜。
因牛肉片不是用油炒熟，而是在辣
味盐水中煮熟的，故名"水煮牛肉"。

民国时，四川自贡名厨范吉安
对水煮牛肉改进创新，把牛肉切成
薄片，加精盐、酱油、作料、淀粉糊等
拌匀；将郫县豆瓣、干辣椒放入油锅
中炒，再放入花椒、葱段、莴笋片炒
香；加入肉汤烧沸，把牛肉片下入

水煮牛肉

汤锅，煮至肉熟，肉片伸展，外表发亮；盛入盘中，淋上辣椒油即成。其特点是
肉质细嫩、鲜香可口、油而不腻、麻辣烫俱全。水煮牛肉于 1981 年入选《中国
菜谱》。

 ## "赖汤圆"的来历

赖汤圆，是成都有名的小吃，已有 100 多年的历史。其创始人是四川资阳
东峰镇人赖元鑫。赖元鑫少年时父母双亡后，便跟着堂兄到成都一家饮食店当
学徒，后来因得罪老板被辞退。1894 年，他向堂兄借了几块银圆，以挑担卖汤圆为
生。他看到成都卖汤圆的众多，认为要想站住脚，非有过人的质量不行，便磨细米
粉，加重糖油心子，早上卖早堂，晚上卖夜宵，起早贪黑，苦心经营。直到 20 世纪
30 年代才在成都总府街口开店经营，取名赖汤圆。

他的汤圆做工精细、质优价廉、色泽洁白、皮薄馅丰，煮时不烂皮、不漏油、
不浑汤；吃时不粘筷、不粘牙、不腻口，爽滑软糯、滋润香甜。其品种先是黑芝
麻、洗沙心，后增加了玫瑰、冰橘、枣泥、桂花、樱桃等；馅心有圆的、椭圆的、锥形
的、枕头形的。其鸡油四味汤圆一碗 4 个，四种馅心，四种形状，小巧玲珑，配以
白糖、芝麻酱蘸食，风味别具，所
以常常是顾客盈门，生意红火。

1939 年，赖元鑫为家乡建储
彦中学捐了不少钱，传为佳话。
1990 年赖汤圆再次被命名为"成
都名小吃"。如今赖汤圆仍然生
意兴隆，供不应求，年销售量达
300 万公斤，甚至卖到海外，很受
国外食客的青睐。

赖汤圆

"开水白菜"是如何创制的

开水白菜,是川菜里的上品,但从菜名到成型,都很难让人信服它在川菜中的地位。开水白菜乍看就是一碗清水里漂着几片白菜,看上去十分寡淡,与川菜艳丽的色彩相差甚远,很难提起食欲。但尝过后就不得不臣服于它的绝妙滋味了。其汤味鲜美浓厚,却不见半点油花,吃进嘴里清香爽口。

开水白菜

开水白菜的最初发明者,是川菜大师黄敬临。当年他供职光禄寺的时候,就因做得一手好菜而得到慈禧太后的赏识。当时的饮食界对川菜的一致评价是:"只会麻油,粗俗土气。"这让身为四川人的黄敬临很不服气,遂以自己的绝世之手把做菜的手艺发挥到了极致,创造出了这道菜中神品。他令时人对川菜折腰臣服,让川菜终于得以扬眉吐气。黄敬临过世后,其手艺由弟子传承。其中川菜大师罗国荣深得开水白菜的精髓,将这道菜做成了北京饭店高档宴席的佳肴。

开水白菜的制作极为烦琐复杂。其中的吊汤,是此菜成功与否的关键。因为要求汤味浓厚,清如开水而不见一丁点儿油腥,故而对制作过程要求极高。有兴趣的朋友,可学习制作。

"回锅肉"的来历及特色

回锅肉,又称熬锅肉,是四川名菜,家家户户都能制作。所谓回锅,就是放回锅里再煮一次的意思。回锅肉色泽红亮,肥而不腻,具有"咸、甜、鲜、香、辣"的特点,被认为是川菜之首,有"川菜之王"的美誉。

据说以前川人每月初一和十五要家祭,以煮熟的五花肉作为祭品。当仪式完成后祭肉已凉,食用时要再放锅里炒一炒,回回锅。后来这种做法演变成一道菜,名为"回锅

回锅肉

肉"，川西称为熬锅肉。

回锅肉的主料是猪肉，以肥瘦相连的为佳；辅料随季节选用，有青蒜苗、青椒、生姜、蒜薹、卷心菜、大白菜、京葱、笋等；调料用正宗的郫县豆瓣、甜面酱、豆豉、酱油，还需要些食用油。

其制作方法是，将猪肉、葱、姜、花椒一起放入锅里煮，至肉熟皮软捞出；冷透后，切成薄片，放入油锅炒；再加入蒜苗、郫县豆瓣、酱油，炒至肉冒油，出香味；起锅装盘，回锅肉就做成了。

"灯影牛肉"因何而来

灯影牛肉是四川达县的传统名食，由牛后腿腱子肉切片，经腌、晾、烘、蒸、炸、炒等工序制作而成。关于它的来历，说法不一。

一说唐代诗人元稹任通州司马时，到一家酒肆小酌。上菜有一盘牛肉，色泽油润红亮，味道鲜香麻辣，入口自化而无渣，食后回味无穷，而且肉片较大，薄如纸，呈半透明状，用筷子夹起在灯下一照，牛肉的丝丝纹理能在墙壁上显出影像来，犹如当时京城长安盛行的"灯影戏"（皮影戏）。兴之所至，元稹当即命名为"灯影牛肉"。该菜由此一举成名。

灯影牛肉

另一种说法是，清光绪年间，四川梁平县有个姓刘的人流落到达县，以烧腊、卤肉为业。他对牛肉制作工艺加以改进，将牛肉切成又大又薄的片，腌渍入味，再上火烘烤，还淋上香油，美其名曰"灯影牛肉"。灯影牛肉酥香可口，大受食客欢迎。刘姓商人也因此发家致富。商家纷纷仿制，使灯影牛肉声名远播，成为四川一大名食。

四川火锅的起源与发展

四川火锅，大约出现在清道光年间，据有人考证其发源地是长江之滨泸州的小米滩。以前长江上跑船的船工常宿于小米滩，停船后即生火，火上放一瓦罐，加海椒、花椒做汤，以祛湿，想吃什么菜就加入什么菜，烫熟即食，味道很好。后来这

四川火锅宴

一方法传至重庆,形成重庆火锅。

民国时四川作家李劼人的《风土什志》中对重庆火锅的形成和发展做了描述:"吃水牛毛肚的火锅,则发源于重庆对岸的江北。最初一般挑担子零卖贩子将水牛内脏买得,洗净煮一煮,而后将肝子、肚子等切成小块,于担头置泥炉一具,炉上置分格的大洋铁盆一只,盆内翻煎倒滚着一种又辣又麻又咸的卤汁。于是河边、桥头的一般卖劳力的朋友,便围着担子受用起来。各人认定一格,且烫且吃,吃若干块,算若干钱,既经济,又能增加热量。直到民国二十三年(1934 年),重庆城内才有一家小饭店将它高尚化,从担头移到桌上,泥炉依然,只是将分格铁盆换成了赤铜小锅,卤汁、蘸汁也改由食客自行调配,以求干净而适合不同人的口味。"

由此看来,火锅确实最初为船工们所用,后来在重庆发展成形。到抗日战争时期,国都迁往重庆,政要、军官、金融巨头、商人、士兵等都喜欢去吃火锅。后来国民党败退台湾,一些国军老兵不能忘记重庆火锅的美味,以至有人在台湾开起了火锅店。近十多年来人们的生活改善,注重吃喝,重庆火锅发展迅速,火锅街、火锅城、火锅楼比比皆是,卤汁、用料、调味有所创新。

受重庆火锅的影响,四川各地也兴起了火锅,因地制宜,各具特色。成都火锅有鸳鸯火锅、肥牛火锅、鸭肠火锅、毛肚火锅、海鲜火锅、牛杂火锅、粥底火锅、滋补火锅、蛇肉火锅等。泸州有三色火锅、川南汤火锅,味道也很鲜美。还有达县酒鸭火锅、海马火锅,内江的鲢鱼火锅,宜宾的烧火锅,长宁的竹荪火锅,秀山的狗肉火锅,温江的豆花火锅,新津的鱼头火锅,西昌的酸汤鸡火锅等,均很有地方特色。

 ## "川北凉粉"有何独特

凉粉类菜系是中华饮食中一个重要的组成部分。四川的凉粉创于蜀汉,传承至今已有近 2000 年的历史。川北凉粉在川味凉菜中是颇具特色的一种,也是公认的最好的一种凉粉。其口感麻辣爽口、鲜香味醇,一直深受当地百姓的热爱。

川北凉粉的创始人是清朝末年南充县江村坝农民谢天禄。他的凉粉制作精细,从磨粉搅制到调料、配味都有独到之处,行人品尝后无不称道。后来,谢家凉粉经过改进变成了今天的川北凉粉。新中国成立后,有关部门办起了凉粉店,取名川北凉粉,现已成为当地的著名品牌。

川北凉粉的制作分两部分：第一部分，是制作凉粉。其原料可以是豌豆，也可以根据个人喜好选择绿豆、黄豆、大米等。首先，将上好的豌豆磨成豌豆粉，取200克；加1000克清水搅拌均匀；然后，将搅拌好的浆水倒入锅中开火加热，要不停地搅拌，使其受热均匀；当淀粉水变热时，将火调小，持续搅拌；至淀粉变透明

川北凉粉

时，关火，再搅拌一会儿，把淀粉糊倒入模具盒中，抹平、放凉即可成型。吃的时候把凉粉拿出，或切成丝，或切成条皆可。

第二部分，制作川北凉粉的调料。四川的凉粉以调料见长。其原料为以本地辣椒制作的豆豉与郫县特产的豆瓣酱，加上葱、蒜、酱油、香油、盐、醋、花椒面、辣椒油、味精、糖、香菜等，因而吃起来酱香浓郁、酸辣回甜，令人回味无穷。

美味"韩包子"的来历

成都特色小吃"韩包子"已有80多年的历史了。1914年温江人韩玉隆在成都南打金街开设"玉隆园面食店"，所做的包子因味道格外鲜美而美名远扬。韩玉隆之后，其子韩文华接替经营时又创制出"南虾包子"、"火腿包子"、"鲜肉包子"等品种，在成都饮食行业走红。后来韩文华将其店名更换为"韩包子"，专营包子，生意越做越红火。

韩包子在制作上严格遵循用料比例，用料考究、制作精心，具有皮薄色白、花纹清晰、馅心细嫩、松软化渣、鲜香可口等特点，色、香、味、形俱佳，深得食客喜爱。有评曰："北有狗不理，南有韩包子，韩包子物美价更廉。"著名书法家徐无闻曾给韩包子撰写一副对联："韩包子无人不喜，非一般馅美汤鲜，知他怎做？成都味有此方全，真落得香回口畅，赚我频来。"对联形象地描绘出韩包子的特色及食客在品尝时的欢悦心情。

韩包子

"冒菜"是否为一道菜

竹篓记冒菜世家冒菜

"冒菜"是川西平原独有的风味小吃，口味独特、价格实惠，很受民众喜爱。在川西的街市，常常会看到做"冒菜"的情景：一口大汤锅放在煤炉上，里面的汤料冒着热气，一股浓郁的香味随风飘散；食客点菜架上盛放着各种蔬菜，摊主则把所点的蔬菜放进一个尖底大口的长把竹篓，然后把竹篓放进沸汤锅里浸煮，不时地一提一放，一直到菜料熟了冒热气时，才提起竹篓，把菜料和一些汤汁倒进碗里，让食客食用或带走。

所谓的"冒"，就是把生熟原料放进滚冒热气的汤里煮熟。可见"冒菜"并不是一道菜，只是一种做菜的方法。这一点和串串香类似。什么都可以烫，有荤有素。"冒菜"和串串香的区别大概在于，"冒菜"的汤可以喝，而串串香的汤太辣，没人喝。"冒菜"一般是一份一份地叫，如果想多吃几种菜，就多点几样菜即可。比如，素的可以点莴笋、木耳、空心菜、藕片等；荤的可点血旺、毛肚、翅尖、鹅肠等。不过据说"冒菜"火气很重，胃火盛者不宜常吃。

"女皇蒸凉面"有何传说

女皇蒸凉面，又叫"夫妻米凉面"，是四川广元的名小吃，得名于女皇帝武则天。相传，武媚娘在入宫之前有一个青梅竹马的情郎，名叫常剑峰，读书之余，俩人常一起游河湾。河湾渡口有一家削面店，俩人路过小店时总要吃上一碗面。因此他们与店家混得很熟，谈论了些制面条的方法。夏天媚娘的生日那天，俩人又出来游玩，由于天很热，媚娘说："要有夏天吃的凉面该多好啊。"于

女皇蒸凉面

是俩人便和店家一起试做，终于用米粉做成绵韧不黏、柔软可口的凉面。媚娘和剑峰高兴得抱成一团。店家便打趣地说："这面就叫夫妻米凉面吧。"此面由此传开。

后来武媚娘被选入宫中，最后竟当了皇帝。夫妻米凉面便一下火了起来，并改名为"女皇蒸凉面"。武媚娘虽做了皇帝，但还不忘"夫妻米凉面"，每逢生日，便命御厨做一碗，以追忆美好的往事。

"珍珠圆子"的来历

珍珠圆子，是川菜中一道不可或缺的小吃，不同于川菜以麻辣为主的特点。其制作方法是以蒸为主，口感香浓软糯、清淡爽口，对于不能吃辣的人来说是一个不错的选择。

珍珠圆子的来历有两种说法：一种，是认为它脱胎于大名鼎鼎的湖北"沔阳三蒸"菜系。其发明者是元末大汉政权的建立者陈友谅的妻子。当时天下大乱，各地起义纷起，陈友谅也在家乡沔阳率众起义。为犒劳众士兵，陈友谅的妻子亲自下厨，运用当地最常见的材料，精心制作出这道菜。将士们吃过后纷纷赞赏，于是它便成为当地的一道名菜。后来在清朝时"湖广填四川"的移民运动中，从湖北移民过来的百姓也把这道菜带了过来，经与当地技艺的结合而发展成为今天的这道"珍珠圆子"。

另一种说法则认为，"珍珠圆子"始创于1910年，是由一位名叫张合荣的白案厨师发明的。他心灵手巧、善于创新，在做席时会给食客端上一盘比汤圆大两三倍的蒸汤圆，上面沾满一颗颗雪白发亮的米粒，顶端还嵌一枚鲜红的樱桃。这便是珍珠圆子的原型。食客一经品尝，香甜滋润，令人叫绝。

现代营养学认为，在所有的饮食制作方法中，清蒸菜是最能保证营养不受损失的健康做法。珍珠圆子由猪瘦肉、肥肉做成，最好用肥瘦三七开的肉做馅儿，太瘦不够滑润，太肥则口感油腻。圆子蒸熟之后，口感软糯适中，滋味鲜美可口，外层包裹的糯米粒粒竖起、晶莹洁白、油光发亮，真如颗颗珠圆玉润的珍珠。

珍珠圆子

"姑姑筵"有何稀奇

"姑姑筵",在四川话里原是过去小孩模仿大人做饮食炊暖的一种游戏,与我们现在的"扮家家酒"很相似。而今说到"姑姑筵",则更多的是因它被誉为"川菜仙品",令人食指大动。

"姑姑筵"是由民国时期的川菜美食大宗师黄敬临先生开创的。黄敬临(1873—1941年),又名黄循,出身于华阳镇的名门世家;自幼即吃惯精心制作的美食,每遇珍馐美味,必探本溯源,入厨烹出方休,因而练得一身好手艺。他曾当过官,但又实在不能适应官场生活而弃官从商,在成都少府公园开了一间名为"晋龄饭店"的饭馆。这便是姑姑筵的前身,后因各种原因饭店关门停业。黄公为人很幽默,在他57岁的时候,为了养家糊口,在成都西校场包家巷开办了"老成都姑姑筵菜馆"。这个店名有两层含义:一来是表明开店只是开个玩笑,就如小孩过家家一般;二来是因为店里帮忙跑堂的都是自家女眷。这也算是其稀奇之一了。

黄敬临做菜的规矩是:只有人等菜,没有菜等人。但凡敢迟到那么一点儿,马上就会被扫地出门,永不接待。且他一天只做4桌宴席,一般都要提前好几天预订。这样的厨子可比现在的明星大牌多了。

"姑姑筵"最令人稀奇的是,它没有固定的菜谱,全凭黄敬临根据客人的情况量身而做。黄公做菜,擅长结合宫廷风味与四川风味,能贵能贱,特重火候,开厨艺学术化之先锋。"姑姑筵"因对菜品制作精益求精,原料考究、工序精确,每一道菜都包含了浓重的西蜀历史风土人情,集川粤京苏四大菜系之精华。黄公性格潇洒倜傥、拓落不羁,烹饪技艺不拘于传统,烹调时常无菜谱。青筒鱼、叉烧肉、

30年代的姑姑筵店

红烧牛头、豆渣猪头、麻辣牛筋、泡菜煮黄辣丁等,均深受食客青睐,饮誉饮食业多年。许多名人对"姑姑筵"不吝溢美之词。蒋介石、徐悲鸿等更是对其倍加赞赏。

因黄敬临做菜不用菜谱,故自他过世后,许多姑姑筵的名菜均已失传。然而他的部分手艺仍通过弟子与家人流传下来,凭借其名声和美味成为"中国一绝"。

趣味鲁菜知识

QUWEI LUCAI ZHISHI

鲁菜为何被列为八大菜系之首

　　山东菜,简称鲁菜,是中国著名的八大菜系之一,也是黄河流域烹饪文化的代表,被誉为"北方代表菜"。著名风味有糖醋鲤鱼、九转大肠、汤爆双脆、百花大虾、蟹黄海参、德州扒鸡等。

鲁菜:锅塌豆腐

　　鲁菜的形成和发展,与山东地区的地理、历史、文化、经济和习俗有关。山东地处黄河下游,气候温和,是我国古文化发祥地之一。境内山川纵横、河湖交错、沃野千里、物产丰富、交通便利、文化发达。此外,这里的粮食产量居全国第三位;蔬菜种类繁多、品质优良,号称"世界三大菜园"之一,比如,胶州大白菜、章丘大葱、苍山大蒜、莱芜生姜等蔬菜都蜚声海内外。

　　鲁菜有五大特点,主要表现为:其一,咸鲜为主,突出本味;其二,以"爆"见长,注重火功;其三,精于制汤,注重用汤;其四,烹制海鲜,很是独到;其五,丰满实惠、风格大气。

　　山东多数菜肴原料多选畜禽、海产、蔬菜,以葱、姜、蒜来增香提味,尤其是葱烧类菜肴更以浓郁的葱香闻名,像葱烧海参、葱烧蹄筋等。

　　鲁菜的烹调方法非常全面,在八大菜系中最为突出。其中为爆、扒素、拔丝为主,尤以爆和扒素著称于世,且善于做山珍海味。其中,爆,分为油爆、盐爆、酱爆、汤爆、水爆、葱爆、芫爆等烹饪法,火上功夫可谓十分了得,因而有"食在中国,火在山东"一说。此外,凉菜的烹饪法有拌、炝、腌等;热制凉吃菜的烹饪法有卤、酱、酥、冻、卷、熏等。

鲁菜:杠头

　　鲁菜是宫廷最大菜系,由齐鲁、胶辽、孔府3种风味组成,以孔府风味为龙头。其中,济南菜具有清香、脆嫩、味厚、醇正等特色,尤以汤类佳肴著称;胶东菜精于海味,也以花色冷拼和花色热菜闻名;孔府菜制作精细、过程复杂,烹调技法全,讲究盛器和命名。

山东菜系不仅风味独特、种类繁多,而且对其他菜系的产生具有重要影响,尤其对北京、天津、华北、东北地区烹调技术的发展产生了很大的作用。所以,绝大多数人都认为,鲁菜是名副其实的中国"八大菜系"之首。

葱烧海参有何特色

葱烧海参,以水发海参和大葱为主料做成,是经典鲁菜菜品,也是中华特色美食,被列为"古今八珍"之一。该菜的特色是既有海参的清鲜、柔软,也有大葱的醇香,而且营养丰富,具有滋肺、补肾、壮阳、益精髓、抗肿瘤、延缓衰老等药用功效。也就是说,海参不仅是美味佳肴,也是名贵药材。

海参生于浅海礁石的沙泥海底,分为刺参、乌参、光参、梅花参等多种,而山东沿海所产的是海参中的上品——刺参。海参被誉为食疗佳品,经常食用有益于治病强身:它含有硫酸软骨素,可促进青少年的生长发育,能够延缓老年人的肌肉衰老;它的钒(微量元素)含量居各种食物之首,有补血、滋阴、壮阳等作用。

大葱,一方面,可作为调料品,具有去除荤、腥、膻等油腻味及菜肴中异味的功能,同时可产生特殊香味;另一方面,还有较强的杀菌作用,可降低胆固醇,预防呼吸道和肠道传染病,对心血管硬化也有较好疗效,经常食用也有利于健脑,此外用葱提炼的葱素还能降低血脂,可以说它是温通阳气的养生佐料。

葱烧海参的烹制方法较为简单,首先要将海参洗净,切条焯水,接着在锅内放少量油并将葱段进行爆香后取出,然后在原锅中放入海参及适量的盐、料酒等佐料,再盖上锅盖将其焖制,最后加入爆好的葱段将其进行翻炒后倒入稀芡即可。

据清人袁枚《随园食单》载:"海参无为之物,沙多气腥,最难讨好,然天性浓重,断不可以清汤煨也。"这里所说的是海参天性浓重的特点。后来针对这一特点,北京丰泽园饭庄的一代名厨王世珍发明了"以浓攻浓"的烹饪法,在海参中加入了浓汁、浓味,这样一来,它就成为现在的色香味形俱全的美食了。葱烧海参色暗、汁宽、味薄,食之令人难忘。

葱烧海参

九转大肠因何得名，有何特色

九转大肠是鲁菜中的传统名菜，关于其得名，源于这样一个典故：

九转大肠

话说清光绪年间（1875—1908年），济南九华林酒楼首创"红烧大肠"这一菜肴，谁知此菜一出，即引得众多食客前来品尝。因为九华林老板、济南巨商杜氏对"九"字情有独钟，所以他在济南所开的店铺字号都冠以"九"字，九华林酒楼便是其中之一。后来经过多次改进，红烧大肠的味道更加香醇、鲜美，引得许多著

名人士也慕名而来。这些文人雅士在品尝完该菜肴后，纷纷对其赞不绝口。其中一位文人为取悦店老板喜"九"之癖，便以道家"九炼金丹"的精神将红烧大肠更名为"九转大肠"。

九转大肠以猪大肠为主料，以香菜、葱、姜、蒜、胡椒、肉桂、砂仁为辅料，以绍酒、酱油、熟猪油、花椒油、精盐、醋、白糖、清汤为调料和腌料。其制作工序为一焯、二煮、三炸、四烧，即先将猪大肠进行水焯，然后以宽水上火熬煮，接着在炒锅内注入油后将大肠炸至金红色，再倒入香油用微火炒至深红色，最后加入辅料和调料即可。

九转大肠下料狠、用料全，做法别具一格；成品色泽红润透亮、质地软嫩、肥而不腻，酸、甜、香、辣、咸五味俱全，可以说与众不同，别有滋味。作为鲁菜系中的名菜之一，九转大肠是游客在山东旅游时绝对不能不尝的菜肴，否则该是多么遗憾的事呢！

四喜丸子有何典故

四喜丸子，为鲁菜的"八大经典名菜"之一。关于它的起源，有以下两种说法：

第一种说法认为，四喜丸子源于唐朝。相传唐朝时，有一年朝廷开科考，全国各地的学子纷至沓来，京城一时热闹非凡。等到皇榜一出，令众位学子感到惊异的是，贫穷寒酸的张九龄高中榜首。因为当朝皇帝赏识张九龄的才智，便将他招为驸马。

当时,张九龄的老家偏遇水灾。其父母一时之间没有了音信。而就在举行婚礼那天,张九龄意外得知父母的下落,并将他们接来京城。对张九龄来说,这可是喜上加喜的事儿啊,于是他让厨师烹制一道吉祥菜,以示庆贺。

等到菜肴端上来,张九龄一看,发现是4个大丸子,便问厨师它的含意。没想到厨师非常聪明地答道:"此菜为'四圆'。一圆,老爷头榜题名;二圆,成家完婚;三圆,做了乘龙快婿;四圆,合家团圆。"

四喜丸子

张九龄听后,对厨师做的这道菜很是满意,并连连称赞说:"'四圆'不如'四喜'响亮、好听,干脆叫它'四喜丸子'吧。"就这样,"四喜丸子"成了婚宴的必备菜肴。每逢结婚等重大喜事,在宴席上都能看到它的影子。

第二种说法认为,四喜丸子与慈禧太后有关。话说清光绪二十六年(1900年),八国联军侵华,慈禧太后逃到西安。光绪二十七年(1901年),即农历辛丑年,清廷与八国联军签订《辛丑条约》。条约签订后,慈禧决定返京。就在路经河南时,老佛爷降旨要尝一下当地的特色菜。

河南官员命令当地厨师大展手艺,为老佛爷献上了一道"四季丸子"。之所以这样命名该菜,是希望它为老佛爷一行带来好运,即"一年四季圆圆满满"。老佛爷品尝完此菜,对其十分满意,连连称赞它味道不错。但是,官员的想法却并非厨师的本意。

慈禧太后

原来慈禧一行祸国殃民,招致百姓民不聊生,一致反感:她的随行有数千人,车辆有上千辆,不以逃亡为耻,反而为荣;最要命的是,她还要在其经过的沿途让老百姓搭彩棚、修道路,并且下了一条"鸡入笼、狗上绳,牛羊入圈人禁行"的荒诞命令。

因为这样,河南的厨师在做四季丸子时,心中愤恨不平。一位厨师说:"炸死这个祸国殃民的慈禧!"另一位厨师接茬说:"慈禧心狠手辣,就应叫她完止!""慈禧"的谐音为"四喜","完止"的谐音为"丸子",这道菜的寓意就是"油炸(到)慈禧完止"。但是咒骂"老佛爷"是灭门之罪,于是厨师又用谐音将"炸慈禧"改名为"炸四喜",将"慈禧完止"改名为"四喜丸子"。

四喜丸子的主料为猪肉馅、鸡蛋,辅料为猪肥瘦肉、料酒、绍酒、湿淀粉、南荠、水发玉兰片等,佐料为植物油、香油、精盐、酱油、味精、姜、大葱白、花椒油等。其成品具有色泽金黄、芡汁清亮、鲜咸酥嫩、味道香醇等特色。

此外,还有一件有趣的事情,英语系外国人在翻译"四喜丸子"时,将其直译为"四个快乐的肉球",即"Four Happy Meatballs"。

糖醋熘鱼有何由来及特色

糖醋熘鱼历史悠久。据载,早在北宋时期就已出现。传说它还是宋太祖赵匡胤发明的,故而也称"黄袍加身",被誉为"北宋第一宫廷菜"。

话说清光绪二十六年(1900年),八国联军侵华,慈禧太后和光绪帝逃出北京,一行来到河南开封。当时,开封府衙命令名厨为老佛爷和皇帝奉上了"糖醋熘鱼"这一美味佳肴。慈禧太后和光绪食后,对其赞不绝口,慈禧说"膳后忘返",光绪更是誉之为"古都一佳肴"。为示对开封府的表彰,老佛爷的随身太监随即手书一联:"熘鱼出何处,中原古汴梁"。

糖醋熘鱼的原料为鲤鱼中的上品即黄河鲤鱼,制作工序也极为精细,先要用坡刀把鲤鱼的两面解成瓦垄花纹,然后放入油锅将其炸透,接着加一些白糖、香醋、盐、姜、料酒等调料进去,再在另一个锅内倒入开水、流水芡、热油、糖醋汁并用旺火将其烘至全部融合,最后把炸鱼放进去并泼上芡汁即可。

黄河糖醋鲤鱼

该菜味道鲜美,名不虚传,其特色表现为:看起来色泽枣红,焙面细如发丝;吃起来蓬松酥脆、软嫩鲜香、甜中透酸、酸中微咸。其最为奇妙之处在于,一道菜看有两种食趣,即所谓"先食龙肉,后食龙须"的美誉。此外,这道菜的营养也极为丰富。现在,这道好吃的美味已成为很多宴席上必不可少的佳肴,很值得食客品尝一番。

德州扒鸡为何被誉为"神州一奇"、"中华第一鸡"

德州五香脱骨扒鸡,简称德州扒鸡。其源于明代,始于清代,传于民国,盛于当今,以熟烂脱骨、肉嫩松软、清香不腻等特点而闻名,是享誉中外的历史名吃。德州扒鸡,经过十几代扒鸡艺人的艰辛经营,已由地方名产发展成为独树一帜的中华名吃,在色、香、味、形、质、养等方面更臻完美盛名天下,被誉为"神州一奇"、"中华第一鸡"。

德州扒鸡至今已有 300 多年的历史。早在明代,德州城内及水旱码头上,都有叫卖烧鸡的人。1692 年,扒鸡面世,出现了扒鸡、烧鸡同产同销的并存局面。1702 年,康熙皇帝南巡时,尝到了五香脱骨扒鸡,龙颜大悦。从此,德州扒鸡作为贡品进入宫廷。乾隆年间,扒鸡制作艺人又被召进皇宫御膳房,从此德州扒鸡名扬天下。

到了 20 世纪初,以扒鸡传人德州宝兰斋饭庄的掌柜侯宝庆、德顺斋烧鸡铺掌柜韩世功为代表的几家作坊,认真总结祖辈的制作经验,多方摸索试制,完善了工艺,改进了配方,逐渐形成了新一代扒鸡的雏形。

至新中国成立前夕,德州市已有"福顺斋"、"德盛斋"等扒鸡店铺 20 余家,年销售约 40 万只。

新中国成立以后,德州市建立了国营食品公司,集名师于一家,采百家之长,保持并发展了这一传统名吃的独特风味。

制作德州五香脱骨扒鸡采取传统的烧、熏、酥、炸、卤等多种工艺。其烹调过程是:将健康的活鸡宰杀、沥血、煺毛、掏净内脏,加工成白条鸡,然后盘为坐姿,口衔双翅,凉透,周身涂匀糖色,用沸油烹炸,再按照鸡的老嫩排入锅内,加入食盐、酱油、原锅老汤及砂仁、丁香、肉蔻等作料,分别以急火和文火炖 6~8 小时,起锅凉透即成。

德州扒鸡

从制作方法可以看出,德州扒鸡工艺复杂、考究,又有悠久的历史,难怪名扬天下!

草包包子铺因何得名

说起草包包子,许多济南食客颇有自豪之感。草包包子始于20世纪30年代,如今依然风雨无阻地屹立在普利街15号。其以精致皮薄、味美多汁的小包子每天吸引着大批顾客。作为最能体现古老济南韵味的老字号,它不仅是一种食品,更是一种文化。

济南草包包子铺

草包包子的创始人叫张文汉。他童年曾在泺口"继镇园"饭庄学艺,因生性木讷,街坊邻居送了个外号——"草包"。后来,张文汉带着全家从泺口迁入了济南市城内。起初,他想开家包子铺来养活一家老小,但当时的家里已经穷得叮当响,而且刚迁入城内又人生地不熟,一时间张文汉不知道该怎么办才好。不过,老实人终归有好人相助。当时城内有一个有名的中医叫张书斋,他资助了张文汉五袋面粉,并且发动当时的乡亲及朋友帮助张文汉。在大家的帮助下,几天后,张文汉就在太平寺街南段路西,租了两间门面房准备开设包子铺。在开业前,"草包"请张书斋先生给起个响亮的字号。张先生说,要啥响亮字号,"草包"就很响亮。于是,"草包"二字便成了包子铺的字号。

"草包"卖的包子肉多馅大,葱用的是章丘大葱,姜是莱芜姜。热气腾腾刚出笼的猪肉灌汤包,吃起来汤汁丰富、口感细腻,再就着老醋和山东大蒜,十分美味,让南来北往的商旅回味无穷。

几十年来,"草包包子"的制作过程始终沿用老工艺,在济南市饮食协会连年的评比中,以其独特的工艺和风味多次荣获济南市"名优小吃"的称号。目前共有三家店,其中济南两家,聊城一家。

草包之所以经久不衰,并不在于它走的是多么高端的路线,而是切切实实的平易近人,无论店堂环境还是风味口感,都给人一种亲切的、家的感觉,和那些

草包包子

动辄上百元的饭店相比，这里更像是老百姓家门口的食堂。也正因如此，在济南人的眼里，草包包子不仅是一种传统美食，更是"老济南"文化的典型代表之一。

周村烧饼有何由来及特色

周村烧饼，源于汉代的"胡饼"，距今已有 1800 多年的历史。在明朝中叶，周村商贾云集，各种特色小吃应时而生。当时山东境内有一种用鏊子烙制的民间食品"焦饼"，是一种很平常的薄面饼，因为配拌食盐和芝麻仁，酥香味美，又易保存，所以春秋农忙季节，乡下人都喜欢烙制。

正是这一时期，一种上贴烘烤胡饼的"胡饼炉"传入周村。这种"胡饼"实际上就是一种厚

周村烧饼

烧饼。周村的面食师傅便取焦饼"薄、香、酥、脆"的特点，采用上贴烘烤"胡饼"的方法，加以改进，创制出了脍炙人口的大酥烧饼。这便是当今周村烧饼的雏形。

在当时，烧饼制作技术不成熟。由于饼中间薄，边沿厚，状似木耳，所以有人叫它"木耳边烧饼"。清光绪六年（1880 年），从事烧饼生产的桓台郭氏来到商业发达的周村城，在鱼店街创办了聚合斋烧饼铺兼饭店。聚合斋的郭云龙师傅在"木耳边烧饼"的基础上潜心研制，几经改进，终于研制出"形似满月，薄如秋叶"的"薄、香、酥、脆"佳品，使周村烧饼发生了质的飞跃，以全新的面目、独特的风味面市。清末至民国时期，周村郭氏人家成为制作烧饼的唯一专业户。

周村烧饼以小麦粉、白砂糖、芝麻仁为原料，以传统工艺精工制作而成，为纯手工制品，富有营养，老少皆宜；其外形圆而色黄，正面粘满芝麻仁，背面酥孔罗列，薄似杨叶，酥脆异常。

周村烧饼博物馆内景

入口一嚼即碎,香满口腹,若失手落地,则会皆成碎片,因此也称为"瓜拉叶子烧饼"。

1958年"周村烧饼"改为公私合营,由郭云龙老人之子郭芳林携祖传工艺和秘方合入原周村食品厂。1961年大酥烧饼以"周村"作为商标进行注册,正式定名为"周村牌"烧饼。

1951年前后,周村人民曾以周村烧饼为礼品,慰问抗美援朝前线的中国人民志愿军将士。1958年,周村人民政府代表全区人民向毛主席赠送过周村烧饼。80年代,邓小平、叶剑英等国家领导人也品尝过周村烧饼。在人民大会堂,周村烧饼还成为外国元首和嘉宾喜爱的佳品。2007年,周村烧饼作为国礼送给来华访问的日本首相福田康夫。

近年来的周村烧饼更是屡获殊荣。如"中华名小吃"、"中国名点"等。

 ## 单县羊肉汤为何被称为"中华第一汤"

单县羊肉汤已有数千年历史。原始社会晚期,舜的老师单卷(亦写作善卷、亶卷)及其部落就在单县一带。他们过着半耕半渔半牧的日子。当时养殖的牲畜主要是青山羊,而羊肉的吃法,则由烧烤逐渐演变为以吃肉喝汤为主。单县羊肉汤通过几千年的改进,制造技术越来越完善。

单县羊肉汤最早挂牌成立于1807年,当时由徐、窦、周三家联手创建,故取名为"三义春"羊肉馆。

单县羊肉汤呈白色乳状,鲜洁爽口、不腥不膻、不黏不腻,独具特色。其名目繁多、种类各异,肥的油泛脂溢,瘦的白中透红。天花汤健脑明目,适合老年人和神经衰弱者食用;口条汤壮身补血,最宜康复大补;肚丝汤可细嚼慢饮,眼窝汤肉烂如泥,奶渣汤沙苏带甜,还有马蜂窝汤、三孔桥汤、腰花汤、肺叶汤、肥瘦汤等多种,各具风味。20世纪80年代,其被载入中华名食谱,以汤入谱的只有单县羊肉汤,被国人称为"中华第一汤"。

如今,单县羊肉汤已有近200年的历史。其之所以色香味俱全,成为中华名吃,除独特的制作工艺外,还得益于优质天然的单县青山羊肉和当地的水质。若用外地的羊肉熬制出来的羊肉汤往往丧失了其本有的独特风味,

单县羊肉汤

比起正宗单县羊肉汤，口味大打折扣。因此，天南海北的人们不到单县，恐难尝到单县羊肉汤的正宗美味。这在一定程度上造成了单县羊肉汤这一名吃不名，锁在深闺人未知。

博山豆腐箱的来历

博山豆腐箱，为山东名菜。其又名山东豆腐箱、齐国豆腐箱。其来历颇有一番趣闻。

清咸丰年间，博山大街南头有一名叫张登科的人在京城一家叫"振泰绸缎庄"的大字号里当大师傅。此人聪明能干、技术高超，在京都号称"博山厨师第一人"。

约光绪年间，50多岁的张登科因病回乡休养。不到一年工夫，便已康复。博山部分商贾知道张登科是位烹调高手后，便与他在当时窑业十分发达的山头合开了一家饭馆，取名"庆和聚"。

一天，张登科在京时的掌柜到周村去办货，顺路到博山看望他。当他到庆和聚时，已是晚上，馆子里的菜肴已全部售光。不过，张登科灵机一动，用博山优质豆腐为主料，做了一道箱式"素菜"。这道菜的主要配料是用炒过的蝇头豆腐、海米、木耳、砂仁粉等。整个外观呈箱形，用油炸成金黄色，勾芡后，更有金箱之感。席间，吃腻了山珍海味的京城掌柜，对此菜赞不绝口。

博山豆腐箱

当客人问及张登科此菜的名堂时，他只好说出实情。掌柜看着菜的形状，再回忆起味道，便脱口而出："这真像个金箱，就叫它'金箱'吧。"与掌柜同行的另一位客人，很是文雅，接过话茬说："按吃法，叫金箱还不如叫开箱取宝更合情理。"

于是，"金箱"这道菜渐渐在山头部分窑主的酒席上出现。这道菜起初出现时，是一个"大箱形"，吃时很不方便。后来。张登科就将其改为若干个"小箱"，再凑成一个"大箱"。因为此菜是道素菜，山头人就按当地的命名习惯，管它叫豆腐箱。但喜欢讲究的人，还是称它为"开箱取宝"或"金箱"。

虽然张登科厨艺精湛，饭店客人络绎不绝，但无奈当时社会混乱黑暗，庆和聚的赊账总也收不回来，店铺濒于倒闭。这时，张登科在京的掌柜再三邀他去京城。借此，张登科又回到了北京，并将做"豆腐箱"的手艺带进京城。此后，京城里部分商贾的宴席上又出现了"博山豆腐箱"。

到了民国初年，作为博山豆腐箱发源地的山头，有个"同心居"饭馆，掌柜的叫李同心，因烹调技艺超群，人称"天师傅"。他根据"豆腐箱"的做法，将其外形的"箱式"改为"塔式"，并将博山豆腐箱更名为"水漫金山寺"，又赋予这道菜以新意。

"水漫金山寺"共有4层小箱垒成，上小下大，呈塔状，上菜时，在盘子的周围洒上适量的上好白酒，点燃后，关闭灯火，颇有烟雾水中金塔时隐时现之感。

直至今日，在博山的酒席上，只要这道菜整个外形呈箱形的就叫它"博山豆腐箱"、"金箱"或"开箱取宝"；外形是塔状的则叫"水漫金山寺"。

临沂的糁为何被誉为"粥中极品"

说起糁，可能很多人都不知其为何物。其实，糁是一种粥。其做法讲究、营养丰富，具有一定的保健价值，因此被誉为"粥中极品"。

糁的历史悠久，我国文献多有记载。《礼记·内则》载："糁，取牛、羊、豕之肉，三如一，小切之，与稻米二，肉一，合一为饵，煎之。"春秋时期的名著《墨子·非儒下》也有"孔子穷于陈蔡，藜羹不糁"的记载。清康熙年间编纂的《沂州志》卷一："祭祀篇"记载的十六种祭品中就有"糁食"，可以说糁的历史源远流长。后来，其几经演变改进逐步形成独具一格的沂州名吃。清乾隆皇帝南下期间，路过临沂品糁，闻之味道大为赞美，可见糁的美味上至皇帝下至百姓都赞不绝口。

临沂糁

喝糁，讲究热、辣、香、肥。一

碗热糁配以油条、烧饼等食用是美好的早餐享受。糁有牛肉糁、羊肉糁、鸡肉糁、玉米糁等,以羊肉糁最为普遍,鸡肉糁为珍,慢慢品味,爽快之感可从细处深入骨髓。

糁不仅美味,还有很好的保健功能。糁中富含的纤维素可以加速肠胃蠕动,帮助人体内的粪便排出,有助于缓解并减除便秘症状;吃糁能帮助延缓衰老,降低血清胆固醇,刺激大脑细胞,提高记忆力。更有祛风驱寒、开胃、利尿、止呕等功效。

关于糁传说有很多。相传,乾隆皇帝下江南时,路过临沂用早餐,想尝尝当地的名吃,地方官员就把这种味道独特的早餐献了上来,乾隆一尝,怎么从来没喝过如此可口的粥,随口问了一句:"这是啥?"官员没听清楚,也随声问:"甚?"乾隆误解为"糁"。于是一传十,十传百,"糁"就这样传开了。

也有传说糁是古代西域回族的一种早餐食品。最初于元代一对回民夫妇从大都来临沂经营,当时叫"肉糊",后来仿制者越来越多,到明朝时期定为"糁"。

不过,据《临沂县志》记载,糁是明朝末年临沂人创造的,几经演变改进,逐步形成独具一格的沂州名吃。新中国成立前临沂城有 8 家著名糁铺,今已发展至百家专营糁铺。其中最著名的是银雀山路于家糁馆。

 ## 临沂八宝豆豉的来历

八宝豆豉,简称豆豉,是临沂特产之一,迄今已有 130 多年的历史。因用大黑豆、茄子、鲜姜、杏仁、花椒、紫茄叶、香油和白酒 8 种原料发酵而成,故称"八宝"。

临沂八宝豆豉含有丰富的蛋白质、维生素、谷氨酸、赖氨酸、天门冬蒜等营养成分,具有温中健脾、益气补肾、滋补润燥、舒筋活络等保健功能。以其营养丰富、醇厚清香、去腻爽口、食用方便之特色,成为享誉中外的临沂地方名吃之一。

临沂八宝豆豉

豆豉制作历史悠久,明代《本草纲目·谷部》中即有记载:"豆豉,诸大豆皆可为之,以黑豆者可入药。有淡豉、咸豉,治病多用淡豉。"

关于豆豉的由来,相传在道光年间,山东沂州府的埠庄(今在蒙阴县境内)有位老妈妈,智慧过人。她用大黑豆、茄子、香油作主要原料,腌制出的酱菜,非常美味可口,取名曰豆豉。

埠庄的一位酱园师傅彭三又从她手中学到了制作豆豉的技艺。后来,临沂城内的"惟一斋"酱园慕名将彭师傅聘请到该园制作豆豉。"惟一斋"酱园收集了各地制作豆豉的名师技艺和配方,并在实践中不断加以研究改进,终于研制成独具一格的临沂风味豆豉。

潍坊"杠子头"与"朝天锅"的由来

杠子头 烟台潍坊杠子头火烧,是一种最受旧时远行人欢迎的硬面食。因其在制作时和面用水很少,面硬,用粗重杠木反复压制代替揉面,故名"杠子头"。

潍坊杠子头

传说此点心起源于潍县留饭桥镇。此处是明清两代登、莱两州行人赴京的必经之路,过此无重镇,行人必须在这里带足半个月的干粮。因此,杠子头火烧就这样应运而生了。

这种火烧在制作过程中,和面用杠子压过,下剂后又"戗面",然后制成边沿厚、中间薄的圆饼,上烤炉时,再在中间挑起一个凸顶,用慢火烤成,十分坚硬,久存不变质,又因为中间凸起部分极薄,敲破成一小孔,以麻绳穿成串,挂在鞍边车旁煞是方便。这种火烧,凉吃越嚼越香,热食用菜、肉烩出柔韧而不松散,又出一种特异香味。

杠子头作为传统吃食,老烟台人对它非常熟悉。可以说,到目前为止,在烟台长大的中老年人很少有没吃过的。中年时说"越嚼越香",老了,牙口不行了,还要像刷牙似的,一层一层地去吃。由此可见,就算如今吃食的品种越来越多,但杠子头在老烟台人心中,仍然有着不可替代的地位。

朝天锅 清代"扬州八怪"之一的郑板桥,在潍县为官七载,不仅政绩赫然,而且对潍坊的饮食文化也做出了贡献。据传,潍坊名吃"朝天锅"就与他有关。

郑板桥治理潍坊时，十分关心民间疾苦。一年腊月，他微服赶集以了解民情，见当时潍县赶集的农民吃不上热饭，便命人在集市上架起大铁锅，为路人煮菜热饭。锅内煮着鸡、猪肚、猪肠、肉丸子、豆腐干等。汤沸肉烂，顾客围锅而坐，由掌锅师傅舀上热汤，加点香菜和酱油等，并备有薄面饼，随意自用。因锅无盖，人们便称之为"朝天锅"。

潍坊朝天锅雕塑

在《潍城政协文史资料》第三辑中对此就有介绍："设于集市，露天支锅，围一秣秸箔，名朝天锅。以锅台为桌，食者围锅而坐，吃饼卷肉（猪下货）、肉丸子、鸡蛋，用木勺喝汤，佐以疙瘩咸菜和葱白。"

"朝天锅"内的鸡只煮汤不出售，吃时顾客围锅而坐，掌锅师傅舀上热汤，加点香菜末和酱油等作料，顾客既可以喝汤吃自带的凉干粮，也可买饼吃锅里的汤肉，花钱不多，吃得热乎，深受群众欢迎。

"朝天锅"一开始只是为了救济穷苦人，后来才渐渐成了潍坊名吃。如今的"朝天锅"已不再是大集风沙中的那种吃法，而是成为宾馆饭店里的高档"朝天锅宴"，虽然美味依旧，但也失去了在集市上豪放开吃的氛围。

何谓"呱嗒"

"呱嗒"，又做"呱哒"。是一种山东的传统面食名吃。其创制于清代，迄今已有200多年的历史，现已被收入《中国名吃谱》一书中。众多呱嗒中，尤以沙镇呱嗒最为有名。它遍布于聊城的大街小巷。每逢城镇闹市，乡间集日，大多有设摊者供应，发展较好的，都有了自己的门面，打起了自己的招牌。

呱嗒

呱嗒是一种煎烙的馅类小食品。制作技术精巧、味道鲜美。其馅料有肉馅、肉蛋混合馅、鸡蛋馅(又名"风搅雪")等多种。在包制时,先用烫面和呆面,随季节变化,按不同比例调制,卷以配好的馅料,两端捏实,轧成矩形,后放入油锅煎制而成。

呱嗒食之香酥,味道可口,加之有馅有面,也可以根据自己的胃口自由选择肉馅或蛋馅,备受普通百姓的欢迎。如果把呱嗒和地道的聊城胡辣汤相配,更是美上加美。

关于呱嗒名字的由来有多种说法:一种说法,是因呱嗒形似艺人说快板的道具"呱嗒板"而得名;另一种说法,是因为将其吃在嘴里,会发出"呱嗒"的声音;还有一种可能,是在制作呱嗒时,工人把面团做成呱嗒形时,擀面杖与面团在案板上结合,会发出"呱嗒呱嗒"的声音,尤其是制作完毕最后一下的响声最大,也最为清脆,顾名曰"呱嗒"。

趣味粤菜知识

QUWEI YUECAI ZHISHI

粤菜由哪三部分组成，各有何特色

粤菜，即广东地方风味菜，是我国著名的八大菜系之一，在国内外享有盛誉。它有着悠久的历史，以其特有的菜式和韵味，独树一帜。粤菜由三部分组成，分别是广州菜（也称广府菜）、潮州菜（也称潮汕菜）和客家菜（也叫东江菜）。这三个地方菜的风味，既互相关联又各具特色，从而形成了粤菜广博、奇杂、精细的选料特色和偏重清鲜镬气的调味特色，使粤菜得以扬名海内外。

粤菜：豉汁蒸凤爪

广州菜 又称广府菜，历史悠久、源远流长。它起源于古代岭南地区的越人，形成于秦汉至隋唐时期的"汉越融合"，发展于明清时期，既受到中原饮食文化的影响，又融汇了西方饮食文化之长，可谓博采众长。它取料广泛，品种花样繁多，令人眼花缭乱。天上飞的、地上爬的、水中游的，几乎都能上席。广州菜的另一突出特点是，用量精而细、配料多而巧、装饰美而艳，而且善于在模仿中创新，品种繁多。它的第三个特点，是注重质和味，口味比较清淡，力求清中求鲜、淡中求美，而且随季节时令的变化而变化。岭南夏长冬短，天气偏于炎热，故广东菜夏秋偏重清淡，冬春偏重浓郁。广东菜比较有名的菜式有"白云猪手"、"龙虎斗"、"麻皮乳猪"、"八宝冬瓜盅"等，都是饶有地方风味的广州名菜。

潮州菜 起源于潮汕平原地区，涵盖了潮州、汕头、潮阳、揭阳、饶平及海陆丰等地，还包括其他讲潮汕话的地方。潮州菜的得名，与潮州自古以来是历史名镇有关。清朝以后，由于汕头的崛起，潮州菜又有了另一个名字——"潮汕菜"，简称潮菜。潮州菜的特点，是善于烹制以蔬果为原料的素菜。对蔬菜果品粗料细做，清淡鲜美、营养丰富，如护国菜、马蹄泥、厚菇芥菜、糖烧地瓜等，皆

潮州卤鸭

为美食家所称道。潮州菜的另一特点是喜摆十二款,上菜次序又喜头、尾甜菜、下半席上咸点心。潮州菜之所以享有盛名,不仅在于用料丰富,还在于制作精妙,加工方式依原料特点而多样化,有煎、炒、烹、炸、焖、炖、烤、焗、卤、熏扣、泡、滚、拌等,而且刀工讲究。多样化的制作方式,形成了潮州菜的风味特色。其特色菜有"清炖乌耳鳗"、"金瓜芋泥"、"甜皱炒肉"、"生炊龙虾"等。

客家菜 又叫东江菜。它是广东东江地区客家人的特色风味菜肴。客家菜以肉类为主用料,而海鲜品极少,因此东江厨坛有这样的说法:"无鸡不清、无肉不鲜、无鸭不香、无鹅不浓。"它以惠州菜为代表,味道讲求酥软香浓、原汁原味;制法以炖、烧、煲著称,尤以砂锅菜见长,造型古朴,具有古色古香的乡土特色。其特色名菜有盐焗鸡、酿豆腐、爽口牛丸、三杯鸭等。

广东菜、潮州菜、客家菜各具特色又互相促进,共同发展,为广东的饮食文化做出了自己的贡献。所以,近百年来,"食在广州"一直享誉海内外。

在广州为何有"无鸡不成宴"之说

广州人有句老话,是"无鸡不成宴",但凡喜庆宴请,缺了一道鸡肴,即使摆满"鲍参翅肚"也难成体统。不管是在酒楼宴客,还是在家请客,一定少不了"鸡"的菜式,即使是家常便饭,几乎也餐餐有鸡。由此可见,鸡在粤菜中的重要性。

鸡在古代被冠以"五德之禽"。《韩诗外传》中有一段著名的话:"头戴冠者,文也;足傅距者,武也;敌在前敢斗者,勇也;见食相呼者,仁也;守时不失者,信也。"这就是鸡的五德。在古代祭祀中,多用马、牛、羊、豕(猪)、狗、鸡等六畜,也就是所谓的"牺牲"。在六畜中,以鸡最为特别,其他五畜,都是兽类,唯独鸡是禽类,足见鸡在人们心目中的地位。在祭祀中少不了六畜的鸡,宴会也就理所当然少不了鸡。广州人更是把鸡比作金凤,寓意吉祥富贵。除此之外,鸡肉肉质鲜美,更是人们补养身体的营养食物,因此,宴客怎么能少得了鸡呢。广东各地皆有好鸡,粤菜厨师所制著名鸡馔式样特别多。如大名鼎鼎的清远鸡、胡须鸡、白切鸡、文昌鸡、太爷鸡、盐焗鸡、清远鸡、脆皮鸡、豉油鸡、路边鸡、茶香鸡等,每个酒家都有自己的招牌鸡。鸡肉既没有猪、牛、羊肉的臊膻味,也没有鱼

白切鸡

脆皮蒜香黄毛鸡

肉的腥臭味,鸡味之鲜美,可想而知。它可煮、炸、炒、焖,烹饪方法之多,鸡的菜谱不下几百种,若为"鸡"专门写一本菜谱,真是洋洋大观。

《中国烹饪百科全书》上记载的广东名鸡馔,有原汁原味、鲜美甘香的"白切鸡",还有唯美咸香和安神益肾之功的"东江盐焗鸡"和酱香四溢的"潮州豆酱鸡"。对于外省人而言,白切鸡是他们到广东后最难接受的第一道菜。白切鸡,又叫白斩鸡,皮脆肉嫩,可以说色、香、味、形一应俱全,但是它最特别的地方在于,鸡骨髓里还是血迹斑斑,让人不禁豁然止筷,不敢再吃。然而,作为广东人招待客人的传统菜肴,白切鸡是必备的。它制作方法简单不需要经过大火、长时间的烹制,也不需要加任何作料,只要在煮沸的开水中浸泡一会儿后取出,然后在皮上抹上麻油,待其冷却后,斩成小件装盘即可。之后,用葱姜做蘸料,就可以尽享美味了。它的好吃之处在于,皮爽肉滑,保持了鸡的鲜味和营养。因此,广州人认为在鸡的多种烹制方法中,白切鸡最得鸡之真味,百吃不厌。它也被公认为是广东的一道名菜。而流传最广的就是东江盐焗鸡了,它更是被中医认为对人体具有"固肾、滋补、养颜"的作用。它用粗盐焗鸡,蒸汽通过盐层向鸡输送热能,让盐味慢慢渗透,这样烹出来的鸡,鲜嫩爽口、味道甘美,备受人们喜欢。

除广东人爱"鸡"外,中国其他民族对吃鸡也有独特的研究。以鸡为主料的菜肴多达数百种,八大菜系均有自己的"鸡"系招牌菜,如,川菜中的"宫保鸡丁"、苏州名菜"贵妃鸡"等。可见,中国的名厨都注重鸡馔的制作。清代著名美食家袁枚在《随园食单》中说:"鸡功最巨,诸菜赖之"。

 ## 烧乳猪有何特色及传说

烧乳猪,是广州一道有名的佳肴。它又叫"明炉烧乳猪"。"烧"跟"烤"意思相同,属于火烹法,是一种古老而富有特色的烹调技法。在北方,人们称为"烤",广东地区则喜欢称为"烧",也就是所谓的"南烧北烤",同时,可并用为"烧烤"。

烧乳猪的一般制法,是以重约5公斤的乳猪,宰杀后从腹部剖开,取出肋骨,放入特制的烧烤叉撑开,然后放入烤炉烤成。如果烧烤时用慢火,烧出的乳猪猪皮光滑,称之为光皮。亦可用猛火烧烤,其间在猪皮涂上油,令猪皮成充满气泡的金黄色,即为"麻皮乳猪"。乳猪的特点包括皮薄脆、肉松嫩、骨香酥。吃时把乳猪斩成小件,因肉少皮薄,称为片皮乳猪;有时点上少许"乳猪酱",以增加风味。

烧乳猪

其实,早在西周时,便已经食用烧猪。当时八珍之一的"炮豚"便是指烧猪。南北朝时,贾思勰已把烤乳猪作为一项重要的烹饪技术成果而记载在《齐民要术》中。他写道:"色同琥珀,又类真金,入口则消,壮若凌雪,含浆膏润,特异凡常也。"1400多年前,我国的烹饪技艺已有这样高深的造诣,实在令世人赞叹。到了清朝康熙年间,"烤乳猪"曾为宫廷名菜,成为"满汉全席"中的一道主要菜肴。直到民国初期,山东还经营此菜。后来在广州和上海盛行,成为最著名的广东名菜。

关于"烧乳猪"这道菜,还有一个传说。相传很久以前的一天,有一户人家的院子里突然起了大火。因为火势凶猛,所以顷刻之间就把院子里的东西都烧了个精光。这时,宅院的主人才匆匆赶回家中,只见一片狼藉,满目尽是废墟,他被惊得目瞪口呆。忽然,院子里飘来了一阵扑鼻香味,主人于是就循着香味找去,结果发现原来香气是从一只被烧焦的小猪身上发出来的。他仔细看了看猪的另一面,只见皮已被烤得红红的。于是他就拿起来尝了又尝,觉得味道还蛮不错。虽然院子被大火烧掉了,令他很是伤心,不过他发现了吃猪肉的新方法后又感到一丝欣慰。真可谓是"福祸相依"。

 白云猪手有何典故

白云猪手,是著名的广州传统菜。广州几乎每个酒楼都设有这道菜式。它的制作方法是将猪手(前脚)洗净斩件先煮熟,再放到流动的泉水漂洗一天,捞起再用白醋、白糖、盐一同煮沸,待冷却后浸泡数小时,即可食用。食之觉得皮爽脆;肉肥而不腻,带有酸甜味,醒胃可口、食而不厌,颇有特色。因泉水取自白云山,故名为"白云猪手"。

关于白云猪手这道历史名菜还有一个有趣的故事。南朝梁时,因为武帝虔

白云猪手

诚信佛,不但自己吃素,而且还号召全天下的和尚也要吃素。此后,和尚食素不食荤的习惯也渐渐形成了。清初时期,白云山后有一座寺庙。庙后流淌着一股清泉。泉水甘甜,且长流不息。庙内有个小和尚,调皮又馋嘴,从小喜欢吃猪肉。出家后,他先打杂为和尚煮饭。有一天,他趁师父外出,偷偷到集市买了些最便宜的猪手,正准备下锅煮食。突然,师父回来了。小和尚慌忙将猪手扔到寺庙后的清泉坑里。过了几天,总算盼到师父又外出了,他赶紧到山泉中将那些猪手捞上来,却发现一个奇怪的现象。这些猪手不但没有腐臭,而且更白净。小和尚将猪手放在锅里,再添些糖和白醋一起煲。熟后拿来一尝,猪手不肥不腻,又爽又甜,美味可口,小和尚又惊又喜。此后,他不但自己开了荤,引得其他和尚也破了戒斋。后来,这个小和尚挨不得清苦,终于还俗去了酒楼做工。他做了这道菜后,就请酒楼老板来品尝。老板吃后赞不绝口,于是便问他菜名,他回答说"白云猪手",渐渐地,这道菜名便流传开来。

现在的白云猪手制作较精细,将原来烹制的土方法,改为烧刮、斩小、水煮、泡浸、腌渍等五道工序。最考究的白云猪手是用白云山九龙泉水浸泡的。据《番禺县志》记载:"九龙泉,相传安期生隐此无泉,有九童子见,须臾泉涌,始知童子盖龙也。又名安期井,泉极甘,烹之有金石气。"九龙泉含有丰富的矿物质,晶莹澄澈、泉甘水滑,用它泡浸肥腻猪手,能解油腻。据说,广州市郊沙河饭店出售的"白云猪手",仍用白云泉水泡浸,色、香、味、形俱佳。

 ## 广式蒸鱼是如何制作的

广东地处我国东南沿海,江河湖泊纵横交错,故海鲜品种极为丰富。除珠江三角洲淡水养殖的青、草、鲢、鳙四大家鱼外,还有珠江口所产的石斑鱼、潮汕海蟹、深圳鲜蚝等著名海鲜产品。海鲜鲜活生猛,而广东人又讲究吃,所以做法也多种多样,厨师们都极有经验。因此,粤菜的海鲜名扬海内外。

粤菜讲究的是"清、鲜、嫩、滑、爽",制作方法十分讲究,有蒸、泡、炒、炖等方法。鱼类肴馔是广东主要的菜式,在众多的鱼菜中,尤以蒸鱼类菜肴遐迩闻名,颇具特色。广式蒸鱼是广东人每宴必点的名菜式,深受美食家的赞赏。广式蒸鱼做法独特,可真是一绝。厨师们要卡着钟点、掐着秒表蒸鱼,这是最考厨师手艺的地方。如果过一点儿,肉会木硬;欠一点儿,则肉与骨又不能分离。当然,广东蒸鱼的步骤与北方是不同的。在北方,人们一般都是放好调味料一起蒸,蒸完就可以端上桌了。在广东,先白蒸,等水开之后 7～10 分钟再起锅。然后,把蒸鱼中出的水倒掉,这是个非常重要的

广式蒸鱼

步骤,否则就会发腥。接下来,再把葱丝撕成卷状,和姜丝一起铺在鱼身上。然后再用专门的蒸鱼豉油、料酒、调料等调好后浇在上面。最后,把油烧滚,浇在鱼身上即可。这样带着喷香四溢的鱼就成为一道上好的佳肴,一定要趁热享用。我们在享用美味之余,不得不佩服这些厨师的高超技艺。去广东的酒家吃饭,一般都是客人亲自去琳琅满目的各式海鲜玻璃缸里动手挑选海味。玻璃缸周围还堆满各种各样的大盆小筐,里面装满各种泥蚶、海虾、花蟹、鱿鱼、跳螺、石头螺、青衣螺等,还有许多叫不上名字的贝、螺、蟹、蚌,看得让人眼花缭乱。第一道菜,一般都是汤,海鲜里的名汤有石斑汤、海鳗汤、鱼翅汤、各式鱼丸汤等。第二道菜,一般都是一大盘红艳艳的白灼基围虾。第三道菜,通常是大菜,就是有名的广式蒸鱼类的清蒸鲈鱼,或者是姜葱焗蟹;又或者是鲍鱼、鱼翅、龙虾等都可以选择。广东的师傅做这些菜都极为拿手。然后就是一些海鲜小菜,最后再要一两道蔬菜,如,南乳抄通菜、双菇扒菜胆、清炒丝瓜等,又解腻又健康。

毫不夸张地说,任何一种材料经广东厨师的手,顿时都变成异品奇珍、美味佳肴,令中外人士刮目相看,十分惊异。广东人真是以"会吃"闻名天下。

"龙虎斗"的来历及特色

人们一般都怕蛇,而广州人却把蛇烹作席上珍。经过制作烹调后的蛇肉,肉色白嫩、味道鲜美,而且营养极高。不少中外人士,特别是北方人,初闻食蛇都表示惊疑,但吃完蛇餐后,都众口一词,盛赞"食在广州"是名不虚传。

广州的蛇馔,历史悠久。《山海经》中《海内南经》记载:"南方人吃巴蛇"。汉朝人刘安的《淮南子》又载:"越人(指广东)得蚺蛇以为上肴。"广东的蛇肴菜

龙虎斗

式五花八门,而且几乎无蛇不吃。一条蛇,从蛇肉到蛇皮、蛇肠,都可以炒、炖、烩、煎,烹饪技艺堪称一绝。广东人喜食蛇,不仅追求其味道的鲜美,而且看重其有滋补食疗的作用。食蛇最好在秋季,广东有句谚语:"秋风起,三蛇肥。"因为蛇在冬眠前要贮足养分过冬,长得又肥又壮,是滋补上品。常食可以祛风活血、除痰去湿、补中益气,对风湿性关节炎、气虚血弱等疾病有一定的疗效。

在众多的蛇肴中,不得不提一道名菜,那就是"龙虎斗"。它的原料以毒蛇为主,用眼镜蛇、金环蛇和眼镜王蛇,配以老猫肉和母鸡肉煨制而成,吃起来特别滋补有益健康。"龙虎斗"不仅名字新鲜有趣,而且烹调技术到家,造型优美、味道独特。它以蛇为"龙",以猫为"虎",以鸡为"凤",经过精心烹制,置于盘中,其形状如龙蟠、虎跃、凤舞,好似一件珍贵的艺术佳品。食用时,如能配上蛇胆酒,边饮边尝,那简直就是一种美的享受。关于这道菜肴的来历还有一段故事。据说在清朝同治年间,有个名叫江孔殷的人,做了多年京官,晚年才辞官回归原籍广东韶关。他在京期间,曾出入皇宫,吃过各种名菜佳肴,对烹调技术极有兴趣。回到老家后,他也不放弃这种爱好,吸取我国南方烹饪技艺之长,借鉴前人的经验,研制出几十种广东名菜,成为众所公认的烹饪专家。他七十大寿那年,本想为亲朋好友做道拿手好菜,可是做一般的蛇菜,在广东不足为奇。正当他对着蛇笼冥思苦想时,突然从旁边扑上来一只家猫,对着蛇笼张牙舞爪,笼里的蛇也不甘示弱,昂头吐舌,奋起应战。猫和蛇,一在外,一在里,互相对峙,隔着铁笼转来转去。江孔殷觉得很是有趣,心里豁然开朗,连声说:"有了,有了!"等到他生日那天,江家宾朋满座。客人入席以后,江孔殷端出了自己新研制的拿手好菜,客人们一看,原来是蛇肉拼猫淘,名叫"龙虎斗"。客人们食用后都赞不绝口。后来,江孔殷再经过仔细的研究,决定在原来的基础上再上鸡肉,使三者相配,味道更胜从前。

据说广东人每年要吃掉几十万条蛇。广州的蛇餐馆更是数不胜数,然后大肆的捕蛇已经影响到生态平衡。所以,人们开始人工养殖蛇类。这样既避免了对野生蛇类的乱捕滥杀,也满足了食客的需求。

何谓"三叫宴"

广东人对吃很讲究，这确实是许多人的印象，但也的确不假，粤菜的博大精深和包罗万象在八大菜系中是非常有名的，甚至在早前，还有人这样说，天上飞的除了飞机，地上跑的除了汽车，海里游的除了潜艇，广东人都敢吃！而近些年由于媒体的各种报道，广东菜的菜色也呈现出更诡异、更让人难以置信的部分，例如，婴儿汤、狸猫肉、活猫这些都是让人毛骨悚然的"名菜"，而这其中也少不了据说是世界十大残忍菜之一的"三叫宴"。

所谓"三叫宴"，俗称"三吱儿"，是选用刚出生的小老鼠，还是活的，同时配好一盘调料，端上桌就可以食用了。吃的时候用筷子夹住活老鼠，这时小老鼠就会"吱儿"地叫一声；然后将鼠崽放到调料里，由于调料的辛辣刺激，鼠儿又会"吱儿"地叫一声；最后，食用者将鼠崽放入口中，就会听到最后一声"吱儿"。这总共三声"吱儿"便是这道菜的菜名了。菜十分简单，但不论是过程还是名字，都让人感到一种从骨子里透出的寒战，让食用的人需要巨大的动力和勇气，才能将这道食用生灵的菜放入口中。

虽然这道菜被人们传说是出自广东的地方菜，但其实不管是在粤语或是它的分支及客家话等广东地方方言中，是没有"吱儿"这个音的，只能说由于广东菜的原料来源不忌，以及制作上"不走正道"的特性，让人们更容易相信这是出自广东。有一种说法是这道菜源自清末由于饥荒、战乱等原因而逃荒的难民，但真正的出处已经不可考。但在新中国成立后，来到南海群岛上开荒的守岛官兵，由于海岛上的老鼠太多而屡遭失败。后来为了改善伙食条件，伙房的师傅便想到了家乡用老鼠烧菜的办法，以增加战士们的蛋白摄入。这其中就包括了"三吱儿"。后来随着改革开放，很多人来到广东"淘金"。而当年的海岛退伍老兵们也随着历史的大潮来到广东创业。当时很多广东老兵的餐馆都有这道"三吱儿"。这道菜逐渐在人群中扩散开来，也让很多人误以为"三吱儿"是广东菜。虽然这道菜被人诟病很多，但想想，当年逃荒饥饿的难民及孤独面对茫茫大海的海岛官兵，这道菜也就成了他们无奈的选择。

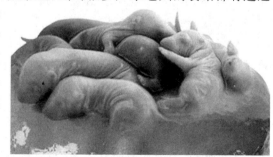

三吱儿

梅菜扣肉的来历及特色

梅菜,是惠州传统特产,其色泽金黄、香气扑鼻、清甜爽口、不寒不燥、不湿不热,被传为"正气"菜。据说它与盐焗鸡、酿豆腐被称为惠州三件宝,而用梅菜

梅菜扣肉

制作而成的"梅菜扣肉"更是久负盛名。据说"梅菜扣肉"还有一段美好的传说。北宋年间,苏东坡居惠州时,专门选派两位名厨远道至杭州西湖学厨艺。两位厨师学成返回惠州后,苏东坡又叫他们仿杭州西湖的"东坡扣肉",用梅菜制成"梅菜扣肉"。没想到这道菜吃起来美味可口,爽口而不腻人,深受惠州人们的欢迎,后来成为惠州宴席上不可缺少的美味菜肴。

梅菜扣肉是一道地道的传统客家菜。它的做法好坏在于梅菜的取材上,必须精选横沥土桥梅菜心。在清水中将梅菜浸泡至爽口、淡口,然后把梅菜切成若干段备用。而所选的猪肉,必须是带皮的五花肉。将五花肉皮刮干净,放入冷水锅中,上火煮至八成熟,然后捞出,用净布擦去肉皮上的水分,趁热在皮上抹上酱油。接着,就在锅内倒入油,烧至八分热,将肉皮朝下,放入锅中炸至呈深红色,捞出晾凉,皮朝下放在砧板上,切成 7 厘米长,3~4 毫米厚的大肉片。这时把锅重新洗干净,注入油,下葱、姜、蒜、八角末,炒出味后放五花肉再炒片刻,然后下汤、白酒、盐、生抽、白糖。待汤开后,挪到小火上去,一直到焖烂为止。最后,把烧好的五花肉拿出来,肉皮朝下整齐地码在碗里,上面铺上一层梅菜段,再倒入原汤,上笼蒸透。走菜时,滗出原汤,把肉反转扣在盘中。这时吃起来,肉化而不腻,菜软而含油,肉里渗入梅菜的清香,而梅菜又得肉香,故而相得益彰,分外诱人。吃完之后,让人有有唇齿留香、回味无穷。

梅州盐焗鸡的来历及特色

盐焗鸡,是久负盛名的客家菜肴,也是梅州的传统名菜。来到梅州不吃盐焗鸡,那可就算白来了。它皮软肉嫩、香浓美味,并有温补的功能,深受人们的喜爱。

盐焗鸡作为广东粤菜的代表菜式之一，其来历版本甚多，其中以长乐商贩盐腌肥鸡为甚。相传从前梅州长乐有一个商人，为人谦恭诚实，游走于岭南各地，以贩卖日杂食品为生。长乐商人由于信誉好、交游广，所以结交了不少好朋友。有一年年关，他贩运完货物，还采购了一批当地特产准备回家。当地的朋友十分重情，特以一肥鸡相送，此鸡名曰"三黄嫩鸡"，此乃当地特产，十分难得。长乐商人十分高兴，本想把此鸡带回家给妻儿品尝，但无奈

梅州盐焗鸡

长乐路途遥远，活鸡不易携带。于是，他便将鸡宰杀制成白切鸡，用盐包封在包袱里。行走到半途，他已经饥肠辘辘，但此地前不着村后不着店，无奈只好决定就地露宿一夜。安顿好之后，眼看天色渐暗，他和随从们的肚子已经饿得前胸贴后背，吃干粮又不解馋，顿时想起盐包里的白切鸡，便拿出来与随从烤着吃。没想到这样烤出来的鸡特别美味。长乐商人心细，留了几块，带回家给妻儿品尝。他的妻子厨艺高超，品尝后依法炮制，这样"盐焗鸡"便诞生了。

盐焗鸡之所以能成为当地著名的特色美食，主要是其主料的选择。盐焗鸡所用的鸡，都是农家随地放养，养到10个月左右，鸡的肉质不老不嫩，便是制作成美味菜肴的最佳时期。其制作方法也十分讲究，一般选用大约两斤重的嫩母鸡，宰杀后，掏去内脏，洗净、晾干，然后往鸡腔内放入两棵大葱和少许的姜片，往鸡身上抹些生油，再用整张干净的草纸将其包裹起来，并且要把纸喷湿，随后放入锅中，用炒得滚烫的精盐把鸡煨埋起来，再用文火焖焗一个小时左右，据说这样食后不致燥热上火，而且还有清心润肺的功效。最后，出锅、拆骨、撕下鸡肉，按鸡的原形，装盘上席。盘子旁边搁有小味碟，内有香油和姜末等调料，供食客蘸用。由于盐焗鸡制法独特，所以其味香浓郁、色泽微黄、皮脆肉嫩、骨肉鲜香、美味诱人。此外，盐焗鸡还含有大量钙、镁等微量元素，对人体大有好处。

"老火靓汤"究竟靓在何处

在广东,由于气候湿热,形成了独特的"汤"文化和"凉茶"文化,在广州还有"宁可食无菜,不可食无汤"一说。这里的人不仅爱喝汤,也善于煲汤,尤其是

老火汤,更是粤菜一绝。老火汤也叫广府汤,是广府人家留传下来的千年药膳。由于广府汤最讲究"靓"字,所以也叫"广府靓汤",要想达到广府人"靓"的要求,就需要用慢火(即老火)煲煮,火候要足、时间要长,才能同时达到补体之效和兼顾口味之甘甜。

广东老火靓汤——木瓜鸡汤

要煲一盅上好的"靓汤",首先,要保证材料的"靓",要丰富多样。中药在广府汤中承担着很重要的角色,除人参、鹿茸等大补药材外,普通的药材也常常出现在材料单中,如葛根、淮山、枸杞、红枣等,对于调节人的体内阴阳平衡、辅助恢复身体健康具有很好的效果。其次,煲的手艺要"靓",不仅火候要掌握好,还要有严格的程序。广东人有"煲二炖三"的说法,指的就是在煲老火汤的时候,至少要煲足两个小时。

广府汤之所以"靓",还因为那浓郁满屋的香味。通常老火汤并没有什么漂亮的卖相,毕竟经过长时间的熬煮,再怎么漂亮的原材料也只剩下"渣"了。广东人一般会直接把这些"渣"丢弃——即使它仍保留有大部分的营养——对于精心熬出的"汤",就保持着独到的欣赏,虽然它貌不惊人,但揭开茶盅的那一霎那,却能瞬间俘获人们的胃——飘散的香味勾人食欲。

老婆饼的来历

潮州老婆饼,是广州的名点,也是名店莲香茶楼的看家点心。其雅号称"冬茸酥"。它的雅号很少有人知道,但提起老婆饼这个俗称,却声名远扬。

相传,元末明初期间,元朝统治者不断地向人民收取各种名目繁杂的赋税,人民负担沉重,全国各地的起义络绎不绝。其中最具代表性的一支队伍是朱元璋统领的起义军。朱元璋的妻子马氏是个非常聪明的人,在起义初期,战火纷

纷，军队东奔西走地打仗，粮食常常不够吃。为了方便军士携带干粮，马氏想出了用小麦、冬瓜等可以吃的东西和在一起，磨成粉，做成饼，分发给军士的办法。这样不但方便携带，而且还可以随时随地拿出来吃，极大地方便了行军打仗。后来又有人在这种饼的基础上进一步创新，最后人们发现用糖冬瓜、小麦粉、糕粉、饴糖、芝麻等原料调馅做出的饼非常好吃，甘香可口。这就是老婆饼的始祖了。如此历经五六百年的时光，直到20世纪初，老婆饼还只有单一的品种。再到"礼记饼家"的创立，才使老婆饼得到进一步的扩大和发展。又历经将近一个世纪的时光，礼记饼家已经从一个小店铺变成了今天驰名中外的百年老字号。其产品也从

广州上下九步行街——莲香楼老婆饼

单一变成了现在的20多个品种、上百个制作方法、数十种不同口味的老婆饼，而"礼记饼家"生产的特色老婆饼，凭着传统的手工工艺，古法秘制，结合现代的先进生产工艺，已成为祖国大陆、我国港澳台地区以及欧美等国家和地区久负盛名的特色产品。

　　关于老婆饼的由来还有一个说法。广州莲香茶楼是一家百年老店。它的

广州上下九步行街：莲香楼

点心在广州家喻户晓。清朝末年，莲香茶楼雇佣的点心师傅中有个潮州人。有一年，他回乡探亲时带了很多广州的著名点心，想让家人享享口福。谁知老婆吃了他千辛万苦带回来的点心后，却说："这些广州的名点还没有我做的冬瓜角好吃呢！"潮州师傅不相信，老婆便以冬瓜茸为馅、面粉为皮，做了些冬瓜角给他吃。他吃过之后，果然觉得好吃。在探亲结束后，他又让老婆做了一大包冬瓜角，带到广州给其他师傅品尝。没想到大家吃了之后，也连声道好。由于这点心为潮州师傅的老婆所做，大家便叫它"潮州老婆饼"。后来经过他们的一番改进，这老婆饼便成了广州有名的点心。

为何说"食在广州，厨出凤城"

"食在广州，厨出凤城"，说的是广州美食名扬在外，而粤菜厨师多出自凤城。凤城，指的就是顺德大良。广东和顺德这两个城市，可以说对粤菜的形成起着关键的作用。在广州，"吃"已经被升华为一种技巧、一种艺术；而顺德，更是被中国烹饪协会认定为"中国厨师之乡"。

众所周知，广东人无论飞禽走兽、鱼虾蟹

顺德美味——牛扒通心粉

螺、蛙虫鼠蚁都可作馔；举凡煎、炒、焖、蒸、滚、炸、泡、扒、扣、灼、煲、炖、烤等，都各擅其长、各具特色。广东羊城茶楼餐馆之多、酒店食档之众，在国内首屈一指，又素以品种之丰、茶式之盛、烹调之巧、风味之美而遐迩闻名。"食在广州"是广州旅游的一大特色，对中外游客均有极大的吸引力。不少游客慕名而来，满意而归，都争相把品尝广州的名菜佳肴、美点小吃，领略广州的饮食文化、市井风情作为一件赏心悦目的人生乐事。所以，"食在广州"是名副其实，而且也被广大海内外人士所熟悉和认同。

相比较前半句而言，后一句"厨出凤城"则只有少部分人知道。顺德自古以来就是广东的鱼米之乡，盛产淡水塘鱼、禽畜、蔬果。顺德几乎人人皆厨，个个都能"炒几味"，不少人还有几手绝活儿。很多名菜都是从家庭中流传开去的，就连一些高官也精于此行。比如，在顺德民间流传甚广的"市长鹅"，就是出自于原佛山市常务副市长欧阳洪先生之手。据欧阳洪先生称，每逢外出开会回来，他都会亲自到厨房中做一两道菜。忙于政务的高官如此，一般专事厨房的家庭主妇或烹饪爱好者更是如此。顺德人对顺德厨师的构架作了如此描述：凤城厨师有如宝塔的塔尖，而宝塔的基座则是烹技不俗的家庭主妇，善于烹鱼的鱼塘公和普通烹饪爱好者；宝塔的第二层是乡村厨师和上门包办筵席的流动厨工及食家。另外，顺德每个乡镇甚至每个村落都有当地百姓极具"原创"特色的地方菜式，例如"大良污糟鸡"、"伦教霞石松皮鸡"、"羊额烧鹅"、"均安煎鱼饼"等。

顺德美味——葛仙炖燕窝

从清代中期起,凤城厨师挟技出外闯世界。他们前往广州、香港、澳门、新加坡、马来西亚、法国、美国和非洲等地开设餐馆,把凤城菜式作为粤菜的代表推向全世界,以至于不少凤城菜式成了"唐菜"(指中国菜)的代表。到了20世纪初,部分顺德"自梳女"到穗、港、澳、东南亚等地的大户人家当女佣(称"妈姐")。这些"妈姐"个个精于烹饪,把凤城名菜带到所在地。她们烹饪的菜也被称为"妈姐菜",深受海内外人士的欢迎。著名的广州西关美食有不少是她们的秘制。因此,"食在广州,厨出凤城"的说法,已经得到了外界的公认。

 ## 西樵大饼的来历及特色

西樵大饼,原名叫"西山福大饼",距今已有300多年的历史。其外形圆大,大者有1公斤,一般也重0.25公斤,也有微型的小饼。它颜色白中微黄,不起焦,入口松软,清香甜滑,食后不觉干燥。

西樵大饼的特点是色白形圆、甜而不腻、入口即化。这与其独特的制作工艺是分不开的。它选用上等的白面粉,并配以西樵山清泉水,混合鲜酵母和白糖,发酵成面种。发面种是为了使饼身更加疏松软化,无苦味。发酵两天左右才可使用。然后在面种中再加入面粉、猪油、鸡蛋等一起搅匀,成为面团。接下来,再将面团搓成扁圆形,面团必须搓匀,如此做出的成品才会比较洁白和有韧性,以达到其外形完整、色泽雪白,入口绵软香滑的质量标准。接着把做好的饼放入已洒上薄面粉的饼盘内,再在饼面上撒上薄粉;最后,将面饼放入炉中用火烘烤。刚烘制出来的西樵大饼,表面都有一层薄粉,关于这点是有说道的。入

西樵大饼

炉时，它能使饼不易粘锅，使操作的人容易判断饼的生熟，并且使饼保持洁白的色泽。出炉后，人们根据薄粉来判断饼的卫生，假如大饼外层的粉没有了，说明大饼已被人动过，内行的人就不会买，因为西樵大饼一般是不准多动的。

关于西樵大饼最初的由来，据说，是由明朝弘治年间礼部尚书方献夫于无意之中制出的。方尚书每日四更上早朝。一日，他已经起床洗漱完毕，却迟迟不见仆人送来早点。于是他走进厨房，看见有一块发好的面团放在案板上，便临时决定在面团中加入鸡蛋和糖揉匀，做成一个大饼，然后放在炉子上烘烤。还没等饼烤黄，就要上朝了，于是他用布包好饼，匆匆上朝去了。不料到朝时，时间尚早，方献夫便拿出尚有余热的大饼，和着清茶津津有味地吃起来。同僚们闻到饼香四溢，都不禁咽起了口水。有个官员问起了饼名，方献夫想起自己的故乡，便顺口说："此饼乃西樵大饼。"散朝后，方献夫命厨子如法炮制，做了几十个大饼，翌日早朝带到朝房分给同僚们享用。同僚们边吃边啧啧称赞饼子可口，西樵大饼便在朝中美名远扬了。直至后来，方献夫称病还乡，在西樵山设石泉书院讲学，将制作西樵大饼的方法告诉了乡人。乡人们用西樵山泉做出的西樵大饼，味道更加清甜，而且刀切不掉渣，暑天放在桌上十天半月不变质。据说，其他地方对西樵大饼都有仿制，不过味道相差甚远。

莫少年巧对国老(方献夫)

西樵大饼因其颜色形状跟一轮圆月相近,寓意花好月圆,所以在西樵的婚嫁习俗里,扮演了重要角色。从古到今,西樵人娶媳妇,要把许多个约半斤重的西樵大饼挑到女家,再由女家派送至左邻右舍、亲朋好友。大饼派发得越多,说明女家挑的女婿家境越殷实。而西樵大饼的寓意,也代表了父母长辈对结婚新人的深深祝福。

佛山扎蹄的来历及特色

佛山扎蹄,是广东佛山市的地方传统风味名食。它具有造型美观、皮爽肉脆、鲜香可口的特点。佛山的一般烧腊店都有制售,但要说味道好、制法讲究,则当属"得心斋"的扎蹄首屈一指。得心斋建于清朝乾隆年间(1736—1795年),至今已有200多年的历史。它的祖铺原在佛山正埠,即现今永安路的路头,一向是以经营烧腊业为主,后来随着酝扎蹄的风行一时,店主就另在铺内设专柜来售卖。这家店主人颇工心计,为了比同行业突出,他别出心裁地创制出了"酝扎蹄"这一品种。

佛山酝扎蹄是把猪脚开皮,抽去脚筋和骨,再用猪肥肉夹着猪精瘦肉包扎在猪脚皮内酝制,然后用慢火浸煮。由于是用水草扎着来酝制,所以名叫"扎蹄"。扎蹄的制作程序比较复杂,但不外乎四个方面:一是选料;二是酝制;三是调味;四是火候。选料时要选一些娇嫩的猪手脚,肥肉要选猪脊头肉,瘦肉要选精肉,不要带筋膜。酝制的时候先将猪手脚刮洗干净、开皮,如果制扎蹄,还要抽去猪脚筋和骨,然后放入釜中用慢火酝至八九成熟,取出后针刺(针刺是用针在猪皮外边扎孔,作用是使猪皮胶外溢,吃起来爽口)。针刺后,放入釜中再酝,然后把猪手脚取出放在清水中过冷河。猪肥肉要用砂糖或盐来腌渍,瘦肉要用油来走油,还要用烧酒、糖来处理。各种原料配备后,把猪肉切成薄长条,肥瘦相间包在皮内,外用水草扎住,再放入卤水中配浸。卤水是用花椒、八角等多种调味而制成。过去,卤

佛山老字号得心斋

水中还加入"蛤拐"（青蛙的一种），以提高卤水的质量。这样，配制出来的产品"堪中带爽、肥而不腻、和味甘香"。在佛山，扎蹄还有一种形式，就是用整只猪手酝制而成。其制作工序比较简单。不管是哪种形式的扎蹄，在佛山都深受消费者的欢迎。

佛山扎蹄

关于得心斋的扎蹄还有一段这样的故事。相传清朝时，有一位巡抚大人到佛山视察，时至深夜，他命差役弄些饭菜来作为消夜。但当时各食店都已关门，差役无奈，只好拍开得心斋的门买酝扎蹄。巡抚吃了之后，大加赞赏，以后多次差人来佛山购买酝扎蹄，并广为介绍。从此，佛山得心斋酝扎蹄的声誉不胫而走，并且远销至广东全省及港澳各地。后来有些无耻商人，企图鱼目混珠夺得心斋的生意，在附近另设一间烧腊店，亦以酝扎蹄来号召，取名"老德心斋"，意图骗取顾客。直至新中国成立后，两店合并，改名为"新得心"。后来为了保存佛山著名土特产的声誉，恢复了该店的老招牌——得心斋。得心斋的酝扎蹄不仅深受当地人的喜爱，很多外来游客莫不以一尝为快，并购买回去馈送亲朋好友。

趣味苏菜知识

QUWEI SUCAI ZHISHI

淮扬菜有何独特风味

淮扬菜,与川菜、鲁菜、粤菜并称为中国四大菜系,主要由扬州风味、淮安风味和镇江风味等三大地方风味组成,是江苏菜系的代表性风味,在国内外享有盛誉。

淮扬菜——蟹黄干丝

淮扬菜追求本味鲜、本土化和民俗性,具有鲜明的地域风格,总体风味追求口味甜咸适中,兼顾南北东西;烹制原则追求使食用者得到丰富的口味体验,达到健身益体的目的。在淮扬名菜中,存在着不少以乡村地名命名的奇特现象,如,"平桥豆腐"、"高沟捆蹄"、"朱桥甲鱼"等,在中华美食领域形成与宫廷大宴迥然相异的另类风景线,因而有着广泛的社会消费基础,同时也使得美食家对其情有独钟。淮扬菜之所以享誉四海,是因为它具有如下五个特点:

第一,制作菜肴选料严格,以鲜活水产为主。淮扬地区位于长江南北,紧挨京杭大运河,自古以来就是富庶的鱼米之乡,一年四季水产禽蔬野味不断。所以,淮扬菜的原料以鲜活水产为主。这也决定了其烹调方法擅长炖焖、调味注重本味的特点。淮扬菜几乎对每道菜的原料都有严格的选料要求,同时也让原料的特点在制作菜肴时得到充分发挥,使其菜品细致精美、格调高雅、清鲜而略带甜味。

第二,刀工精细,菜肴形态美观。中国四大菜系中,淮扬菜刀工最精细,切丝如发,尤以瓜雕享誉四方。冷菜制作、拼摆手法要求极高,难度极大,加上精当的色彩搭配,使得淮扬菜造型美观、生动逼真,如同精雕细凿的工艺品,同时兼具色、香、味。

第三,注重本味,清淡适口。由于淮扬菜以鲜活产品为原料,故而在调味时追求清淡,突出原

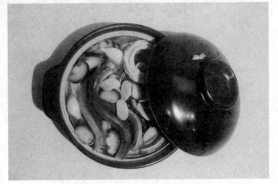

淮扬菜——大烧长鱼

料的本味,使得淮扬菜既有南方菜鲜、脆、嫩的特色,又融合了北方菜的咸、色、浓特点,形成了自己甜咸适中、咸中微甜的风味。

第四,讲究火工,擅长炖焖烧煮。淮扬菜肴根据古人提出的"以火为纪"的烹饪纲领,擅长运用炖、焖、煨、焐、蒸、烧、炒等烹饪手法,完美地突出原料本味,并通过调节火工来体现菜肴的鲜、香、酥、脆、嫩、糯、细、烂等不同特色。

第五,菜肴制作工艺多样,富于变化。淮扬菜菜式繁多、体系庞大,制作过程就像写诗作画,饱含丰富的想象力,有着浓厚的中国传统文化底蕴。在制作淮扬菜肴时,烹饪师很少使用名贵的山珍海味,而多采用当地产的普通原料,无论从选料、刀工还是调味等方面来看,都是精工细作、讲求韵味。

狮子头的来历

狮子头,属淮扬菜系,是扬州等地的一道传统名菜。关于它的来历,有这样一个传说:

相传隋朝时,隋炀帝曾游幸至江南扬州。他在饱览万松山、金钱墩、象牙林、葵花岗等扬州"四大名景"后,对这里的山水园林胜景叹为观止、流连忘返。回到行宫后,他吩咐御厨以扬州"四大名景"为主题做成四道菜,来纪念他的扬州之行。此外,他还亲自将这四道菜命名为松鼠鳜鱼、金钱虾饼、象牙鸡条、葵花斩肉。在品尝完御厨做的四样名菜后,他极为满意,于是赐宴群臣。一时间,这四道菜传遍了江南,连官宦权贵宴请宾客也以这四道菜为上好珍品。

到了唐代,有一天,郇国公韦陟宴客,令家厨韦巨元做了很多山珍海味,其中就有隋炀帝所命名的四道名菜。在座宾客无不为这些美味所叹服,个个赞不绝口。而当葵花斩肉一菜端上来时,立即引起大家的瞩目,只见这道菜以巨大的肉圆做成葵花心状,看起来就像是雄狮的头,真叫一个美轮美奂。接着,有宾客向郇国公劝酒道:"郇国公半生戎马,战功彪炳,应佩九头狮帅印。"郇国公听后,举杯一饮而尽,并将葵花斩肉更名为"狮子头"。

狮子头历史悠久、源远流长,宋人将吃蟹粉狮子头比喻成"骑鹤下扬州",即所谓"却将一脔配两蟹,世间真有扬州鹤"。到了

南京狮子楼大酒店——清蒸狮子头

清代，狮子头在社会上已成为公认的名菜。当时的《调鼎集》中就记录了该菜的做法："取肋条肉，去皮，切细长条，粗劖，加豆粉，少许作料，用手松捺，不可搓成。或炸或蒸，衬用嫩青。"乾隆下江南后，将狮子头带入了清廷，于是狮子头成了清宫菜。嘉庆年间（1796—1820年），诗人林兰痴作诗赞扬狮子头道："宾厨缕切已频频，团此葵花放手新。饱腹也应思向日，纷纷肉食尔何人。"

狮子头以六成肥肉和四成瘦肉为主料，以葱、姜、鸡蛋等为配料，制作时先将主料和配料斩成肉泥，做成肉丸状，然后进行清炖、清蒸或红烧即可，即清炖狮子头、清蒸狮子头和红烧狮子头3种。该菜烹制时极重火功，需用微火焖约40分钟。其成品具有肥而不腻、入口即化的特点。此

隋炀帝

外，它品种较多，包括清炖蟹粉狮子头、河蚌烧狮子头、风鸡烧狮子头等。现在，狮子头选料一般多用瘦肉。

软兜长鱼因何得名，有何美味

软兜长鱼，也叫"软兜鳝鱼"，是淮扬菜中知名度最高的一道菜肴。因为以前，人们通常会将余鳝中的鳝鱼装入布兜，重新进行加工制作，所以得名"软兜鳝鱼"。

据载，清光绪十年（1884年），两江总督左宗棠视察淮河水患时驻于淮安府。当时，淮安知府特地命令厨师做了一道软兜长鱼菜肴，请左宗棠品尝。左总督食后，对该菜赞不绝口。后来在慈禧太后70大寿之际，左宗棠还推荐软兜长鱼作为淮安府贡品进京去恭贺慈禧寿诞。

据徐珂《清稗类钞》记载："淮安多名庖，治鳝尤有名。且能以全席之肴，皆以鳝鱼为之，多者可数十品。盘也，碗也，碟也，所盛皆鳝也。而味各不同，谓之全鳝席，号称一百有八品者。"

江淮地区盛产鳝鱼。这种鱼

软兜长鱼

不仅肉嫩、味美，而且营养丰富。所以，以其为主料制成的鳝鱼席味道别具一格，且具有多种药膳功效，比如，补虚养身、调理气血、补充营养、产后恢复等。

软兜鳝鱼是鳝鱼席中的精品。它以鳝鱼为主料，以味精、香醋、粗盐、酱油、料酒、猪油、淀粉、白胡椒、姜、大蒜、小葱等为调料，成品乌光烁亮、软嫩异常、清鲜爽口、蒜香浓郁。作为江苏地区的汉族传统名菜，软兜长鱼主要盛行于淮安、盐城、阜宁等地。很多外地人在品尝该菜后，以"鲜嫩可口、别具一格"来概括它的口感。

拆烩鲢鱼头的来历及特色

拆烩鲢鱼头，是扬州传统名菜。它以鲢鱼头为主料，烹饪以烩菜为主，具有鱼肉肥嫩、汤汁稠浓、口味咸鲜、营养丰富等特色。关于它的来历，在扬州当地一直有个流传已久的故事：

话说清朝末年，扬州城有一个魏姓财主腰缠万贯，但极度吝啬。一年，财主打算在自家的后花园砌一座绣楼。可是因为他吝啬得出奇，所以本地瓦木工匠无一人前来。财主迫于无奈，只得到处贴榜招徕工匠，并讲明了条件：开支工钱，每日免费供应三餐。最后，从苏北来好招到了5个木匠。

领班的木匠名叫曹寿，是一个精明能干的青年。开始一连3天，财主给木匠们吃的三餐全是些稀饭、萝卜干、糙米饭、青菜汤等。曹寿等人为了发泄不满，于是在工程上找齐儿，给财主磨洋工。

一天，正赶上财主老婆过生日。他家的厨师买了一条大鲢鱼。厨师将鱼身做了菜，将鱼头弃置未用。可是，财主觉得丢弃了鱼头有些可惜，于是命厨师将鱼头烧成菜，打算给木匠们吃。厨师先是将鱼头放进锅里用清水煮到脱骨，然后将其中的肉归到一起，接着下锅烧烩。

鱼头菜做好后，财主让厨师端去给曹寿等木匠们吃。怎知木匠们一看，怒火中烧，心想这明明是用吃剩的菜糊弄咱们嘛。于是大家决定就此罢工。财主见势不好，忙说，这是家传的无骨无刺名菜，口味极其鲜美。之后，他又让厨师用鸡汤将鱼头菜重烧了一遍，再次端给曹寿等人吃。

这一次，因为厨师多放了些配菜和佐料，并且有美味的鸡汤，

拆烩鲢鱼头

所以吃起来鱼肉肥嫩、味道鲜美，很有特色。曹寿等人食后觉得不错，于是消除怒气，继续留下来做工。再后来，财主家的厨师经过多次试验后，认为在选料和烹制等方面已臻于完善，于是将该菜命名为"拆烩鲢鱼头"并正式对外上市。不久，这道菜便传遍江苏，成为誉满天下的扬州名菜。

水晶肴肉有何特色及典故

水晶肴肉，又名水晶肴蹄，是江苏镇江区汉族传统名菜，属于苏菜系。水晶肴肉成菜后肉红皮白、光滑晶莹、卤冻透明，犹如水晶，故有"水晶"之美称。

镇江水晶肴肉

镇江的肴肉选用猪蹄膀为原料，经硝、盐腌制后，配以葱、姜、黄酒等多种作料，以宽汤文火焖煮至酥烂，再经冷冻凝结而成。具有形态美观、清醇鲜香、油润滑爽、肥而不腻等特点，是镇江地区传统的风味名肴。

镇江人吃肴肉有个习惯：清早上馆子，泡壶茶，放碟姜丝，将肴肉蘸着香醋姜丝吃。

据《丹徒县志》记载，镇江水晶肴肉已有300多年的历史。相传数百年前，镇江酒海街有一家小酒店，一天小酒店的店主买回4只猪蹄膀，准备过几天再食用，但又怕天热变质，便用盐腌制，当时他误将家人为做鞭炮买的一包硝当做盐腌了猪蹄膀，直到3天后家人找硝时才发觉，揭开腌罐一看，不但肉质未变，腌制的蹄肉反而硬结香醇、色泽红润。为了去除硝的味道，一连用清水浸泡了多次，再经开水锅中焯水后捞出。接着加葱、姜、花椒、茴香、桂皮用高温焖煮，本欲以此解除毒性和异味，不料半个时辰后却出现了一股异常的香味，入口一尝，滋味鲜美，毫无异味。从此以后，该店主就用此方法制作"硝肉"，前来品尝的顾客也越来越多，不久就名闻全市。后因硝、肴读音相近，遂改称"肴肉"。又因成菜肉色鲜红、皮色晶莹，故又称"水晶肴蹄。"

三套鸭的来历

江苏扬州和高邮一带，盛产全国三大名鸭之一的高邮鸭（也叫高邮麻鸭）。

"三套鸭"就是以此鸭子为主料、流行于扬州和高邮地区的一道传统名菜。因为该菜是以家鸭、野鸭、菜鸽套制作成的,故而得名"三套鸭"。

三套鸭

三套鸭的烹饪以焖菜为主,制作时要将其放入大砂锅内,还要加入火腿、冬菇、笋片等辅料及绍酒、精盐、葱、姜等调料,然后烧焖 3 小时即可。据清代《调鼎集》记载:"肥家鸭去骨,板鸭亦去骨,填入家鸭肚内,蒸极烂,整供。"这是套鸭的具体制法。

风味独特的"三套鸭"制成后,会与砂锅一起上席。该菜属于咸鲜味,口感十分肥美,具体特色表现为:家鸭肉肥味鲜、野鸭肉紧味香、菜鸽肉松味醇,且汤汁清鲜,带有腊香味。因此,它经常被用作大宴上的收尾菜。此外,该菜营养丰富,还有滋补之功效。

"三套鸭"现已闻名全国,并被赞誉为"闻香下马,知味停车"。其实早在古代,扬州厨师就利用高邮鸭制成各种菜肴,像"鸭羹"、"叉烧鸭"、"清汤文武鸭"等。此外,高邮鸭还是南京地区名菜"南京板鸭"、"盐水鸭"的原料。

阳澄湖大闸蟹为何被称为"蟹中之王"

阳澄湖盛产淡水产品。其大闸蟹则是驰名中外,被称为"中华金丝绒毛蟹"。其美味历来为人称道。章太炎的夫人汤国梨就曾留下名句:"不是阳澄湖蟹好,人生何必住苏州。"足见其对食客的吸引力之大。

阳澄湖大闸蟹

阳澄湖大闸蟹,又名"金爪蟹",个大体肥,十肢矫健,一般一只重 150 克以上,最大者可达 500 克。其蟹肉丰满、营养丰富,形态和肉质在螃蟹家族中别具一格,不同于其他湖区螃蟹色暗、泥土色重、红中带灰的特点,而是呈现出四大特征:一是青背,蟹壳是青泥色,平滑而有光泽;二是白肚,贴泥的脐腹甲壳晶莹洁白,无墨色斑点;三是黄毛,蟹腿的毛长而呈黄色,根根挺拔;四是金爪,蟹爪呈金黄色,坚实有力,威风凛凛。

阳澄湖大闸蟹历来被称为"蟹中之王"。这与其所生长的特殊生态环境是分不开的。阳澄湖水域方圆百里,是海水与淡水在长江交汇所遇到的第一个湖泊,水位常年稳定在 2 米左右,水质清纯如镜,水草丰茂、螺蛳繁多,气候适宜、光照充足,独特的自然条件为大闸蟹的生长提供了良好的环境。得天独厚的区域资源,悠久的养蟹文化,让阳澄湖大闸蟹在蟹类品牌中处于无法超越的高度。

阳澄湖大闸蟹肉质肥嫩鲜美,吃过后再吃任何的佳肴名菜,都会觉得索然无味。威武的体态特征、丰富的营养价值和药用价值造就了其"蟹中之王"的美名。

周庄"万三蹄"的来历

周庄"万三蹄"是远近闻名的江苏特色小吃。其肉质鲜美、肥而不腻,是周庄美食的代表。"万三蹄"用料十分讲究,熬制时间可长达一天一夜。其吃法也是别具一格:上桌的蹄膀有两根贯穿整只猪蹄的长骨,吃时取其一细骨,蹄形纹丝不动,以骨为刀,轻轻一划,蹄膀便一分为二。

关于"万三蹄"的来历及吃法,有一段非常有趣的故事。据传,"万三蹄"起源于明初江南巨富沈万三家,是当时沈家用来招待贵宾的一道必备菜肴。朱元璋当了皇帝后,全国上下都避讳说"猪"(与朱谐音)字。当时的江南巨贾沈万三富可敌国,朱元璋很是嫉妒,所以到他家里做客。沈万三用猪蹄膀招待,朱元璋看到后故意为难,问:"这个怎么吃啊?"因为猪蹄膀是一整只的,没有切开,如果沈万三用刀,那朱元璋便可降罪于他(古时不可在皇上面前动凶器)。沈万三灵机一动,从蹄膀中抽出一根细的骨头来,以骨切肉,保住了自己的性命。从此便有了万三蹄膀的特殊吃法。朱元璋吃了觉得很好吃,就问沈万三:"这道菜叫什么名字啊?"沈万三一想,总不能说是叫猪蹄膀吧,灵机一动,便说:"这是'万三蹄'。"于是,"万三蹄"由此得名。

经过几百年的演变,"万三蹄"渐渐成为富裕和吉庆的象征,作为周庄逢年过节、喜庆婚宴的主菜,是招待宾客的上乘菜肴。

周庄万三蹄

如今，"万三蹄"屡获殊荣，成为享誉中外的中华美食，吸引了不少食客慕名前去品尝。

黄桥烧饼的由来及特色

　　黄桥烧饼，是江苏名镇黄桥的名小吃，以其色正味香、酥脆可口且作为开国大典的四大名点而享誉全国。黄桥烧饼口味多、老少皆宜，是现代人喜爱的点心。黄桥烧饼制作技艺已有几百年的历史。它的不断改进是历代烧饼师傅辛勤劳动的结晶，也凝聚着文化人的心血。

　　黄桥烧饼源于何时虽无确切的文字记载，但民间流传着两个关于黄桥烧饼的故事具有一定的参考价值。第一个，说的是清朝道光年间（1821—1851年），如皋县知县路过黄桥，吃了当地的烧

黄桥烧饼

饼后唇齿留香，念念不忘。这位县太爷回到如皋后竟隔三岔五地派快马到黄桥购买烧饼，以饱口福。另一个故事是关于清朝道光年间的岁贡生何萱，是一位学识渊博的老夫子，与烧饼师傅们的往来颇多，以便与他们切磋烧饼制作工艺。据说，按季节不同生产的应时品种，如，韭菜烧饼、萝卜丝烧饼、蟹黄烧饼等，就出于这位老夫子的点子。

　　这两个故事中的烧饼都可视作是黄桥烧饼的雏形。

　　而黄桥烧饼之所以出名，与著名的黄桥战役紧密相连。1940年，为了将大江南北的抗日根据地连成一片，陈毅将军率新四军北上。蒋介石得知后，急力围剿，企图在苏北境内全歼陈毅、粟裕的部队。我新四军将士以寡敌众，取得了黄桥决战的全面胜利。这边战斗如火如荼，那边黄桥镇的12个磨坊的60个烧饼炉也炉火通红，日夜赶做烧饼，并由当地群众冒着炮火把烧饼送到前沿阵地，谱写了一曲军爱民、民拥军的壮丽凯歌。随着战斗的结束，黄桥烧饼也从此名扬天下。

　　现在的黄桥烧饼吸取了古代的烧饼制作方法，成为一种半干式面点，保持了"香甜两面黄"、"外撒芝麻内擦酥"这一传统特色，并在花色品种上不断改进，已从一般的"擦酥饼"、"麻饼"、"脆烧饼"等大路品种发展到葱油、肉松、鸡

南京永和园的黄桥烧饼

丁、香肠、白糖、橘饼、桂花、细沙等十多个不同馅的精美品种。烧饼出炉后色呈蟹壳红，不焦不煳、不油不腻，形色香味俱佳。

黄桥烧饼经多年的演变，具有了以下基本特征：其一，属于纯天然绿色食品，无任何添加剂，已通过国家ISO9002认证；其二，用料考究，所用面粉必须是中筋，所用芝麻必须去皮；其三，制作工艺独特，从揣酵（和面）开始就很讲究，馅和酥分别用猪油和花生油拌面粉擦酥；其四，风味独特，其色、香、味均不同于其他面点，外形饱满美观，色泽金黄如蟹壳，入口酥松；其五，就外形而言，黄桥烧饼有圆形、长形、方形、椭圆形、斜角形5种。目前，黄桥烧饼店出售的一般是圆形和椭圆形两种，咸甜皆备。

沛县人卖狗肉为何不能用刀切

沛县是古今闻名的"狗肉之乡"。其狗肉亦称鼋汁狗肉，是江苏省徐州市沛县最有名的传统特色美食，至今已有2100多年的制作历史。沛县狗肉呈淡茶色，肉质软烂，异香极浓，什锦口味，味道鲜美，入口韧而不挺、烂而不腻，既有很高的营养价值，又具助消化的药用功能。关于沛县狗肉，素来有"闻到狗肉香，神仙也跳墙"的说法。其独特之处不止于此，它不吃皮、不用刀切，而是用手撕。

沛县狗肉独特的食用方法有一段有趣的来历。据《史记》记载：刘邦手下名将樊哙少时以屠狗为生。他用乌龙潭的水冲洗狗肉，再用潭边的井水去煮，狗肉味道异常鲜美，当时就颇负盛名。不久，刘邦从丰乡中阳里村流落到沛邑城，结识了樊哙。刘邦初来乍到，没有正业，除结交邑令衙门的吏役喝酒闲聊外，也常帮樊哙屠狗、晒狗皮、烧火煮肉。但他天天来吃狗肉，从来不付分文，时间长了樊哙心里很不舒服。为了躲避刘邦，樊哙提前把狗肉煮好，四更天捞出，用担子挑着，乘船过泗水到河东夏阳去卖。

沛县鼋汁狗肉

刘邦闻讯赶去,到了泗水河边,见河宽水深,一时又无船渡河,心里很是着急。这时一只比簸箕还大的老鼋向岸边游来,驮着他游过河去。刘邦找到樊哙,看见他正愁狗肉无人问津,刘邦抓起狗肉就吃,这么一吃,人们遂竞相购食。此后刘邦就经常乘着鼋过河吃肉。樊哙得知后便杀了鼋和狗肉一起煮,不料狗肉更加鲜美。以后,樊哙就用鼋汁汤煮狗肉,味道鲜美异常,鼋汁狗肉也因此而名闻全邑。刘邦知道樊哙杀了鼋,认为他太不够朋友,做了泗水亭长后,借故把樊哙的屠刀没收了。樊哙卖肉无刀,只好用手撕,说也奇怪,用手撕的狗肉反而更具一番风味。所以直到现在,沛县狗肉还是采用当初樊哙老鼋汤煮肉的做法,卖肉也还保留着不用刀切而用手撕的老习惯。

太湖船菜的来历

太湖船菜,亦称无锡船菜或"水上筵席"。它起源于民间,伴随着太湖和运河水上旅游的迅猛发展而形成,有近百年的历史,具有浓郁的江南水乡特色。太湖船菜以太湖中盛产的白鱼、白虾、银鱼、蟹、鳖等为主料。配以相应的副食、佐料,用炒、煎、焖、蒸、氽、炸烹饪方式,精细加工制作而成,具有酥嫩鲜甜、色香味俱全的特点。

无锡自古以来经济富足、人文荟萃。客人游览太湖风光大多乘帆船、画舫,船家都备有精美的湖肴供应,由于它与饭馆里的菜做法截然不同,品尝起来个中乐趣在城市的餐馆酒楼是难以享受得到的,于是渐渐形成了著名的太湖船菜。

从清晚期至民国百余年间,能为游客提供船菜的画舫、灯船达数十艘之多,船菜以太湖水鲜为主料,其中尤以酒醉呛虾最具风味。太湖船菜以其味真而浓郁,肥美而不腻,汤清而不薄的特色,赢得了游客的盛誉。目前,无锡外事旅游游船公司拥有 10 多艘豪华游船。其经营的太湖船菜秉承历史,风味独佳,极具特色。船宴尤以"别味湖鲜"、"宫灯虾球"、"干炸银鱼"等为最,赢得了文人雅士及无数民众游客的赞赏。而太湖船菜真正走向市场则是近几年的事情。1994 年,太湖东岸苏州光福镇的渔民,率先推出了具有渔家风味的太湖船菜。如今,苏州东山、西山沿太湖一带,也出现了太湖船菜的招牌。一些城市里的餐饮场所,还将太湖船菜引进店堂,也吸引了不少食客。

太湖船菜

何谓"霸王别姬"

"霸王别姬"，是江苏徐州地区的传统名菜，"霸王"指老鳖（俗称"王八"），"虞姬"指鸡肉。其肉质鲜嫩、汤浓鲜醇、造型别致、营养丰富，且寓意深长。

据《徐州文史》载，"霸王别姬"原名"龙凤烩"。项羽称霸王，都彭城（徐州），举行开国大典时，为盛典备有"龙凤宴"。相传是虞姬娘娘亲自设计的。"龙凤烩"即"龙凤宴"中的主要大件。其料用"乌龟"（龟属水族，龙系水族之长）与雉（雉属羽族，凤系羽族之长），故引申为龙凤相会得名。后来，徐州人民为纪念这位推翻暴秦、"拔山盖

霸王别姬汤

世"的英雄项羽，并怀念那位心系国运、大义凛然的佳人，创制了"霸王别姬"这道名菜。

"抗战"前夕，京剧大师梅兰芳到徐州去演出《霸王别姬》，全城为之轰动。等到演出结束，行将离开徐州之际，东道主设宴饯行。席上有一道菜：一只白瓷盆内几只鳖漂浮在汤上，四爪张开，盆底是块块鸡肉，用筷一拨，鳖的甲壳肉即行分离，食之其味似鸡似蛙；鸡块也酥软如豆腐，入口即化。梅兰芳大加赞赏，连食两鳖，问侍者菜名，侍者微笑回答："霸王别姬。"座上诸客一听，拍案叫绝。原来，鳖与别、鸡与姬都是谐音，取义甚妙。

新中国成立后，毛泽东、刘少奇、陈毅等党和国家领导同志来徐州视察工作，都品尝过这道名菜，并给予高度赞扬。这道名菜经由已故名厨裴继洪改进，借鳖、鸡的形象，烘托霸王别姬这一历史题材，含义委婉，意境甚妙。

这道菜经世代相传至今，被食客们极力称赞，已经成为喜庆宴会上不可缺少的大菜。

南京人为何爱吃鸭

南京素以喜鸭而闻名。其品种之多、数量之大、传播之广、食者之众，为全

国之最,故南京有"金陵鸭肴甲天下"之赞和"鸭都"的美称。南京人食鸭花样很多,有咸板鸭、盐水桂花鸭、金陵叉烤鸭、黄焖鸭等多个品种,甚至连鸭子的某些部分也被制成特殊的美食,如,鸭头、鸭脖、鸭翅、鸭掌下卤锅,鸭血、鸭肝、鸭肠、鸭胗下汤锅,等等。目前,南京已拥有大小制鸭企业及个体大户1500多家,日产

南京盐水鸭

卤鸭15万只以上,南京市面上居民每天吃鸭数量在8万只左右。那么,南京人为什么这么喜欢吃鸭呢?

第一,南京养鸭吃鸭历史悠久。南京作为"六朝圣地,十代建都",是一座拥有深厚文化底蕴的历史古城。2400多年的南京建城史,也是南京鸭业发展的历史。据《吴地记》载:"吴王筑城,城以养鸭,周数百里。"可见,早在春秋战国时期,南京就有了"筑地养鸭"的传统。据《陈书》记载,陈军与北齐军在金陵北郊外覆舟山一带交锋,陈军"人人裹饭,媲以鸭肉"、"炊米煮鸭",使得士气大振,终于以少击众,大胜而归。此为金陵鸭馔最早见于正史的记载。另据记载,六朝时帝王们的餐桌上已经有烤鸭和盐水鸭等几道鸭馔。到了宋朝的时候,南京已经是"无鸭不成席"了。而到了明初,南方盐水鸭已享有盛誉。南京人的制鸭技术由来已久,吃鸭的经验也十分丰富。对于如何鉴别好鸭子、如何制作好吃的盐水鸭、如何储藏鸭子,甚至是鸭子的各种吃法,南京人都了如指掌。

第二,南京地区的地理环境适合养鸭。南京地处江南,水暖鸭肥,制作鸭馔,享有天然的优势。南京周边多水网地带,沟汊纵横,旧时自由自在的鸭子夏天在水中捕食鱼虾螺贝,秋季饱餐稻谷,长得羽毛丰满、肉鲜细嫩。苏北、安徽、江西一带也会给南京供应精选的好鸭子,所以南京人一年四季都可吃到质优的鸭子。

第三,鸭肉具有丰富的营养价值。鸭肉中的脂肪酸熔点低、易消化。其所含B族维生素和维生素E较其他肉类多,能有效抵抗脚气病、神经炎和多种炎症,还能抗衰老。鸭肉中含有较为丰富的烟酸,是构成人体内两种重要辅酶的成分之一,对心肌梗死等心脏疾病患者有保护作用。再者,鸭子生长于水边,其性微寒,南京地区夏季炎热,吃后有益健康。

悠久的养鸭吃鸭历史、优越的育鸭环境、丰富的营养价值,造就了南京人酷爱吃鸭的习惯。

扬州人为何爱吃鹅

到扬州品尝美食，人们往往首先想到的是"三头宴"、"富春包子"之类的名菜名宴。其实，扬州是名副其实的鹅消费城市。据统计，扬州人一年消费的盐水鹅达到2000万只，足见其对鹅的喜爱。那么，扬州人为什么对鹅如此地偏爱呢？

第一，鹅本身具有很高的营养价值。从生物学价值上看，鹅肉是理想的高蛋白、低脂肪、低胆固醇的营养健康食品，含钙、磷、钾、钠等十多种微量元素。其食疗和药疗作用巨大，具有益气补虚、和胃止渴、止咳化痰、解铅毒等作用。鹅肉含有人体生长发育所必需的各种氨基酸。其组成接近人体所需氨基酸的比例。鹅肉中的脂肪含量较低，仅比鸡肉高一点，比其他肉要低很多，而且品质好，不饱和脂肪酸的含量高，特别是亚麻酸含量均超过其他肉类，对人体健康有利。另外，鹅肉脂肪质地柔软，容易被人体消化吸收。

第二，扬州人食鹅文化源远流长。扬州有一道名菜，叫"盐水鹅"，俗称"老鹅"，是在有着2000多年历史的淮扬菜里不可或缺的一道名菜。其肉质紧致、鲜美可口、风味独特。扬州大量养鹅、吃鹅的历史可以追溯到唐宋前。唐代诗人姚合在《扬州春词》中描述当时的扬州是"有地惟栽竹，无家不养鹅"；明代时，鹅肉是最为家常的一道菜，在一些笔记小说中可以窥见端倪，《红楼梦》中的胭脂鹅便是一道人们喜爱的扬州菜。到了清代，地方官员用盐水鹅招待下江南到扬州的康熙和乾隆皇帝，受到赞誉，盐水鹅也因此而作为地方特色菜名扬天下。如今在扬州正式的酒席上，都缺不了盐水鹅这道菜。

第三，扬州地区善养鹅，并出产大量的优质鹅。扬州地处江淮平原南端，辖

扬州盐水鹅

区内覆盖长江三角洲漫滩冲积平原，地势平坦、气候温和，自然条件优越，有着天然的养鹅环境。扬州鹅是我国首次利用国内鹅种资源育成的新品种，是理想的中型鹅种。经国家家禽生产性能测定站测定：扬州鹅体形适中，整齐度好，遗传性能稳定；肉用仔鹅早期生长快、耐粗饲、适应性强、肉质鲜美、肌肉蛋白含量高、含水量低、加工成品率高、适口性好；种鹅繁殖性能好，产蛋期平均产蛋71.39

枚,受精率、孵化率均在90％以上。测定的结论是："扬州仔鹅生长速度达到国内外先进水平,种鹅达世界先进水平。"

松鹤楼有何独特传说

松鹤楼于清乾隆二年(1737年)由徐氏在苏州玄观庙创建,是目前苏州地区历史最为悠久的正宗苏帮菜馆。它主营面点,兼营饭菜,在某种意义上代表了苏州美食。由于始建于清乾隆年间,所以关于乾隆皇帝下江南时在松鹤楼发生的逸事很多,当地民间流传的主要有三个版本。

流传最多的一个版本是乾隆大闹松鹤楼的故事。乾隆下江南时微服私访来到苏州,踱步走进观前街上的松鹤楼。恰逢松鹤楼老板给母亲做寿,里里外外忙个不停。乾隆坐下许久,方见一个伙计过来,便要点最好的饭菜。这位伙计见他衣着朴素,以为是乡里的农民,便拣最便宜的破菜送上去。乾隆见清汤寡水,少盐无味,便质问起来,伙计不耐烦地敷衍。这时,乾隆见一伙计手端大盘喷香的"松鼠鳜鱼"从厨房出

苏州松鹤楼

来,便要那伙计端过来。那伙计傲慢地说:"松鼠鳜鱼,你吃得起吗?"乾隆听后龙颜大怒,随手将那碗菜汤朝伙计脸上扔过去。响声惊动了店主,他急忙来到桌边赔礼,看出乾隆虽衣着平常,但气度不凡。于是,店主便将其为母亲作寿烹制的"松鼠鳜鱼"等上等菜肴端来,不断给乾隆赔礼道歉。乾隆吃后觉得宫廷菜也比不上,于是连声夸好。此时苏州知府带着一队人马恭候在松鹤楼门口迎驾,店里人这才知道那位客人是皇帝,又惊又怕。好在乾隆吃得龙颜大悦,赐了银两,临走时还向店主人打听松鼠鳜鱼的做法。店主高兴异常,从此便打出了"乾隆首创,苏菜独步"的牌子。后来乾隆第二次、第三次下江南时,总是光顾松鹤楼点名要吃"松鼠鳜鱼"。从此松鹤楼的松鼠鳜鱼就作为传统名菜一直流传至今。

另一个版本也是关于松鹤楼名菜"松鼠鳜鱼"的。相传乾隆皇帝第四次下江南时,曾化名"高天赐",走进松鹤楼见到神台上欢蹦乱跳的"元宝鱼"(祭品鲤鱼),煞是好看,便要捉来食用。可是在当时此鱼属敬神"祭品",不能用于食用。但堂官慑于"圣命",便与厨师商量,想出一个办法,取松鹤楼首字"松",而鱼头似鼠,便将鱼烹制成松鼠形,以避宰杀"神鱼"之罪。乾隆食用后,夸赞不

苏州松鹤楼松鼠鳜鱼

已。从此,松鹤楼的"松鼠鱼"就闻名于世了,后来渐渐变成了当今名菜"松鼠鳜鱼"。

还有一个版本,是关于乾隆在松鹤楼吃"全家福"的故事。话说乾隆有一次下江南时路过观前街,见松鹤楼生意很兴隆,顿觉腹中饥饿,侍卫就领着乾隆上了松鹤楼中专门供有钱人吃饭的阁楼。乾隆点了一道"全家福"。菜上来之后,乾隆夹起一块鱼片问跑堂:"这是什么?"跑堂回答:"是乌龙肉。"乾隆又夹起一块鸡脚爪,问:"这是什么?"跑堂回答:"这是凤脚爪"。乾隆听了,暗自吃惊,心想:龙代表皇帝,凤代表皇后,吃乌龙肉、凤脚爪,那不是反了吗? 想到这里不禁怒火中烧,可碍于乔装打扮,只能发倔脾气,一定要退这道名菜。后来不知谁走漏了消息,说这个北方食客是微服私访的当今皇帝,于是苏州城内外一下传遍了乾隆在松鹤楼退"全家福"的事。大家听明其中底细,都说:"皇帝退,我们去吃。"于是便扶老携幼到松鹤楼,把饭馆挤得水泄不通。从此,松鹤楼生意更加兴隆。

宿迁老汤猪头肉的来历

宿迁老汤猪头肉,又叫"乾隆老汤"或"黄狗猪头肉",与扬州扒烧整猪头齐名,是北方猪头肉的一个代表菜。宿迁的猪头肉是切成块烧的,外形上与红烧肉无异。其肉色红润、酥烂香浓、鲜嫩无比。

宿迁老汤猪头肉发源于清乾隆十二年(1748年),迄今已有250多年的历史。其创始人是安徽滁州人黄德,当时因水患逃难到宿迁,善于烹饪猪头肉,在朝阳站(原东城市)外通岱街(今东大街)南首设摊点谋生。他制作的猪头肉肥而不腻、货真价实,因此生意兴隆。黄德小名"小狗",乡里乡亲的都谑称他"黄狗"。这个绰号也带进了他烹制的猪头肉里,称为"黄狗猪头肉"。某一年乾隆南

宿迁老汤猪头肉

巡至宿迁,地方官员在接驾的宴会中上了当地名厨黄德烹制的猪头肉,吃得他老人家连连称赞。黄德听说皇帝对他制作的猪头肉大加赞赏,深感荣耀,将乾隆吃剩的猪头肉卤汤留下一碗,次日倒入新制的猪头肉锅里,说那锅里有乾隆喝过的汤,加上乾隆光临小菜馆品尝黄家猪头肉的事情传开,人们纷纷都来品尝,从此黄家的猪头肉更加畅销了。

后人觉得"黄狗猪头肉"名称太俗,便更名为"乾隆老汤"。一是借乾隆皇帝的名分进一步抬高美食的身价;二是乾隆品尝过后的卤煮陈年老汤,年代越久味越美了,这也是黄家猪头肉出味的主要因素之一;三是取名文雅,好招徕高阶层的吃客,不仅有利于雅俗共赏,更有助于提高食客的兴趣。

受黄氏猪头肉的影响,宿迁很多人也参与了猪头肉的制作,虽然不是最正宗的黄氏风味,但对于改进猪头肉的制作工艺也都作出了贡献。如今,宿迁经营猪头肉的饭店很多,而黄德后人黄金亭主持经营的猪头肉馆仍独占鳌头,名扬海内外。

泰州梅兰宴有何特色

江苏泰州,是中国京剧一代宗师梅兰芳先生的故乡。论其美食,当属"梅兰宴"居首。"梅兰宴"是泰州的创新宴,共有 21 道菜,包括 9 道面点和小吃。它以淮扬风味为主,用料考究、因材施艺、制作精细、追求本味、清鲜平和、形质兼美。

1956 年春,梅兰芳偕夫人福芝芳、子梅葆玖率梅兰芳京剧团回乡省亲祭祖,并作巡回演出,泰州烹饪界特创制"双凤还巢"佳肴以示谢忱。梅先生深表嘉许。为纪念梅兰芳先生,泰州宾馆经过多年的探讨研制,于 1994 年纪念梅兰芳百年诞辰之际,隆重向社会推出"梅兰宴",以表达家乡人民对大师的深切怀念之情。

"梅兰宴"将戏曲与烹饪文化相结合,以梅兰芳先生的 18 个代表剧目为背景,以戏成菜,喻形或喻意,同时吸收梅先生日常饮食习惯,兼收巡演时期所品泰州名馔,构成该宴清丽多姿、典雅华贵的风格,大大提升了文化品位。其主要菜品包括冷菜"天女散花"、主拼"梅兰争艳"、汤菜"游园惊梦"、甜品"碑亭避雨"、主食"鱼汤刀面"、点心"荠菜春卷"和"海陵麻团";热菜有"龙凤呈祥"、"玉堂春

梅兰芳

色"、"双凤还巢"、"桂英挂帅"、"断桥相会"、"黛玉怜花"、"霸王别姬"、"锦凤取参"、"奇缘巧会"、"嫦娥奔月";还有一个颇具特色的系列,叫"十围花碟",包括"红茄睡莲"、"生鱼芙蓉"、"茭白兰花"、"目鱼秋菊"、"鸭脯理菊"、"焓腰山茶"、"酥蜇牡丹"、"玉色绣球"、"卤舌月季"、"向日葵花"等;除此之外,还有一个"养颜果盘"。

自"梅兰宴"推出以来,泰州宾馆根据现代人对饮食和营养的要求,结合新原料和新烹饪技艺的运用,对"梅兰宴"不断地进行改进和完善,使之受到各界人士的欢迎。

洪泽湖的小鱼锅贴有何美丽传说

"小鱼锅贴",渔家称"小鱼锅塌",是洪泽湖渔民在长期的湖上生活实践中创造出来的一种独特的名肴。正宗的湖上渔家制作的"小鱼锅贴",鱼是"小鱼",通常体长一两寸,锅是铁锅,急火烧之容易快熟,面和得较稀,贴在锅边总要往下坠,就"塌"下来了,熟后上薄下厚,故叫"锅塌"。

"小鱼锅塌"起源很早,久负盛名。据传,幼年时期的明太祖朱元璋在灾荒年月逃难来到淮水边,与逮鱼的、放牛的、砍草的、讨饭的穷孩子聚到一起,将各人所获的东西凑在一起,在锅里煮捉来的小鱼。锅边贴上用讨来的杂面或湖中捋来的蒿苗王子米面做成的饼,用这种快而省事的办法做饭充饥。虽然做法简单原始,但吃起来却也脆香鲜嫩,后逐渐成为湖上渔民、沿湖农民的家常饭菜,称之为"小鱼锅塌"。朱元璋当上皇帝后,吃腻了宫廷的宴席,特叫人把渔妇请进宫里,专为他做这种"小鱼锅塌"。从此以后,官府就称这道菜为"三鲜(湖水甘甜、湖鱼鲜嫩、湖草种子清香)小鱼饼",民间则叫"皇帝饼"或"朱家饭"。朱元璋逝世后,宫内逐渐失传,而民间则一直沿传下来。

洪泽湖的小鱼锅贴

现在,"小鱼锅塌"已被发源地的人们叫做"活鱼锅贴"了。叫"活鱼",是为了迎合现代人的饮食习惯,"活"则"鲜","鲜"则吸引食客;鱼也不再是"小鱼",而是常用体型较大的鱼;锅也不是铁锅;面和好后,也不是贴在锅上"塌",而是摊于锅边,通体变薄而成"贴"。"小鱼锅塌"已演变成了"活鱼锅贴"。

趣味湘菜知识

QUWEI XIANGCAI ZHISHI

湘菜是如何形成的,有何特色及代表菜

湘菜,是中国源远流长的悠久的一个地方风味菜系。以湖南菜为代表,是我国八大菜系之一。

湘菜:腊八豆炒荷包蛋

春秋战国时期,湖南主要是楚人和越人生息的地方,多民族杂居,饮食风俗各异,祭祀之风盛行。到了秦汉两代,湖南饮食文化从用料、烹调方法到风味风格都逐步形成了一个比较完整的体系。从出土的西汉遗册中可以看出,汉代湖南饮食已经形成菜系,生活中的烹调方法有羹、炙、煎、熬、蒸、濯、脍、脯、腊、炮、醢、苴等多种,比战国时代有了进一步的发展。由于湖南物产丰富,素有"鱼米之乡"的美称,所以自唐、宋以来,尤其在明、清之际,湖南饮食文化的发展更趋完善,逐步形成了全国八大菜系中一支具有鲜明特色的湘菜系。

湘菜的烹调方法历史悠久。在传统的热烹、冷制、甜调三大类烹调技法中,湘菜的每类技法少则几种,多则几十种。湘菜的煨功更胜一筹,几乎达到了炉火纯青的地步。煨,有红煨、白煨,有清汤煨、浓汤煨和奶汤煨。小火慢炖,原汁原味。有的菜晶莹醇厚,有的菜汁纯滋养,有的菜软糯浓郁,有的菜酥烂鲜香,许多煨出来的菜肴,成为湘菜中的名馔佳品。

湘菜的特色众多。其一,重视原料互相搭配、滋味互相渗透,浑然天成。因地理位置的关系,湖南气候温和湿润,故人们多喜食辣椒,用以提神去湿,调味也尤重酸辣。用酸泡菜作调料,辅以辣椒烹制出来的菜肴,开胃爽口,深受人们青睐,成为独具特色的地方饮食习俗。其二,湘菜品种繁多、门类齐全。就菜式而言,不仅有乡土风味的民间菜式,经济方便的大众菜式,也有实惠的筵席菜式、格调高雅的宴会菜式,以及味道随意的家常菜式和疗疾健身的药膳菜式。湘菜著名菜肴有腊味合蒸、东安子鸡、麻辣子鸡、红煨鱼翅、汤泡肚、冰糖湘莲、金钱鱼等。

腊味合蒸有何特色及典故

腊味合蒸,是湘菜中的一道传统风味名菜。它以猪、牛、鸡、鱼、鸭等各种腊

熏制品为原料,以鸡汤为辅料同蒸而成。该菜具有很多显著特色:看起来色泽红亮,稍带厚汁;闻起来腊香浓厚;吃起来咸甜适口,柔韧不腻,且各种腊味融合互补,十分独特。此外,该菜营养丰富,磷、钾、钠及脂肪、蛋白质、碳水化合物等含量丰富,具有开胃消食、和脾养肺、补虚益智、补精添髓、温中益气、平肝补血、祛寒等功效,还是孕妇的高级保健食品。

腊味合蒸(一)

关于腊味合蒸,有这样一个有趣的典故:

相传从前,湖南某个小镇上一家小饭店的店主刘七,为逃避当地财主的逼债而背井离乡来到了省城长沙。刘七以乞讨为生,某日临近年关之时,他在长沙一户人家讨到了一些腌制的鱼肉和鸡肉。

当时天色已晚,刘七早已饥肠辘辘。当他拿到腊鱼、腊鸡等腊味后,便来到一大户人家的屋檐下蹲了下来,生起一堆柴火打算用蒸钵蒸制腊味。由于他熟知烹饪技术,在制作时还加上了些许调料。

大户人家这时也正在用餐,且园内宾朋满座,热闹非凡。当饭菜上足后,主人和客人们已酒过三巡,但还是闻到了阵阵勾鼻的浓香。主人忙问家童,是否还有未上的美味佳肴,并命其快快呈上来。

家童知道菜品已经上齐,不可能会有遗漏,但还是跑进厨房打算再看一看。没想到的是,果真有一股浓香从院外飘进来。他连忙打开大门,却发现一个乞丐正蹲在地上。乞丐眼前摆着一只蒸钵,里面热气腾腾,看来乞丐正准备受用这道美味了。

腊味合蒸(二)

家童快步上前,端起蒸钵就往院内走去。刘七急追而来。客人不知事情原委,一看到香味四溢的蒸钵,个个拿起筷子品尝了起来。客人食后,对该菜味道大加赞赏。话说有一客人乃长沙富翁,在城里开有一家大酒楼。他在得知真相后,便问明刘七的身份,并请他去自家酒楼做厨师,还将他发明的这道菜命名为"腊味合蒸"。

果不其然,"腊味合蒸"一上市,便引得四方食客慕名前来,人人都想一尝其鲜。就这样,"腊味合蒸"成了湘菜经典菜式,并流传至今。

红煨鱼翅的来历及特色

红煨鱼翅,也称组庵鱼翅,是湘菜中的传统名菜。关于此菜的来历,与清末湖南督军谭延闿有关:

谭延闿

谭延闿(1880—1930 年),字祖庵、祖安,号无畏、切斋,湖南茶陵人。曾任两广督军,湖南督军、湖南省长、湘军总司令,南京国民政府主席、行政院院长,授上将军衔、陆军大元帅。他不仅是一位政治家、军事家,还是有名的美食家,红煨鱼翅就是他家的家宴名菜。

曹敬臣是谭延闿家的家厨,多年跟随谭先生走南闯北。他对于谭延闿的食好非常清楚,也经常翻新花样为谭先生制作精致的美食。一次,曹师傅将鱼翅与鸡肉、五花肉同煨,没想到做成了一道风味独特的特色菜品——红煨鱼翅,还备受谭先生赞赏。此后,谭先生无论请客或赴宴,都会让厨师按他的要求制作红煨鱼翅,渐渐就使得此菜成了谭家的私房菜,还被人们称作"组庵鱼翅"。

红煨鱼翅用料讲究,主料包括水发玉结鱼翅、肥母鸡肉、猪肘肉,作料有精盐、味精、干贝、胡椒盐、葱、姜、绍酒、熟鸡油等。其中,玉结鱼翅是鱼翅中的上品。其制作工艺独特,煨制鱼翅时要用白稀纱布包好鱼翅,然后将其放入鸡汤内,在加入料酒、葱、姜等后,再用旺火将其烧开,最后用小火煨制 4 小时,直至将鱼翅煮到软烂、浓香四溢。

此菜看起来颜色淡黄、汁明油亮,吃起来软糯柔滑、鲜咸味美、醇香适口,而且营养丰富,属于药膳中之珍品。其中,鱼翅高蛋白,低糖、低脂肪,具有降血脂、抗动脉硬化、防治心血管疾病等功效;也有滋养皮肤黏膜的作用,是美容食品;还有开胃、清痰、补五脏、益虚痨等药效。

冰糖湘莲的来历及特色

冰糖湘莲,是湖南的传统名菜,早在明清以前就已盛行于洞庭湖区一带,最早称作"粮莲心"。近代以来,美食家们开始用冰糖制作"粮莲心",所以得名"冰糖湘莲。"现在,此菜不仅享誉三湘,而且闻名全国甚至也扬名海外。

湘莲有"南方人参"之美称,是历代皇室贡品,尤以"寸三莲"驰名中外,属于莲中珍品。早在西汉时期,湖南人就向汉高祖刘邦进贡白莲,所以湘莲也叫贡莲。而湖南湘潭是湘莲的主要产区,其湘莲产量占全国的 63.4%,因而被誉为"中国湘莲之乡"。

湘莲营养丰富,含有 18 种人体所需的微量元素,还有很多药用功效,包括润肺、清热、降血压、健脾胃、除烦利尿、安神固精等。

冰糖湘莲

湘潭当地有很多湘莲市场,莲子的系列产品及深加工特别突出,是游客购买湘莲的绝佳之地。

冰糖湘莲的主料为湘白莲,辅料包括罐头青豆、罐头樱桃、鲜菠萝、桂圆肉、冰糖等。制作时要先将莲子去皮去芯,然后将其上笼蒸至软烂,接着把它置于炒锅内用中火烧沸,待冰糖完全溶化后用筛子滤去糖渣,再用冰糖水加青豆、樱桃、桂圆肉、菠萝等配料后上火煮开,最后将蒸熟的莲子和煮开的冰糖、配料一起放入汤碗即成。

此菜看起来莲白透红,汤清,闻起来清香宜人,吃起来莲子粉糯,风味独佳、营养丰富,为高级补品,具有健脾胃、降血压、润肺清心、安神固精、延年益寿之功效。当一碗冰糖湘莲呈现于面前,白色莲子好像珍珠浮于清汤之上,真叫人垂涎三尺!

长沙火宫殿为何享誉中外

火宫殿,位于长沙市坡子街,总面积 6000 余平方米。它集民俗、宗教(火庙)、饮食文化于一身,既是一家"中华老字号",也是湖南驰名中外的特色景点

火宫殿

和大众场所。这里以风味小吃誉满三湘，涵盖了潇湘美食小吃，种类繁多，色香味俱全，像臭豆腐、龙脂猪血、红烧肉、糖油糍粑，等等。

火宫殿，也称"乾元宫"，始建于清乾隆十二年（1747年），至今有250多年的历史。过去，它是一座祭祀火神的庙宇，每年农历六月二十三会举行祭祀活动。火宫殿戏台两侧有楹联一副，出自清朝大书法家何绍基之手。联曰："象以虚成，具几多世态人情，好向虚中求实；味于苦出，看千古忠臣孝子，都从苦里回甘。"

火宫殿的特色，可简单概括为"一宫二庙（阁）三通四景八小吃十二名肴"。其中，"一宫"，是指火宫殿；"二庙"，是指火神庙、财神庙（"二阁"，是指普慈阁、弥陀阁）；"三通"，是指南通坡子街、西通三王街、东通司门口；"四景"，是指"古坊夕照"、"庙廓生烟"、"一曲熏风"、"廊亭幽境"；"八小吃"，是指臭豆腐、龙脂猪血、煮徽子、八宝果饭、姊妹团子、荷兰粉、红烧蹄花、三角豆腐；"十二名肴"，是指宫殿豆腐、酱汁肘子、发丝百页、潇湘龟羊、腊味合蒸、组庵鱼翅、蜜汁火腿、东安子鸡、红烧狗肉、红煨牛蹄筋、毛家红烧肉、红烧水鱼裙爪。

火宫殿特色中最著名的当属特色美食了。这里的美食具有四大特点：用料讲究、制作精细、外形雅致、口味醇正。除本地的美食外，当然还供应其他各地的特色、时令小吃等。先后曾有许多党和国家领导人光临过火宫殿，如，毛泽东、彭德怀、叶剑英、胡耀邦等。

1958年，毛泽东视察火宫殿时吃的"主席宴"，是当时湘菜风味的独特代表。他在吃完臭豆腐后还说："火宫殿臭豆腐闻起来臭，吃起来香。"20世纪60年代，徐特立、王震、王首道、李劫夫等人曾到火宫殿品尝过风味小吃。1972年，叶剑英来火宫殿品尝过风味小吃。1973年，华罗庚曾在火宫殿进行过"优选法"实验。1979年，叶剑英、王震第二次来火宫殿品尝风味小吃。1989年，胡耀邦来火宫殿品尝风味小吃。

火宫殿小吃

1993 年,火宫殿被授予"中华老字号"称号。2002 年,经济学家历以宁第二次来到火宫殿品尝风味小吃,并提笔赞道:"艺绝声名远,情深客自来。"2003年,李铁映视察了火宫殿。2004 年,火宫殿被评为"湖南省著名商标"。2005年,张震来火宫殿品尝了风味小吃,并题词"慕名而来,兴尽而归"。2007 年,何厚铧、曾荫权来火宫殿参观。

龙脂猪血的来历及美味

长沙的猪血汤,俗称为"麻油猪血"。其中以"龙脂猪血"最为出名。龙脂猪血是长沙火宫殿的著名小吃之一。加工制作好的猪血十分嫩滑,就像龙肝凤脂一样美味,故而名为"龙脂猪血"。

猪血选用新鲜猪血原料下到锅里,红红润润、细细嫩嫩,软似豆腐。辅料虽简单,一般是干辣椒末、冬排菜和芝麻油,但是味微辣而香脆,爽滑鲜嫩,十分可口。在寒冷的冬季,如果吃上一碗热腾腾的龙脂猪血,能使人全身暖

龙脂猪血

和,舒服至极。夏天的早晨喝上一碗,可开胃,增进食欲。大概就因为如此,长沙的一些文化人想象那龙肝凤脂也不过这般美味,于是就给那猪血汤取了个好听的名字。

猪血含有丰富的蛋白质,对人体十分有益。但要注意的是,这道小吃不能与海带同食,否则会引起便秘;也不能与黄豆同吃,否则会导致消化不良。

令长沙人"疯狂"的口味虾知多少

口味虾,又名长沙口味虾、麻辣小龙虾、香辣小龙虾、十三香小龙虾,以湖南、湖北产的小龙虾制成,颜色鲜红,口感麻辣鲜香,属湘菜系湖南小吃之一,在长沙市最为流行。

口味虾主料所用龙虾并不产自中国。其原产地在北美洲,1918 年由美国引入日本。1929 年再由日本引入中国。后来在长江一带迅速繁殖。随着改革开放的发展,口味虾迅速传遍全国,成为路边酒摊的常见小吃。由于小龙虾能聚

口味虾

群打洞，危害江堤，长沙人称吃小龙虾是除害。

长沙人爱吃口味虾，几乎到了"疯狂"的程度。虽然相对于酒楼、食府而言，吃口味虾的店面环境不是很好，有的甚至还是坐在马路边上吃，但从名牌主持人、影视名人到普通百姓，都抵挡不了口味虾的诱惑，一定要品尝一回才过瘾。

夏季夜幕降临时，当你走在长沙的街头巷尾，定会发现那一桌桌辣得嘴巴通红、眼泪汪汪、满头大汗，却依然乐此不疲、满怀斗志的口味虾食客。

 ## 火宫殿臭豆腐是如何制作的，有何来历

火宫殿臭豆腐，是湖南著名的特色小吃。它的最大特点就是闻起来臭，吃起来香。其选用的原料是黄豆制成的水豆腐。

制作时，首先，要用特制的卤水将水豆腐浸泡半个月，因为卤水中放有香菇、鲜冬笋、浏阳豆豉等多种上乘原料，用其做出来的臭豆腐味道特别鲜香。其次，用茶油将水豆腐炸焦；最后把每块豆腐钻孔灌上辣椒油。这样，美味的臭豆腐就做好了！

光绪二十二年（1896 年），出生在湖南的蒋永贵因父母双亡而流浪到了长沙。由于其排名老二，因此又被称为蒋二爹。他在长沙流浪时被一个卖炸豆腐的老乡收留，从此学会了油炸豆腐的手艺。

后来师父年纪大了，又体弱多病，就把油炸豆腐的摊子交给了他。为了避免地痞流氓骚扰，他在火宫殿附近严格按照师父的传家手艺去做，不管是选料还是制作过程，都精心准备。因此他的炸豆腐很快受到大家的欢迎。就连毛泽东主席、美国前总统老布什品尝后也连连称赞。

火宫殿臭豆腐闻着臭，吃着香，外酥里软，辣味十足，令人回味无穷。

长沙火宫殿臭豆腐

湖南米粉的制作方法及来历

湖南米粉,是当地人最喜欢的早餐之一。其从口味上分为长沙米粉和津市米粉,从形状上又分为圆粉和切粉。

长沙米粉,以切粉为主,其汤是由大骨熬成,味道鲜美。人们可以根据自己的口味、爱好在米粉里加入各种作料,如,辣椒、酸菜、萝卜条等。

津市米粉,最著名的要数常德津市牛肉粉了。据说它是常德的三绝之一。津市米粉以圆粉为主,有牛肉、牛腩、排骨、肉丝、墨鱼等几个大类,口味比较丰富。

湖南米粉

相传清朝雍正年间实行"改土归流"的政策后,新疆维吾尔人的一支迁徙到了湖南。他们住在湖南的澧县东乡团结村。这里地处洞庭湖,人们的主食以大米为主。喜欢面食的维吾尔人很不习惯。他们十分怀念家乡的清真牛肉面,于是开始想办法,最终制作出了面条的替代品米粉。

最初,回民做的牛肉米粉很清淡。随着时间的推移,他们逐渐适应了当地的口味。于是,米粉也开始变成咸辣口味。这样便形成了具有湖南特色的牛肉粉。

湖南米粉制作简便、味道鲜香、原汁原味、筋道爽口。其中以长沙的"和记"和"黄春和"两个最著名的百年老店味道最为正宗。

姐妹团子的来历及特色

姐妹团子,是湖南火宫殿传统的风味小吃,因口味独特而备受欢迎。其主要原料是糯米和大米,馅心有肉馅和糖馅两种。肉馅,选用的是五花鲜猪肉,制作出来的肉馅团子为石榴形。糖馅,则是用桂花糖、北流糖、红枣配制而成,制作出来的糖馅圆子呈蟠桃模样,十分惹人喜爱。

相传宋太祖赵匡胤在安徽歙县兵败后,士气十分低落。当地人知道后,便送来米团慰劳这些士兵。吃过米团后赵匡胤念念不忘,于是就从歙县找人专门为他再做此食物,并命名为"大救驾"。这就是最早产生的团子。

姐妹团子等点心

20 世纪 20 年代，姜氏姐妹在长沙的火宫殿摆了一个卖团子的摊位。她们制作的团子不仅外表好看，吃起来也很香，受到许多人的称赞。因此人们给她们的团子起名为"姐妹团子"。

姐妹团子小巧玲珑、晶莹剔透、糍糯柔软；肉馅团子鲜嫩可口，糖馅团子甜而不腻。来湖南旅游，不可不尝。

毛家红烧肉为何有名

毛家红烧肉，是主席宴上的八大名菜之一，也是湘菜系独树一帜的美食。因其一直受到毛泽东主席的钟爱，故又称"毛氏红烧肉"。

正宗的毛家饭店位于湘潭韶山冲。其做法非常讲究，红烧肉要选五花腩，须先把五花三层的肚腩肉用冰糖、八角、桂皮先蒸再炸，然后入锅放豆豉作料烹制而成。做熟的毛家红烧肉色泽金黄油亮、肥而不腻，十分香润可口。

红烧肉是毛泽东最喜欢的菜肴之一。他认为红烧肉可以补脑，增强记忆力，使人精力充沛。据史料记载，在艰苦的战争年代，毛泽东指挥三大战役时，曾对警卫员李银桥说："你如果每隔 3 天给我吃一顿红烧肉，我就有精力打败敌人。"可见，毛泽东对红烧肉的热爱。

毛家红烧肉

新中国成立后，毛泽东也经常用这道菜招待贵宾。后来，遍布全国的毛家餐馆都用红烧肉来作招牌菜，并美其名曰"毛氏红烧肉"。

土家人为何要吃"耳朵粑粑"

土家族一些风味独特的菜肴小吃、饮品往往和民俗活动紧密联系在一起，

土家粑粑

寄托着土家人对美好生活的愿景与追求，被称为土家族的吉祥物。

粑粑，既是土家族的节令食品，也是交际礼俗食品，含有多种吉祥意义。不同的礼仪风俗有着不同的粑粑。这些粑粑在制作、寓意、名称等方面也不相同，过年用的粑粑叫年粑，祭社神用的粑粑叫社粑，元宵节祭五谷用的粑粑则称为十五粑粑。

在所有的土家族粑粑中，耳朵粑粑是很特别的一种。耳朵粑粑是土家族结婚时所用的吉祥食物。青年男女结婚前半月左右，男方用糯米做成海碗大的粑粑，用箩筐挑着送往女方家。粑粑的个数由女方家直系亲属人数多少决定，耳朵粑粑送至女方家后，再由女方家分送给各位亲戚。粑粑只能成双，不能成单。耳朵粑粑起着公布婚姻关系的作用，是象征新人结为伉俪的吉祥物。耳朵粑粑是定亲的信物，吃过耳朵粑粑，一对新人的婚姻就意味着公之于众了。

如今，土家族还流传着关于吃耳朵粑粑的传说。传说，有个小伙子，已经和一位女孩子订婚几年了，很想快点成亲，就请媒人在端午节给女方家送礼并商定迎亲的日子。但是女子的母亲并不同意，硬要留女子再过两年才嫁。小伙子有点耳背，没听清楚媒人的传话，以为过年后就能娶亲。到了腊月，他特意砍了一块带尾巴的腊猪火腿，用红纸套上脚，给女方家送去。按土家族的习俗，如果腊月送带猪尾巴的火腿，意思就是女儿只能在娘家过一个年。女方母亲一见这礼物，就大骂女婿："你的耳朵到哪里去了？耳朵做粑粑吃了吗？"小伙子也挺聪明，并不答话，回到家里碾了几担糯米，做成海碗大的粑粑，送到女方村寨，女方所有的亲戚都吃到了女婿送的求亲粑粑，就劝女子的母亲把女子当年嫁给了他。久而久之，土家族便形成了求亲送粑粑的习俗，后来根据那位母亲说的话"你的耳朵做粑粑吃了吗？"这种求亲粑

土家族绣花女服

粑也就称为"耳朵粑粑"了。

土家血豆腐有何特色

血豆腐，是土家族的一道特色菜肴，不仅是土家人用来招待宾客的上等菜，也是走亲访友的上等礼品。它是指将豆腐和猪血、肥膘肉、花椒、辣椒等相混合，然后将其放在火炕上，最后经柴火熏烤制成的一种菜。

血豆腐的最大特色就是其味道。它既有豆腐的清香和花椒的麻香，也有烟熏后的腊香。所以它吃起来不仅麻辣、鲜香，而且很耐嚼，是佐酒的上品。此外，血豆腐的另一特色就是制作过程。土家人一般在杀猪备年货后，就开始制作血豆腐。其制作很有讲究，只有经验丰富的人才能做出好吃的血豆腐。

豆腐是在杀年猪之前做好的。杀猪时，土家人会用小盆将仓血接下。（仓血，是指杀猪后残留在猪身体内的血。）接着，就要把花椒、辣椒磨成粉末状，把肥膘肉切成碎片；再将豆腐盛在一个大盆内，并将其捏碎。然后，将豆腐、肥膘肉及食盐、花椒粉、辣椒粉等作料，在盆里充分进行揉捏拌匀。再后，就是往盆里放入用来调色的猪血，在充分揉拌直至调匀后，将混合物捏成圆球状，并置于火炕上熏制。等到过了半个月左右，在柴火熏烤下，血豆腐会变紧、变黑，也就意味着它彻底做好了。

土家血豆腐

趣味浙菜知识

QUWEI ZHECAI ZHISHI

浙菜是如何形成的,有何代表菜

浙菜,即浙江菜,历史悠久、源远流长,是中国"八大菜系"之一。浙江省地处东海之滨,境内山清水秀、物产丰饶,素被誉为江南"鱼米之乡"。

浙菜:杭三鲜

浙江沿海鱼场密布,水产丰富,尤其盛产海味,如,黄鱼、带鱼、石斑鱼、锦绣龙虾等;平原地区河道港汊遍布,盛产名贵的淡水鱼种,如,四大家鱼及鳜鱼、鲫鱼、青虾、湖蟹等。此外,这里还是盛产"金华两头乌"、龙井茶、绍兴酒、庆元香菇及景宁黑木耳等山珍野味,而这些都是烹饪的上乘原料。可以说,浙江的自然条件得天独厚,其丰富的物产资源是浙菜形成的基础。也就是说,浙菜形成的先决条件是自然环境。

早在新石器时代河姆渡文化时期,浙菜就已经出现了。到了汉唐时期,浙菜走向成熟。五代时期,吴越王钱镠建都杭州,为浙江宫廷菜和民间饮食等烹饪的发展起到了巨大的推动作用。宋元时期,浙菜达到繁荣阶段。尤其是南宋建都杭州后,南北烹饪技艺在此广泛交流,各种名菜名馔在浙江应运而生,浙菜开始在"南食"中占据主要地位。据《梦粱录》载,杭州当时有菜肴280多种,烹饪方法达15种以上,烹调事业一派繁荣。明清时期,浙菜形成了自己的基本风格,并开始影响到全国其他菜系。这是浙菜形成的历史原因。

浙菜菜品鲜美清脆,菜式小巧玲珑,其特色可概括为"清、香、脆、嫩、爽、鲜"。它主要分为杭州、绍兴、宁波、温州4个流派。其中杭州菜,历史悠久、制作精细、花样繁多,清鲜爽脆、淡雅典丽,菜肴喜以景胜命名,烹调方法以爆、炒、烩、炸为主,是浙菜的主流;绍兴菜,富有江南水乡风味,擅长烹饪河鲜、家禽、豆类、笋类;宁波菜,以蒸、红烧、炖制海鲜见长,口味"鲜咸

浙菜:馋嘴蛙

合一";温州菜,也称"瓯菜",菜品以海鲜为主,口味清淡。

浙菜种类丰富多彩,多达数百种,主要代表菜包括:"西湖醋鱼"、"宋嫂鱼羹"、"东坡肉"、"干炸响铃"、"叫化童鸡"、"龙井虾仁"、"荷叶粉蒸肉"、"金华火腿"、"家乡南肉"、"干菜焖肉"、"香酥焖肉"、"杭州煨鸡"、"虎跑素火腿"、"丝瓜卤蒸黄鱼"、"雪菜大汤黄鱼"、"冰糖甲鱼"、"三丝拌蛏"、"新风蟹誉"、"虾爆鳝背"、"油焖春笋"、"嘉兴粽子"、"宁波汤团"、"湖州干张包子"、"蜜汁灌藕"、"蛤蜊黄鱼羹"、"西湖莼菜汤"等。

西湖醋鱼的来历及美味

西湖醋鱼,也称"叔嫂传珍",是浙菜中杭州菜的代表作,其历史悠久,可上溯至宋代。关于它的来历,有这样一个相关的典故:

相传古时候,在西湖周边生活着宋姓两兄弟。他们满腹诗书,却在此以打鱼为生。杭州当地有一个出名的恶棍叫赵大官人,有一次,他在游西湖时看到一位妇女在湖边浣纱。赵大官人见妇女貌美动人,意图将其霸占。他在派人打听后得知,该妇女乃是宋家兄长之妻。接着,赵恶棍以阴谋害死了宋兄。

面对突如其来的灾难,宋家弟弟及其大嫂心中极度悲伤又愤愤不平,于是将赵恶棍告上了官府。可是他们怎知,官府同恶势力狼狈为奸、沆瀣一气。官衙不但没有接宋家叔嫂二人的诉状,反而将他们毒打一顿后赶出了衙门。

为了逃避赵恶棍的事后报复,宋家叔嫂二人刚一回家,就打算收拾行装外逃。临行前,宋嫂为宋弟烧了一碗加了糖和醋的鱼。宋弟觉得此鱼烧法非常奇特,于是问宋嫂其中缘故。宋嫂说,此鱼有甜有酸,日后你的生活若幸福甜美,千万不要忘记你大哥的深仇大恨及嫂子作为一个普通百姓的辛酸。

宋弟听后非常激动,在心底牢记了嫂子的嘱咐。他匆匆吃了鱼后就离家了。几年之后,他考取功名并重新回到杭州,还报了赵恶棍的杀兄之仇。但是,宋嫂却找不到了。一次,宋弟前去某官家赴宴,他在吃一道鱼菜时感觉味道和大嫂在其离家时烧的那道菜一模一样。于是,连忙追问烧菜的厨师,方知鱼菜正是出自其嫂之手。自此,这道西湖醋鱼在杭州盛行了。

原来,自从宋弟走后,宋嫂隐姓埋名躲入一官家做厨工,正是

西湖醋鱼

苏东坡

宋弟今日赴宴的这家。宋弟找到宋嫂后，告诉她家兄的大仇已报。二人自然无比高兴。接着，宋弟辞官归隐，重新定居于西湖之畔。他还将宋嫂接回家里，两人过起了平淡的渔家生活。因为宋嫂发明的西湖醋鱼寓意着一个辛酸但最终圆满的传奇故事，所以此菜也被人们称作"叔嫂传珍"。

古人还曾写诗一首，赞美过这道风味名吃："裙屐联翩买醉来，绿阳影里上楼台。门前多少游湖艇，半自三潭印月回。何必归寻张翰鲈，鱼美风味说西湖。亏君有此调和手，识得当年宋嫂无。"其中，"识得当年宋嫂无"一句说的就是西湖醋鱼的创始人宋嫂。

西湖醋鱼以西湖草鱼为原料，制作也非常简单，烹制时仅用三四分钟火候，将鱼烧好后只需浇上一层糖醋即可。其特色表现为：看起来草鱼胸鳍竖起，糖醋平滑油亮；吃起来鲜嫩酸甜，带有蟹味。

此外，西湖醋鱼还有一个和苏东坡、佛印有关的典故。

大才子苏东坡和高僧佛印是好朋友。他们二人经常一起参禅悟道。苏轼为人自负又喜欢耍小聪明，经常欺负老实巴交的佛印和尚。可以说，他们也是一对欢喜冤家，平时喜欢互相调侃，也因此留下了很多逸闻趣事。

一次，苏轼家的家厨做了一道西湖醋鱼。就在苏轼正要用膳之时，来了一位不速之客，正是佛印和尚。苏轼明知佛印喜欢吃鱼，却故意将它藏在了书架上。其实，佛印一进门就看到了书架上的鱼，但还是假装不知道。

苏轼忙问佛印大师有何贵干。佛印说，要向他请教大学士的姓氏"苏"字有几种写法。苏轼说，"苏"字是由一个"草"头和一个"鱼"字、"禾"字组成的。东坡尚未说完，佛印插话道："鱼"字可以移动吗？东坡说，"鱼"、"禾"两字可以互换位置，这正是"苏"字的两种写法。

佛印继续问道：那"鱼"字可以移到"草"头上面吗？苏轼说当然不行。佛印听后，大笑道：既然不能把"鱼"放在（"草"头）上面，那你为什么把那碟西湖醋鱼放在书架上呢？苏东坡听后，也哈哈大笑起来，于是将那碟鱼拿下来与佛印一起分享了。

几天后，佛印也做了一道西湖醋鱼，请苏东坡前来品尝。苏东坡到后，佛印将这碟鱼藏在一个罄里,也打算调侃苏东坡一番。苏东坡进门一看,发现鱼就藏在罄里,因为它的上面冒着热气,鱼香四溢。苏东坡说要向佛印请教一副对联,上联是"向阳门第春常在"。

佛印听后,大笑道:这副对联如此流行,你怎么不知下联呢?他接着说,下联是"积善人家庆有余"。苏东坡暗自得意,因为他已知佛印上当,于是说道:你自己都说"庆有鱼",怎么不把罄里的鱼拿出来呢?两人于是一起笑着享用了美味。

宋嫂鱼羹的由来

宋嫂鱼羹,又称赛蟹羹,起源于南宋,距今已有 800 多年,是杭州菜中的传统名菜。它以鳜鱼或鲈鱼为原料,以熟火腿、熟竹笋肉、水发香菇、湿淀粉、鸡蛋黄、鸡汤为配料,以绍酒、酱油、盐、味精、醋、熟猪油、葱、姜为作料;制作时先要将鱼肉蒸熟,接着将肉拨碎后再加入配料烩制即成。

宋嫂鱼羹的特点是看起来色泽黄亮,闻起来味似蟹羹,吃起来口感滑嫩。杭州著名的楼外楼、山外山老牌菜馆,是游客品尝最正宗宋嫂鱼羹的好去处。

关于宋嫂鱼羹的由来,据南宋词人、文学家周密(1232—1298年)的《武林旧事》记载,与宋五嫂和宋高宗有关。

杭州外婆家宋嫂鱼羹

南宋宋高宗淳熙六年(1171年)三月十五日,宋高宗赵构来到西湖游玩。在乘舟闲游之时,宋高宗命内侍买来湖中的龟鱼,以附庸放生之雅兴。就在这时,他看到西湖边有一卖鱼羹的妇人,于是停舟前去品尝。

妇人自称宋五嫂,为北方东京(今开封)人,在建炎元年(1127 年)随驾到此,以后便靠卖鱼羹为生。高宗吃了宋五嫂做的鱼羹后,嘴上连连称赞。赞赏之余,考虑到宋五嫂已风烛残年,高宗便赏赐给她一些金银绢匹。

此后,宋嫂鱼羹开始享誉京城(杭州),附近的富家巨室也都慕名而来,在此争相购食。再后来,宋嫂鱼羹经过历代厨师的不断传承和发展,配料更为精细,风味更为独特,最终成为誉满全国的杭州传统名菜。

东坡肉与苏东坡有何渊源

东坡肉，是浙菜中的传统名吃，一般以一块肥瘦各一半的正方形猪肉为主要食材炖制而成。此菜看起来色泽红亮，闻起来带有酒香，吃起来皮薄肉嫩、味醇汁浓、香糯不腻，可以说色、香、味俱佳。制作该菜的技巧是少水，多酒，慢火。

东坡肉

此菜营养价值高，蛋白质、脂肪酸含量丰富，含有机铁和半胱氨酸，所以具有补肾养血、滋阴润燥的功效。而肥肉能强身健体，其中的脑磷脂与不饱和脂肪酸又有健脑、补脑的作用。但是，猪肉中的胆固醇含量也偏高，所以不适合肥胖人群和血脂较高者食用。

东坡肉的来历，与苏东坡有着直接的渊源：苏东坡（1036—1101年）名列"唐宋八大家"，不仅在文学、书法、绘画等各方面均独树一帜，而且在烹调方面也是著名的美食家。相传，宋神宗熙宁十年（1077年）四月，苏东坡任徐州知州，并在这一年创制了东坡回赠肉。

话说苏东坡刚上任不到4个月，正赶上黄河决堤。作为徐州知州的东坡先生，毅然率领全城百姓众志成城地抗洪治水，并最终战胜了洪水。为了感谢苏东坡的恩惠，当地老百姓敲锣打鼓地为知州衙门送来了猪、牛、羊肉。苏东坡一向廉洁奉公，但这次破例如数收下了百姓的"礼品"。接着，东坡先生指点家厨把这些肉类烹熟，然后回赠给了参加抗洪的老百姓。人们有感于东坡先生的高风亮节，遂将此菜命名为"东坡回赠肉"。

后来，苏东坡被贬黄州，任团练副使。在黄州期间，他常常亲自烹调最拿手的红烧肉，还总结出了制作红烧肉的经验："慢着火，少着水，火候足时它自美。"

再后来，即宋哲宗元祐四年（1089年），他东山再起，任龙图阁学士并担任杭州知州。东坡一到杭州，就开始着手治理西湖问题，因为那时西湖淤塞，湖水逐渐干涸，湖中已被葑草淹没了大半。第二年，东坡率众疏浚西湖、修筑长堤、蓄水灌田。其中这条长堤不仅改善了环境，有益于水利，后来更成为著名的"西湖十景"之首——"苏堤春晓"。

苏东坡治理西湖有功,杭州老百姓对其感恩戴德。百姓们得知东坡喜食红烧肉,为表心意,在春节时都不约而同地给他送来了猪肉。东坡收下了猪肉,并且与在徐州时的做法一样,他又让家厨烹制出红烧肉,而后按照疏浚西湖的民工花名册,将这些美味分送到了每家每户民工家里。

苏东坡送来的红烧肉烧法别致、肉色清爽、入口绵糯、香酥味美,令每一位食者赞不绝口。这件事传开后,当时有很多人特来向东坡求教红烧肉的做法,并将其誉为"东坡肉"。从"东坡回赠肉"到"红烧肉"再到"东坡肉",这道菜变得越来越精致、越来越美

苏东坡

味。此后每年农历除夕夜,杭州民间都会制作东坡肉,并成为流传至今的传统名菜。

 ## 干炸响铃有何来历

1956年,浙江省确定了36种杭州名菜,干炸响铃便是其一。此菜以杭州著名特产泗乡豆腐皮为主料,以猪里脊肉、鸡蛋为辅料,以绍酒、味精、色拉油、盐、葱、花椒盐、番茄酱等为作料制成。它看起来色泽黄亮,豆皮薄如蝉翼,吃起来鲜香味美,是佐酒佳品。

关于干炸响铃,流传着这样一个故事。

相传古时候,杭州城里只有一大一小两家饭店。一直想独霸饮食生意的大店老板,为了排挤打压小店老板,于是常常找他的碴儿。有一天,当得知小店里豆腐皮断档后,大店老板便找来当地的一些地痞无赖,并指使他们专门去小饭店惹是生非。

杭州外婆家干炸响铃

地痞们来到小店,一个个专点豆腐皮吃,并猖狂地扬言说,如果小店老板不能满足他们的要

求,就会砸掉饭店的招牌。这时,店里有一位彪形大汉正独自饮酒。他其实是小店的常客。此人乃是一位有名的江湖好汉,以"路见不平,拔刀相助"为乐。

只见大汉一言不发,匆忙出了店,随即跨上他的黄骠马,一路扬长而去。哪料不一会儿,门外即传来一阵马铃儿的叮当声响。没错,正是刚才那位大汉又重新出现在了小店门口。令人意外的是,他手中还拎着一包豆腐皮。

小店老板不知有多么感激,赶紧将大汉迎进门来。接着,他立即动手烹制豆腐皮,还不惜加入了上好的猪里脊肉。就这样,一道美味的下酒菜诞生了。为了感谢好汉解围的功德,小店老板在制作时特意将豆皮卷成了马铃状,以纪念他的那匹黄骠马,并将其命名为"干炸响铃"。

叫化童鸡有何由来

"叫化童鸡",又称黄泥煨鸡,是杭州菜的经典名作,距今已有300多年的历史。现在,此菜已享誉全国,而在日本更是将其当成最珍贵的中国名菜。该菜以新母鸡为主料,以猪腿肉、鲜虾仁、火腿丁、香菇丁、川冬菜、鲜荷叶为辅料,以绍酒、白糖、酱油、味精、盐、花椒盐、葱、姜、熟猪油、猪网油、辣酱油等为作料。其看起来鸡肉较烂,吃起来鲜美适口,而且营养丰富,具有药膳功效。

关于"叫化童鸡"的由来,与叫花(化)子有关,但说法有以下两个版本:

第一种说法认为:相传古时候,江南连年战乱,弄得杭州城不少百姓家破人亡,一时间沦为到处乞讨的叫花子。某天,一个叫花子不知从哪儿弄到一只鸡,但苦于没有锅灶可供烹饪,在饥饿难耐之际,他想到了烤红薯的方法。

叫花子先是将鸡用湿泥涂包起来,然后用石块垒成一个临时的"炉灶"。在点燃干柴后,他开始用火进行煨烤。没想到过了一会儿,泥干鸡熟。于是他将泥巴包裹的美味放在了地上,只轻轻拍了几下,泥巴和鸡毛就自然脱落了,只见整只鸡身美白诱人、香气四溢。接着,叫花子迫不及待地饱餐了一顿。

后来,这个叫花子发明的泥烤技法被命名为"叫化童鸡",并传入了当地的各个菜馆、酒楼。在经过厨师们不断改进后,此菜变得更加味美香醇了,因为厨师们在煨烤的泥巴中加入了绍酒这

叫化童鸡

一作料,还用西湖荷叶将鸡进行包裹后煨制。这样一来,鸡肉的鲜香和荷叶的清香就相互融合了。

　　第二种说法认为:相传明末清初某天,在江苏常熟虞山一带,一个叫花子从一位老太太那里讨到一只老母鸡。但是令叫花子烦恼的是,他手中只有一只破碗,别无他物可以熬制这道美味。想来想去,他终于想出了一个好办法。

　　叫花子先是找到一户人家,在向主人借了一把刀后,就将老母鸡宰杀干净。接着,他来到附近一座山上,用山上的黄泥将母鸡涂包后,再用枯枝叶生起了火,然后将泥巴包好的鸡置于火上进行烧烤。

　　等到泥巴烧干后,叫花子估计鸡也该熟了,于是用棍子敲掉了泥巴。只见鸡毛随泥巴自然脱落,顿时一股浓郁的香气扑鼻而来。叫花子早已饿得饥肠辘辘,于是拿起鸡肉狼吞虎咽地吃了起来。

钱谦益

　　叫花子吃得不亦乐乎,却没有发现不远处正站着一个人在观察他。此人正是明朝大学士钱谦益。他散步路过此处时闻到鸡的香味便停了下来。接着,钱谦益差人前去打听美味鸡的做法。听差打听后,还特意从叫花子手中取来一小块鸡肉给钱谦益品尝,味道果然不错。

　　回到家中后,钱谦益就让家厨按叫花子的做法制作这道风味独特的菜,并取名为"叫化子鸡"。当时,家厨还在鸡肚里加入了肉丁、火腿、虾仁等多种辅料及香料等多种作料,并用荷叶将鸡肉包裹后再涂上黄泥在火中烘烤。

　　后来某天,江南名妓柳如是来钱家做客,钱谦益以叫化鸡款待她。柳如是品尝完该风味后,钱谦益问她味道如何。柳如是回答说"好极了!",并以一句诗来赞美它:"宁食终身虞山鸡,不吃一日松江鱼"。由此可见,"叫化童鸡"该是怎样的美味了。

龙井虾仁有何典故

　　龙井虾仁,在杭州菜中堪称经典。它以活大河虾、龙井茶嫩芽烹制而成。其中芽叶碧绿、虾仁玉白,色泽十分雅丽,让人一看就能勾起食欲。此外,龙井茶素以"色绿"、"形美"、"香郁"、"味甘"这"四绝"著称于世;河虾不仅肉嫩鲜美,而且营养丰富,其解毒、补肾、壮阳之药膳疗效作用高,因而古人誉之为"馔品所珍"。

　　关于龙井虾仁,有以下两个典故:

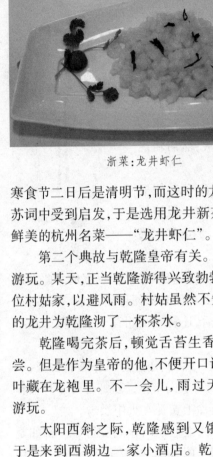

浙菜：龙井虾仁

第一个典故与苏东坡有关。相传，苏东坡做杭州知州时，对西湖龙井情有独钟。后来，他调任密州（今山东诸城），但仍对江南念念不忘，于是作《望江南》一词。其中有"休对故人思故国，且将新火试新茶，诗酒趁年华"一句。

过去，人们在寒食节不生火，所以将节后举火称作"新火"。寒食节二日后是清明节，而这时的龙井茶品质最佳。杭州天外天菜馆的厨师从苏词中受到启发，于是选用龙井新茶和时鲜河虾为原料，以新火烹制成了极其鲜美的杭州名菜——"龙井虾仁"。

第二个典故与乾隆皇帝有关。相传当年清明时节，乾隆皇帝正在杭州西湖游玩。某天，正当乾隆游得兴致勃勃时，天空忽将大雨，于是他只得来到附近一位村姑家，以避风雨。村姑虽然不知客人身份，还是以一贯的好客之风用新采的龙井为乾隆沏了一杯茶水。

乾隆喝完茶后，顿觉舌苔生香，回味无穷，于是想带一点茶叶回去慢慢品尝。但是作为皇帝的他，不便开口讨要，只得趁村姑不注意时，偷偷抓了一把茶叶藏在龙袍里。不一会儿，雨过天晴，乾隆告别了村姑家，继续来到西湖边游玩。

太阳西斜之际，乾隆感到又饿又渴，于是来到西湖边一家小酒店。乾隆点完菜后，忽然想起便服内的龙井茶，于是招呼店小二来泡茶。正当乾隆撩起便服取茶时，店小二瞥见了便服下面的龙袍，当即吓了一跳。店小二接过茶叶后，连忙跑进厨房告知了正在掌勺炒菜的店主。

当时，店主正在炒虾仁。他一听当今圣上驾到，心里一时慌得不知所措，竟将店小二拿来的龙井茶当成了葱花。店主在慌乱之中将茶叶切细，并撒进了锅中，使得原来的葱花拌虾仁成了茶叶烩虾仁。

让人意外的是，这盘茶叶烩虾仁端到

乾隆

乾隆面前时,令乾隆大加赞赏。看着鲜嫩晶莹的虾仁,闻着扑鼻的龙井清香,乾隆独自品尝起来。他在吃了一口后,顿觉味美可口、鲜香无比,于是连连称赞说,"好菜!好菜!"这就是人们所说的"乾隆无意露龙袍,厨师出错成佳肴"这一典故。

此后不久,龙井虾仁便出现在"楼外楼"菜单上,一时之间名扬杭州城,成为杭州最著名的特色菜肴,并开始传遍全国各地。

荷叶粉蒸肉与周仓有何渊源

荷叶粉蒸肉,主要流行于浙江宁波地区。它以调味的猪肉(五花肉)、炒熟的香米粉(分辣和不辣两种)为原料,以宁波的鲜荷叶将原料包裹后蒸制而成,是当地享誉颇高的一道名菜。该菜鲜肥软糯、酥烂不腻、清香可口,特别适合夏天食用。

相传,荷叶粉蒸肉这道菜与周仓有些渊源。

话说关羽的部将、得力助手周仓有两样本事:一是疾步如飞的本领能与赤兔马相媲美;二是能用手直接抓热饭菜吃而不怕烫手。可以说,关羽之所以成为常胜将军,除得益于青龙偃月刀、赤兔马两件宝物之外,很大的功劳应归功于他的"马夫"——周仓。因为周仓手脚上长有厚厚的、被称作"飞毛"的绒毛,所以饭菜一熟就能直接抓起来吃,走起路来还会脚下生风。

可是时间一长,关羽怕周仓会变心,于是对他心存芥蒂。某晚,早有打算的关羽特意来到周仓住处,和他一起睡觉。第二天起床后,关羽对周仓说:"你手脚上生有绒毛,它们刺得我一夜没能合眼。"

关羽早就料到,周仓会把他的话当成一回事。果不其然,对关羽忠心耿耿的周仓,在听了关羽的"意见"后,就以剃刀将手脚上的绒毛刮了个干净。这样,周仓在吃饭时就不能用手抓了,走路也追不上关羽了。

由于长期以来形成的手抓饭习惯,让周仓在没有了"飞毛"之后对热饭菜无法"下手"。有一次出征途中,打算用膳的周仓,看着热气腾腾的美味,一时感到很是无奈。关羽向周仓建议说,以荷叶包裹饭菜,然后边走边吃,这样就不会掉队了。

荷叶粉蒸肉

令人意外的是,经荷叶包裹,那些熟肉、热饭更显"诱人"了,光是那一股特有的芳香闻起来就令人口水直流。就这样,"荷叶粉蒸肉"诞生了。后来,经过一代代厨师的不断改进,这道小吃变得更加素雅美观、香醇可口。

金华火腿因何得名

金华火腿

金华火腿,因主要产于浙江金华而得名,以色、香、味、形"四绝"著称于世,是当地知名度最高的传统名产。据考证,金华火腿始于宋代,距今已有1200余年的历史。相传,金华籍抗金名将宗泽以家乡的"腌腿"献给康王赵构,康王见这种腌制的火腿肉色鲜红似火,当即赐名为"火腿"。后辈为纪念宗泽,将其奉为火腿业的祖师爷。

元朝初期,金华火腿工艺经由意大利旅行家马可·波罗传到欧洲地区,于是欧洲火腿业兴起了。明代时,金华火腿已享誉浙江全省,并被朝廷列为贡品。1905年,金华火腿在莱比锡万国博览会上获得金奖;1915年再获巴拿马国际商品博览会金奖;1929年又获杭州西湖国际博览会特等奖。20世纪30年代起,金华火腿开始畅销英、美等世界各地。至今,该特产在世界上仍享有很高的声誉。

金华出产"两头乌"猪,这种猪后腿肥大、肉嫩,是制作火腿的上等材料。作为中国腌腊肉制品中的精华,金华火腿经多道工序制成,包括上盐、整形、翻腿、洗晒、风干等,前后可历时数月。

金华火腿看起来外形俏丽似琵琶,皮色黄亮、肉色红润,闻起来香气浓郁而独特,吃起来鲜美可口,而且便于贮存和携带。此外,该特产营养丰富,具有很多食疗功效,如,开胃健脾、生津益血、滋肾填精等,可以作为产后、病后或外科术后的食品。

砂锅鱼头豆腐与乾隆有何渊源

砂锅鱼头豆腐,以净鲢鱼头、豆腐为主料,以五花肉、水发香菇、熟笋片、青蒜为辅料,以绍酒、姜、酱油、白糖、豆瓣酱、味精、熟猪油等为作料制成。其特色表现为看起来油润滑嫩，闻起来清香四溢，吃起来汤醇味浓、鲜美可口。

关于该菜，传说与乾隆有渊源。

相传清乾隆年间（1736—1795 年），某年初春时节，乾隆皇帝微服出访，一行来到杭州吴山游玩。当天偏遇一场大雨，乾隆不得不躲在半山腰一户人家的屋檐下避雨。然而大雨久下不止，乾隆感觉又冷又饿，于是推门而入。

砂锅鱼头豆腐

这家的主人王小二家境贫寒，是附近一家饮食店的伙计。看到饥寒交困的乾隆，王小二心生怜悯。然而家里实在没有什么好东西可以招待客人，于是他东拼西凑，将仅有的一块豆腐、半片鱼头放在砂锅中炖了给客人吃。乾隆早已饿得饥肠辘辘，当主人将自己做的热腾腾的饭菜端上来后，乾隆便狼吞虎咽地吃了个干净。因为这顿饭菜的味道非常鲜美，他在回京后还时常念念不忘。

某年春节，乾隆第二次来杭州时又去了王小二家。当时，王小二因为失业在家待着。乾隆为报答王小二曾经招待他的砂锅鱼头豆腐，便赏赐给王小二一些银两，并帮助他在吴山脚下开了一家"王润兴"饭店。此外，乾隆还为饭店题赠了"皇饭儿"三字。

王小二当然喜出望外，从此专心经营饭店，并打出自己独创的砂锅鱼头豆腐为招牌菜。一时之间，杭州城里慕名而来"王润兴"的食客每天络绎不绝。看到砂锅鱼头豆腐的生意十分兴隆，杭州其他菜馆也争相效仿，以制作鱼头豆腐为时尚。从此，这道风味成了经久不衰的杭州传统名菜。

鱼头豆腐营养丰富，药膳作用好，可刺激胃口、补充体力、调节身心。对于营养吸收不良者、心烦气躁者、经常动脑费心者来说，是一道极具补益的美味。

 ## 吴山酥油饼的来历

吴山酥油饼，也称"大救驾"、"蓑衣饼"，由安徽寿县一带的栗子面酥油饼演变而来，起源于南宋时期，距今已有七八百年的历史，被誉为"吴山第一点"。其有许多鲜明特色：看起来色泽金黄、形似金山，吃起来香甜酥脆、油而不腻。

吴山酥油饼

关于吴山酥油饼,传说其来历如下:

相传五代十国末期,有一次,赵匡胤与南唐刘仁赡交战于安徽寿县。当时,寿县当地的老百姓为支援赵军,做成栗子面酥油饼送到军营。为感念寿县百姓的恩惠,后来做了宋朝开国皇帝的赵匡胤,经常命御厨做栗子面酥油饼食用。

到了南宋,朝廷迁都临安(今杭州)。因为宋高宗赵构也喜欢吃栗子面酥油饼,此饼最后经由御厨传到了民间。杭州百姓从皇宫传出的栗子面酥油饼中得到启发,仿照此饼制成吴山酥油饼,并时常在吴山风景区供应。这就是吴山酥油饼得名的由来。

 ## 五芳斋粽子有何特色

五芳斋粽子,具有糯而不烂、肥而不腻、肉嫩味香、咸甜适中等特色,被誉为"江南粽子大王"、"东方快餐",曾获"首届中国食品博览会金奖"、首届国货精品奖、96'中国食品博览会金奖、商业部"金鼎奖"、工商总局"中国驰名商标"等荣誉称号。

作为浙江嘉兴的名吃,五芳斋粽子已有近百年的历史,不仅风味独特、品种多样,而且携带、食用方便。这种粽子选料十分讲究。其中肉粽以上等白糯、后腿瘦肉、徽州伏箬为原料,甜粽以上等"大红袍"赤豆为原料;制作时也选用传统工艺精制细做,主要包括配料、调味、包扎、蒸煮等多道工序。

五芳斋粽子品种繁多,按馅料可分为肉粽、豆沙、蛋黄、莲蓉、蜜枣、排骨等多种;按包装可分为真空包装16款,新鲜粽包装10余款,礼品粽8款;按味道可分为五芳斋大米味、真空卤味、保鲜卤味、咸鸭蛋味等多种。

现在,五芳斋粽子已远销日本、东南

嘉兴五芳斋粽子

亚等世界各地,成为"稻米之乡"——嘉兴的一个知名品牌,并享有"饮食文化的代表、对外交流的使者"之美誉。

杭州五芳斋店

关于"五芳斋"名字的由来是这样的:

清道光年间(1821—1850年),吴县陆墓采莲(今苏州市相城区)人沈氏开了一家甜食铺,主要制作玫瑰糕、桂花圆子、莲心羹等甜食,而所选原料是苏州人爱吃的五种东西:玫瑰、桂花、莲心、薄荷、芝麻。

沈氏生有5个女儿,她们的名字也是按照苏州人喜食的5种食材命名的,即玫芳、桂芳、莲芳、荷芳和芝芳。由于沈氏甜食店常用的5种原料及他家5个女儿的名字,在字面上非常相似,于是他的店就被街坊邻居们戏谑地称为"五芳斋"。

1921年,张锦泉在嘉兴张家弄口开了一家粽子专营店,并以吴县沈氏的"五芳斋"为基础取名为"五芳斋粽子店",经营火腿鸡肉粽、重油夹沙粽等。数年后,在"五芳斋粽子店"的对面和隔壁,当地人冯昌年、朱庆堂2人也分别开设了"合记"、"庆记"两家"五芳斋"。

这样一来,张家弄就有了三家"五芳斋"粽子店。它们形成了"品"字形分布格局。一时之间,"五芳斋"成了古城内一道独特的风景线。同时,由于三家"五芳斋"都说自己的品牌最正宗,因而相互之间竞争激烈;如此一来,这三家"五芳斋"便在选料、配制、口味、包装等各个方面较上了劲,从而使得张家弄"五芳斋"的产品越来越美味,名声越来越大。

新中国成立后,在"三大改造"公私合营中,昔日张家弄的三家"五芳斋"最终"言和",合成新的"五芳斋粽子店"。1988年,"五芳斋"商标正式注册成功,称作浙江五芳斋实业股份有限公司。现在,它已发展成为五芳斋集团股份有限公司。

葱包烩的来历

葱包烩,又名油炸烩儿,是杭州一种著名的汉族传统小吃,早点食品。其制作方法简单,将油条和小葱裹在面饼内,在铁锅上压烤或油炸至春饼脆黄,配上甜面酱和辣酱即可食用。

杭州外婆家葱包烩

葱包烩入口酥脆油腻,百步之外即可闻到其浓郁的葱香。

著名小吃葱包烩还与秦桧陷害岳飞的典故有关。南宋时期岳飞精忠报国,率领岳家军抵抗金兵。战争节节胜利,在即将直捣金军大本营时,高宗皇帝听取秦桧小人之言,用12道金牌将前线奋战的岳飞召回。最后奸臣秦桧用"莫须有"的罪名将岳飞杀害于杭州风波亭。百姓无不痛心疾首。杭州有位点心师傅用面粉捏成两个象征秦桧夫妻的面人,丢进油锅中炸,以解心头之恨。他称其为"油炸桧儿",后害怕秦桧党羽加罪,便把木字旁的"桧"改成火字旁的"烩",一时间市民争相购买,后流传至全国各地,成为风味小吃。

趣味闽菜知识

QUWEI MINCAI ZHISHI

闽菜是如何形成的，有何代表菜

闽菜，是中国"八大菜系"之一，最早起源于福州，以福州菜为主体，包括福州、闽南、闽西三种流派。该菜色、香、味、形俱佳，以烹制山珍海味见长，主要有三大优势：一是长于红糟调味；二是长于使用糖醋；三是长于制汤。在烹坛园地中，闽菜别有风味，以清鲜、和醇、荤香、不腻及汤路广泛等特色而闻名。

关于闽菜的形成过程，是中原汉族文化和当地古越族文化相互融合的过程。西晋晋怀帝永嘉五年（311年），发生"永嘉之乱"，之后大批中原人士入闽。这样，福建地区开始接受到中原先进文化的熏陶，并与自己的古越文化渐渐融合，促进了当地社会经济和文化等各方面的发展。其中，福建的烹饪文化也在这一时期融入了中原的风格。

福州市鼓楼区闽菜老字号——
老伊海拌粉干

晚唐和五代时期，王潮（846—897年）、王审知（862—925年）兄弟在福建建立"闽国"。福建饮食文化进一步受到中原的影响，并开始呈现繁荣景象。例如，中原地区使用的作料红色酒糟（红曲）在这时进入了福建，并成为当地烹饪中的常用作料，红色也随之成为闽菜中的主色调，如，红糟鱼、红糟鸡、红糟肉等。

清末民初时期，福建先后涌现出一批特色名店，如，"聚春园"、"惠如鲈"、"广裕楼"、"全福楼"、"另有天"、"乐琼林"、"嘉宾"、"南轩"、"双全"等菜馆；也出现了一大批名扬海内外的名厨，如郑春发、郑玉椿、陈水妹、陈宾丁、胡西庄、黄惠柳、强祖淦、强木根、强曲曲、杨四妹、赵秀禄、姚宽余、朱依松等大师。这些菜馆各具特色，名厨各有擅长，进而，使得福建菜的基本风格最终形成。

福州菜是闽菜的主流，主要盛行于福州和闽东、闽中、闽北一带。其特点表现为味道清爽、鲜嫩、淡雅、偏酸甜。菜式中以汤菜

闽菜：海蛎煲

为多。代表菜有佛跳墙、红糟鸡、淡糟香螺片、淡糟鲜竹蛏、鸡丝燕窝、鸡汤氽海蚌、豆腐蛎、茸汤广肚、荔枝肉、肉米鱼唇、煎糟鳗鱼、花芋烧猪蹄等。

闽南菜主要流行于厦门、晋江、尤溪等地。其特点表现为制作讲究作料、善用香辣，味道以鲜醇、香嫩、清淡著称。代表菜有：桂花蛤肉、红焖通心河鳗、清蒸笋江鲈鱼、橙汁加力鱼、油焗红鲟、深沪鱼丸、东壁龙珠、肉粽、田螺肉碗糕、炸枣、扁食、面线糊、土笋冻、芋丸、三合面等。

闽西菜主要盛行于客家地区，以烹制山珍野味见长，用料突出香辣，菜肴特点以鲜润、浓香、醇厚为主。代表菜有芋子饺、芋子包、芋子糕、炸雪薯、炸薯丸、煎薯饼等薯芋类；白头翁饧、苎叶饧、野苋菜、鸭爪草、鸡爪草、炒马蓝草、炒马齿苋、炒木棉花等野菜类；冬瓜煲、酿苦瓜、炒苦瓜、脆黄瓜、番瓜汤、番瓜饧、狗爪豆、阿罗汉豆等瓜豆类；米饭、高粱粟、麦子饧、拳头粟饧等饭食类。

"佛跳墙"的来历

佛跳墙，是一道集山珍海味之大全的闽菜"状元"，迄今已有100多年的历史，曾用国宴招待外国元首，赢得了很高的声誉。但"佛跳墙"为何取了一个与菜肴本身无直接关联的名字呢？

"佛跳墙"的创始在福州地区一直流传着不同的典故。一说清朝时福州官钱局的一名官员宴请福建布政使周莲，令内眷亲自主厨，用绍兴酒坛装鸡、鸭、羊肉、猪肚、鸽蛋及海产品等10多种原料、辅料，煨制成菜，味道极佳，起名"坛烧八宝"。后来，衙厨郑春发学成此菜烹制方法后，又加以改进，并开设"聚春园"菜馆，以此菜轰动福州。后来"坛烧八宝"改名"福寿全"。

一说福建风俗新婚媳妇入门第3天须下厨试手艺。相传一位富家女，不习厨事，出嫁前夕愁苦不已。她的母亲把家里的山珍海味原料拿出来，一一用荷叶包好，告诉她如何烹煮。可是，这位富家女嫁入夫家后试厨时，忘了烹饪方法，情急之下把所有的菜都倒进一个绍酒坛子里，盖上荷叶，搁在灶上烧。谁知第二天浓香飘出，全家人连连称赞。

另外，据著名社会学家费孝通记，佛跳墙原是由乞丐发明的。乞丐拎着破瓦罐，每天到处要饭，把饭铺里各种残羹剩饭汇集在一起烧。某一天，有一位饭铺老板

闽菜：佛跳墙

出门,偶然闻到街头有一缕奇香飘来,循香发现了破瓦罐中用剩酒与各种剩菜所烩烧的菜。这位老板因此而得到启示,回店后,以多种原料与酒杂烩于一瓮,创造了一道名菜。

据说此菜在聚春园成为佳品后,经常有文人墨客闻名而来。这些文人品尝后,赞叹不已。有人即兴发挥赞云:"坛启荤香飘四邻,佛闻弃禅跳墙来。"意思是此菜香味太诱人,连佛都会启动凡心。一说,聚春园隔墙有佛寺,此菜启坛后浓香四溢,香气使隔墙和尚垂涎欲滴,于是不顾清规戒律,越墙而入,请求入席。一说,福州话"福寿全"与"佛跳墙"的发音相似,久而久之,"福寿全"就被"佛跳墙"取而代之了。

"半月沉江"的由来及特色

"半月沉江",是一道经典闽菜,食材以水面筋为主料,以香菇、冬笋、当归、芹菜、番茄为辅料,以味精、盐、花生油为调料;制作工艺以煮为主;味道酸辣、口感清香。其中,选料时要注意面筋大小均匀、冬菇厚薄均匀。

关于"半月沉江",有这样一个典故:

半月沉江,原名当归面筋汤,是福建厦门南普陀寺素菜馆的一道素席名菜。话说1962年,郭沫若视察厦门时,曾来南普陀寺游玩。当日,他在南普陀寺素菜馆用餐时,看到了当归面筋汤一菜。

只见这道菜肴中一半为白色面筋,一半为黑色香菇,可以说色泽分明,清香扑鼻。它立即引起了郭老的兴趣,并以"半轮月影沉江底"为意境将其命名为"半月沉江"。可以说,"半月沉江"十分形象地概括了"当归面筋汤"的独特魅力。

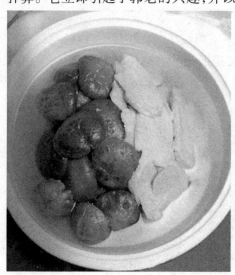
半月沉江

郭老用完餐后,还挥毫题写了《游南普陀》一诗:"我自舟山来,普陀又普陀。天然林壑好,深撼题名多。半月沉江底,千峰入眼窝。三杯通大道,五老意如何?"由于郭老的命名和题诗,"半月沉江"一菜从此声名鹊起。

"半月沉江"营养丰富,主要体现在它的食材上。水面筋蛋白质含量高,低脂肪、低糖、低热;香菇高蛋白、低脂肪、多糖,还有多种氨基酸、维生素,可增强人体抵抗力,降低血压、胆固醇,预防动脉硬化、肝硬化等;冬笋蛋白质含量高,纤维素丰富,有多种氨基酸、维生素及钙、磷、铁等微量元素,可帮助消化,预防便秘和结肠癌;番茄含有维生素和矿物质元素,具有抗衰老、保护皮肤、防治心血管疾病等功效。

"蚝仔煎"的由来

"蚝仔煎",风味独特、脍炙人口,是厦门的一道风味名吃。它以鲜海蛎为主料,以鸭蛋为辅料,以猪肥膘肉、青蒜、精盐、味精、酱油、香油、花生油等为佐料,在平底锅中煎制而成。食用时还可配以芥辣酱、辣椒酱、芫荽等香料,如此则成为色香味俱全、十分可口的美味。

蚝仔煎

"蚝仔煎"具有滋阴、养血、活血、补五脏等食疗作用,可治疗头晕头痛、耳鸣目眩、潮热盗汗、结肿包块、滞下遗精、痰火瘰疬、失眠等病症。一般人群均可食用。但是,急慢性皮肤病患者、脾胃虚寒者、慢性腹泻者等不宜多吃。此外,牡蛎肉不宜与糖同食。

说起"蚝仔煎"的由来,与民间传说"土地婆,不吃蚝"有关。

相传,善良的土地公一直有个心愿,就是希望世上人人都富裕、美满。可是,土地婆偏偏不这样想。她说,要是世上人人都富裕了,她们的闺女出嫁时,就没穷人给抬轿子了。所以她认为,应让富人富到顶苍天,穷人穷到无寸土。

土地婆的话,当然引起人们的愤恨。因为人们得知土地婆不爱吃蚝肉,所以为了表达对她的不满或者说报复她,就在她的诞辰那天,专门做了一道"蚝仔兜"供她。此菜所用原料为蚝肉、番薯粉,恰恰就是土地婆厌恶的食材。

就这样,"蚝仔兜"诞生了。后来经过人们的再加工,变成了"蚝仔煎"这道菜。

"太极芋泥"有何典故

太极芋泥,是福州菜中的一道经典菜式,具有细腻柔润、香甜可口、古朴大

太极芋泥

方等特色。该风味以福建特产槟榔芋为主料，以红枣、樱桃、瓜子仁、糖冬瓜条为配料，以白糖、熟猪油为调料蒸制而成。

作为闽菜中的传统甜食之一，"太极芋泥"的来由与明末民族英雄戚继光领导的、抗击倭寇的著名"戚家军"有关。

某年中秋佳节前夕，戚家军在一场海战中大胜倭寇。接着，戚家军依山安营扎寨，准备作一段时间的休整，并打算庆祝一下这场胜利，以及即将到来的中秋节。可是，向来以狡猾著称的倭寇，抓住了这个好机会，将戚家军团团围住，企图将他们一举消灭。

这样一来，戚家军断粮了，但仍在困兽犹斗。他们开始挖野菜、野芋头，剥树皮，以此来充饥。野芋头又麻又硬，煮了也十分难吃，这为将士们带来了麻烦。后来，火夫改变了烹制方法，以蒸代煮，而且将野芋头蒸得烂熟。这样一来，野芋头吃起来易于下咽，而且口感粉绵绵的，味道也香。

得益于野菜和野芋头，戚家军最终渡过难关，并一举将倭寇击败，使他们再也不敢来骚扰东南沿海。后来，戚家军蒸芋头的吃法传到了民间，在经过厨师们的不断改进后，就出现了芋泥、太极芋泥等风味名吃。

但是"太极芋泥"真正声名远扬，却与另一位民族英雄林则徐有关。

话说清道光十九年（1839 年），林则徐被朝廷任命为钦差大臣，专门赴广州查禁鸦片。林则徐到达广州后，受到了英、德、美、俄等国领事的奚落：他们特意备了一席西餐凉席"招待"林则徐，让林则徐在吃所谓的"凉席"冰淇淋时出了丑。

为了给这些领事先生以国威的震慑，林则徐也特设筵席"回敬"他们。领事们在享用了几道凉菜后，林则徐让人端上了一盘"太极芋

林则徐

泥"。这道菜颜色深褐,表面光滑,就像两条鱼组成的"八卦图"一样;因为它不冒热气,让人一看以为肯定是一道冷菜。

接着,一位领事拿起汤匙喝了一勺,但见他当时直烫得两眼发直,都没来得及吐出来就咽了下去;另一位领事烫得叫喊了一声,嘴唇上出现了一圈红色"花边"。其他领事们被此情此景惊得目瞪口呆。

这时,林则徐慢悠悠地站起来,并介绍说这道福建名菜叫"太极芋泥"。从此,林则徐在广州以"太极芋泥"教训傲慢的外国领事们的故事不胫而走,被人广为传诵;而"太极芋泥"这道菜也一时之间声名鹊起。

福州线面的由来

福州线面,起源于南宋,距今已有800多年的历史,以"丝细如发、柔软而韧、入汤不糊"著称于世。它以精白面粉为原料,以盐、薯粉、生油、鸡蛋为辅料,经和面、揉条、松条、串面、拉面、日晒等7道手工工序制成,耗时长达9小时。其成品分为两种:一是"特线面",通常用来炒食;二是"面尾",即通常意义上所说的福州线面。

关于福州线面的由来,流传着这样一个典故:

传说,在玉母娘娘寿诞到来之际,她的女儿九天玄女为了给母亲祝寿,苦思冥想、绞尽脑汁地制作出一份独特的寿礼。她发挥自己的智慧,利用纤巧的双手,以面粉为原料做出了线面。这种面细如丝、长如发,独具特色,当然受到了王母娘娘的夸赞。

因为线面为九天玄女所创制,所以福州人民拜九天玄女为"切面始祖"。而线面工人更是在家里供有九天玄女神像,并且还会配上一副对联,上下联为"牵丝如缕"、"金梭玉帛",横批为"巧夺天工"。

在所有面类中,线面最长,所以它又被称为"长面"、"寿面"。北宋诗人黄庭坚的《过土山寨诗》中有"汤饼一杯银丝乱,牵丝如缕玉簪横"一句,写的正是线面。此外,线面因时因地而有不同说法,比如,祝寿的线面叫"寿面";结婚时新郎家送新娘家的面叫"喜面";妇女生产后食用的面叫"诞面";亲友第一次光临时煮的面叫"饷容面";迎接远客或者迎送亲人时吃的面叫

福州线面

"太平面"等。

福州线面分为银丝线面、龙须线面、鸡蛋线面、线尾面等几种。它具有牵丝缕缕，煮时不糊、嚼不粘齿、柔韧滑润等特点，因而深受民众喜爱。每逢大年初一，当地人都要吃一碗线面，以此来寓意健康长寿。在福州方言中，由于"长面"和"长命"谐音，所以当地人又叫它"长命"。其中，福州最好的线面出在鼓山后屿村。

现在，福州线面也用制面机批量生产，但最好的还是用传统手工做法制成的线面。由于制作技术精湛、味美价廉，福州线面中的龙须线面品种已被国家商业部评为优质产品，并且走出国门畅销海外，成为福州的一大知名品牌。

鼎边糊的由来及特色

鼎边糊，也叫锅边糊，以上好的大米为原料，以猪骨头、瘦肉、紫菜、虾干、蛏干、韭菜为配料，以酱油、精盐、老酒、胡椒粉、硼砂、葱头油、熟花生油等为调料，在锅内煮制而成。其特色表现为：看起来色白汤清，闻起来清香扑鼻，尝起来鲜嫩爽滑，具有浓郁的闽南风味。

该菜历史悠久，距今已有400多年的历史。这在清人郑东廓的《福州风土诗》中就能看出来："栀子花开燕初雏，余寒立夏尚堪虑。明目碗糕强足笋，旧蛏买煮锅边糊。"作为福州著名的风味小吃，锅边糊是当地早点佳品，食用时一般与肉包、春卷、油饼等搭配。它无论原料、制作还是吃法，都比较简单。

关于鼎边糊的由来，流传着这样的典故：

福州鼎边糊小店

明嘉靖年间（1521—1566年），倭寇时常骚扰我东南沿海。戚继光领兵抗倭。戚家军作战勇猛，民心所向，深受福建当地老百姓的拥戴。为犒劳军士，民众们经常送粮送菜到军营。某日，刚刚凯旋的戚家军一到福州南郊，附近乡民们便摆下八仙桌，为将士们送来大米、鱼肉等粮食和蔬菜等，准备为他们庆祝战功。

可就在此时，一股倭寇突然来袭。戚继光立刻集合起军队，准备一举歼灭敌寇。然而老百姓们热情高涨，怎么着也要先让战士们饱餐一顿再去打仗。这时有人灵机一动，想出了一个好办法，那就是将肉丝、蚬子、木耳等混煮成清汤，把大米磨成浆再涮于锅边。如此，只一刻钟工夫，一锅锅的汤就熬煮成了。

接着，众将士端起新发明的这种类似于"粥"的汤类菜品，一个个吃饱喝足，就出战迎敌了。经过激烈战斗，最终将倭寇全部消灭。这种汤品后来被人们命名为"鼎边糊"。福州人至今仍保留有一个传统，就是每到农历立夏时节，几乎家家户户都要做鼎边糊，即所谓的"做夏"、"过夏"。因为此时为农忙季节，煮鼎边糊吃可补充体力干活，还可与邻居们一起品尝以联络感情。此外，"过夏"吃鼎边糊也有缅怀民族英雄戚继光的内涵。

如今，鼎边糊已成为福州著名的风味小吃之一，甚至被看成当地的一种特殊标志。在福州的街头巷尾，随处可见鼎边糊小吃摊；而在一些食品店里，还专门出售袋装的鼎边糊。就连旅居异国他乡的福州人，也念念不忘家乡的鼎边糊小吃。

戚继光

 ## 光饼的特色及由来

光饼，是福州独具特色的风味小吃之一，起初只有平常百姓食用。如今很多酒楼、饭店将其从中间切口，夹上馅料摆上餐桌，成为酒席上的一道特色点心。

制作光饼的材料极其平常，只要普通的面粉、盐巴、碱面和芝麻即可。但其却有着烦琐的制作过程。制作时，先在面粉中加入食盐、碱和水揉成面团；再切成银元大小并捏成圆形；接着撒上芝麻后在中间打孔，最后将其放入烤红的饼炉内，用松针作为燃料烘烤，烤熟后可直接食用。其色泽金黄、质地酥脆、喷香可口，看似平淡，却十分诱人。

光饼的创作很大程度上还要归功于戚继光。明嘉靖四十二年（1563年），戚继光的军队与倭寇打仗时进入福州地区，无奈天公不作美，连日的暴雨阻碍了将士们生火做饭。戚继光为了让将士

光饼

们能填饱肚子，就命人烤制一些干粮。结果士兵们奇思妙想地做出了这种简单的小饼。为了便于携带，他们还在饼中央打了一个小孔，用麻绳串起挂在身上。起初光饼并没有加盐和芝麻，容易引起士兵上火、消化不良等现象。后来人们发现在饼中加入食盐和碱，在饼上撒上芝麻便可去燥火、促消化。为了纪念戚继光的战绩，人们便用戚继光的"光"字来为这种饼命名，称其为光饼。

兴化米粉的来历

兴化米粉，是莆田的特产之一，也是早期快餐中的一种，至今仍受到人们的普遍喜爱。早在宋代兴化米粉就已成型，后历经多年的改良和创新后，成为莆田的标志性食品。

兴化米粉

相传北宋熙宁年间，兴化军主簿黎畛受命到此治水。在筑坡时其助手钱四娘因筑坡失败而投河自尽。为了避免此类情况的再次发生，黎畛亲自督导治水。治水完成后，为了表示对众人的感谢，他特命人回老家取来加工米粉的工具，并将祖传的米粉加工手艺传授给大家。

此后，兴化地区学习加工米粉的人数与日俱增，加工规模不断扩大，在洋尾村形成了加工米粉的主要基地。但清同治年间，洋尾村被洗劫一空，兴化米粉加工也由此中断。好在黎氏子孙跑到西洪村后仍以加工米粉为生，兴化米粉才得以流传下来。

兴化米粉被当地人称为捞化，是用大米精制而成，现有细米粉、快熟米粉、银丝米粉和粗条米粉等产品。其做法更是数不胜数，可谓花样百出。兴化米粉作为莆田的名片，在明朝就开始对外销售，现在也是宴请外来友人、馈赠亲友、自家食用的首选。

肉燕皮的特色及由来

肉燕皮，俗称扁食皮，源于浦城县，于清宣统三年（1911年）由王世统创制成为干肉燕皮。其因形似飞燕，故得名为"扁肉燕"。在福建逢年过节、家人欢聚时，肉燕皮是必不可少的小吃。

肉燕皮。主要材料是猪前后腿的瘦肉、糯米糊、食用碱和薯粉。制作时先将瘦肉剔净筋膜，置于砧板上，并加入适量的食用碱和糯米糊，反复捶打，直至成为胶状肉泥；再均匀撒上薯粉，将其压成薄皮，最后切成长条即可。食用时可直接包上肉馅做成扁肉燕，味道鲜美，惹人喜爱。

明朝嘉靖年间，有位御史大夫告老还乡，回到福建浦城县。他在京城时吃遍了山珍海味，所以回到家乡只想吃清淡的食物。厨师为讨他的欢心，便想制作一道简单可口的小菜给他品尝。他选取了猪腿的瘦肉，打成肉泥，加上适量的薯粉，再压成薄皮切块，最后包上肉馅做成扁食，再用开水煮熟。御史大人尝后直觉香脆嫩滑，连问其名。厨师觉得其形似飞燕，便将其称

福州同利肉燕老铺

为"扁肉燕"。从此，福建肉燕皮便流传开来，被人们制成各种不同的佳肴，现在远销世界各地。

 ## 七星鱼丸有何特色及典故

七星鱼丸，是福建的特色鱼丸，也是著名的汤菜类小吃之一。其形如李子，雪白嫩口，漂浮于热汤之上，仿如天空中的星斗，因此被称为"七星鱼丸"。

制作"七星鱼丸"颇有难度，首先，要把猪肉分为瘦肉和肥膘肉，瘦肉剁成茸，再加入虾仁粒、姜、料酒、白糖、精盐、荸荠末、酱油和少许淀粉拌匀成馅，挤成肉丸；其次，把肥膘肉和鱼肉剁成泥，加入水、淀粉、鸡蛋清和调料搅拌均匀，再挤成小丸子，并将做好的肉丸塞入、封严；最后蘸水放入锅中煮制而成。

据说，古代闽江有位渔民以摆渡载客为生。有一天，他载着船上要南行经商的客人，突然在闽江一带遭遇台风袭击。船在避风时，不幸损坏。在船修好前，他们只能依靠吃鱼来填饱肚子。日子一久，商贩们便开始抱怨，恰好船妇在船上找到了一袋薯粉，便将刚钓到的鱼取肉去刺，剁成肉泥，加上薯粉做成了口味独特的丸

七星鱼丸

子。众人一尝,纷纷称赞。

他们安全回家后,商人便在福州开了一家名为"七星小食店"的饭馆,由船妇掌厨。事后,有一位考生路经此地,尝其鱼丸后大加赞赏并赋诗一首:"点点星斗布空稀,玉露甘香游客迷。南疆虽有千秋饮,难得七星沁诗脾。"店主见此诗写得精彩绝伦,便将其刻于匾上,挂在店堂,"七星鱼丸"也由诗中意境得出。

"八宝芋泥"有何特色

"八宝芋泥",为福建传统甜食之一,是一款老少皆宜的小吃。福建最著名的芋泥莫过于福鼎的八宝芋泥。因为福鼎当地的芋头质松、肉香、味美,是制作芋泥的上乘材料。此菜不仅以独特的味道脍炙人口,且寓指吉祥如意,是婚宴喜庆、逢年过节、家人欢聚的必备食物之一。

"八宝芋泥"制作简便,现在福建很多家庭都能制作。其在制作时要先将芋头去皮切块,放入水中煮1个小时,接着等其煮熟后取出,用擀面杖按压并加入色拉油和白糖一起制成泥状,再取一中碗,把装饰的葡萄干、青梅等沿着碗沿排成圆形,并在圆形中间倒入一半芋泥;最后在芋泥上铺上一层豆沙,并将剩下的芋泥铺撒上8种不同配料,蒸熟即可上菜。中医认为"八宝芋泥"可治胃痛、痢疾、慢性肾炎等疾病,是不错的保健食品。

八宝芋泥

趣味徽菜知识

QUWEI HUICAI ZHISHI

徽菜是怎样形成的

徽菜，只指徽州菜，不等于安徽菜，主要盛行于徽州地区，是中国"八大菜系"之一。徽菜起源于古徽州（今歙县），烹调方法以烧、炖、蒸为主，特色表现在四个方面：其一，就地取材，以鲜制胜；其二，善用火候，火功独到；其三，娴于烧炖，浓淡相宜；其四，注重天然，以食养身。

徽菜——元宝烧肉

首先，徽菜的形成得益于徽州得天独厚的地理环境，因为这是客观基础。古徽州包括今黄山市、绩溪县等地，府治在今歙县。这里地形以山区为主，气候适宜，尤其盛产山珍野味，比如，仅黄山上就有 1470 多种植物，而其中有很多就是制作徽菜的主料和作料；再如，果子狸、黄山菜鸽、甲鱼、鳜鱼等都是当地的特产。毫无疑问，这些特产为徽菜提供了主要的食材来源。

其次，徽菜的形成与古徽州的人文环境、饮食习俗密切相关。徽州古称新安，秦朝时始设郡县。此后在 2200 余年的历史中，这里的行政版属相对稳定。此外，这里历来人文荟萃、文风鼎盛，这为徽菜的形成注入了文化内涵。此外，这里的风俗礼仪、饮食习惯也促进了徽菜的形成，比如，绩溪民间宴席中有"六大盘"、"十碗细点四"等之说。

最后，徽菜的形成，还得益于徽州商人的传播与发展。明末清初是徽商的鼎盛时期。其实力和影响力在全国 10 大商帮中首屈一指。因为徽商在这一时期独霸中国，他们的足迹遍布大江南北，所以出现了哪里有徽商哪里就有徽菜馆的现象。也就是说，徽菜是在徽商的传播下享誉全国的。

徽菜有 120 多个菜式，代表性菜肴有"火腿炖甲鱼"、"红烧果子狸"、"黄山炖鸽"、"清蒸石鸡"、"腌鲜鳜鱼"、"香菇盒"、"问政山笋"、"双爆串飞"、"虎皮毛豆腐"、"香菇板栗"、"杨梅丸子"、"凤炖牡丹"、"双脆锅巴"、"徽州圆子"、"蛏干烧肉"、"当归獐肉"、"方腊鱼"、"清蒸鹰龟"、"青螺炖鸭"、"一品锅"、"中和汤"等。

腌鲜鳜鱼的来历

腌鲜鳜鱼，也叫屯溪臭鳜鱼，是徽菜中的经典菜式之一。它以鳜鱼为主料，以五花肉（猪肋条肉）、青蒜、冬笋为辅料，以酱油、菱角粉、姜、白砂糖、猪油、黄油为调料，具有鱼肉酥烂、香鲜透骨、口味咸鲜等显著特色。

关于腌鲜鳜鱼的来历，与屯溪地区商业的发展有关。

鳜鱼，也称鳜鱼、花鲫鱼、季花鱼等，是长江名产。1840年以后，上海成为清政府对外出口的国际港口。

腌鲜鳜鱼

本来，安徽山区的土特产是经江西后转广州出口的，但是上海开埠后，就改由经浙江转上海出口。这样一来，位于黄山地区的屯溪小镇（今黄山市屯溪区）就成了安徽山区土特产的集散地。其商业也一度兴盛起来。

屯溪地区虽然成了小的商业中心，但是缺少水产品。所以每到重阳节后鳜鱼上市时，长江沿岸望江、无为一带的商贩就会将鳜鱼运到屯溪出售。可是，从望江等地到屯溪的路程较长，一般要走七八天。因此，为预防鳜鱼腐臭，商贩们便在上路前将鳜鱼置于木桶内，并在每一层鳜鱼上洒些淡盐水；而每在中途休息一次，还要将鳜鱼翻动一次。

这样一来，当鳜鱼从望江一带运到屯溪时，自然就不会变质腐烂了。屯溪地区的厨师们得到刚上市的鳜鱼，就发挥自己的专长，将其制成特别鲜美的鱼菜。从此，屯溪"腌鲜鳜鱼"声名鹊起了。

腌鲜鳜鱼的营养价值很高，食疗作用明显。这主要体现在它的食材上。其中，鳜鱼含有蛋白质、脂肪、钙、钾、镁等营养元素，可帮助消化，补气益脾；猪肋条肉的优质蛋白含量高，还含有脂肪酸、血红素（有机铁），所以具有改善缺铁性贫血、补肾养血、滋阴润燥等功效；青蒜含有蛋白质、胡萝卜素、维生素等营养元素，对醒脾气、消积食，保护心脑血管、肝脏及预防流感、肠炎等疾病有一定作用；冬笋含有蛋白质和多种氨基酸、维生素等，可帮助消化，预防便秘、结肠癌，还对肥胖症、冠心病、高血压、糖尿病等也有功效。

 ## 凤阳酿豆腐的特色及来历

凤阳酿豆腐，在凤阳当地称作"瓤豆腐"。它以嫩豆腐、肥瘦猪肉、虾仁、鸡蛋、肉汤、熟猪油等为主料；以盐、太白粉为调料。制作时先将豆腐做成豆腐坯，然后油炸成金黄色捞出，再将豆腐坯放入清汤中加调料熬煮即成。其特色表现为看起来色泽红润，吃起来口味咸鲜。

朱元璋

关于凤阳酿豆腐，与明朝开国皇帝朱元璋有关。

据传，朱元璋因幼年家贫，在 17 岁那年落发为僧，来到家乡钟离县（今凤阳县）的玉皇寺（今皇觉寺）当起了和尚。后来，因为佛寺规清律严，再加上连年灾荒无以为继，朱元璋被方丈疏散出寺。从此，他开始了自己近乎乞讨的云游生活。

某天，朱元璋化缘来到了一位黄姓厨师的门口。少年游僧朱元璋衣衫褴褛、骨瘦如柴，黄厨师见此景象，顿生恻隐之心，于是将自家刚做熟的一块"酿豆腐"舍给了他。饥寒交迫的朱元璋早已饥肠辘辘，得此美味后便狼吞虎咽地吃了个精光。

后来，朱元璋在应天府（今南京）登基称帝，建立了大明王朝。由于黄厨师的"酿豆腐"令朱元璋回味无穷，于是他令御厨们如法烹制此美味，可是竟无一人会做。接着，朱元璋下旨特诏黄厨师进京，并将其封为"御膳师"，以后专为他做"酿豆腐"这道菜肴。

再后来，大明皇宫中每逢举行"琼林宴"，"酿豆腐"都是必备菜。就这样，"酿豆腐"开始名扬天下并流传至今，距今已有 600 余年。此外，黄厨师的十三代孙现仍住凤阳。他们家的"凤阳酿豆腐"已成为当地一绝。

八公山豆腐的特色及由来

八公山豆腐，又名四季豆腐，起源于西汉时期，距今已有 2100 多年的历史，享有"八公山豆腐甲天下"之美誉。其发源地为淮南市八公山区与寿县交界处。

作为寿县一带最著名的传统名肴之一，八公山豆腐这道素菜珍品，以八公山豆腐、八公山泉水、笋片为原料经炸、烧而成。其特色表现为色泽金黄、嫩若凝脂、外脆里嫩、味道鲜美，一言以蔽之，就是细、白、鲜、嫩。

关于八公山豆腐的由来是这样的：

西汉时期，汉高祖刘邦之孙、淮南王刘安（前179—122 年）建都寿春（今寿县寿春镇）。刘安好道，对

八公山豆腐

长生不老之术非常迷恋,因此招揽了数千方术之士一起炼丹。其中,苏非、李尚等8位术士最为知名,被称作"八公"。

在楚山(今八公山)上,"八公"常常聚而论道,著书立说。某天在炼丹配料时,刘安不慎将一块石膏掉入豆浆里,令人意外的是,当时只见乳白色的豆浆渐渐凝结成絮状,最终变成了豆腐。

面对这样的奇迹,刘安和"八公"感到不可思议,但也喜出望外,即人们通常所说"有心栽花花不开,无心插柳柳成荫"。虽然炼丹没有结果,却偶得晶莹剔透、鲜嫩柔滑的豆腐食品,这也算得上是一大发明了。由此,八公山成为豆腐的发源地。

八公山豆腐之所以味美鲜嫩,声名远播,很大程度上还得益于八公山泉水。八公山有多个名泉,如,珍珠泉、玉露泉等。这里的泉水不但终年不竭,而且清澈甘甜,此外还含有大量有益于人体的矿物质。另外,在制作豆腐的技艺上,八公山周围的农民有着世代相传的优良技术。

豆腐中的植物蛋白含有人体必需的8种氨基酸。其医疗保健功效非常明显,而且老少皆宜,被看做是世界公认的"国际性保健食品"。现在,八公山豆腐已享誉全国。其品种多达1000余种,很值得游客购买。而用该豆腐制作的"豆腐宴",则是淮南地区的上等宴席,很值得游客品尝。

黄豆肉馃与乾隆有何渊源

黄豆肉馃,也称石头馃,当地人称为徽州馃,是徽菜中著名的风味小吃,早在清代时就已声名远扬了。它以上白面粉、五花肉、黄豆、芝麻仁为主料;以精盐、菜籽油等为调料,用平锅烤制而成,具有色泽金亮、香气扑鼻、酥脆可口等特色。

关于黄豆肉馃的由来,与乾隆皇帝有着很深的渊源。

歙县地处黄山脚下。作为国家历史名城,这里的古楼、古街、古巷、古坊、古塔、古桥、古井等,古色古香。而美味可口的黄豆肉馃正是这里的名特产,在县城街头巷尾的熟食摊上,随处可见这种小面饼。

相传有一年,乾隆皇帝来到江南游玩。某天,他到了徽州府城歙县,而县城门边的一个肉馃摊子上散发的阵阵香味,顿时吸引了他的目光。他信步朝肉馃摊走来,发现一个平底圆铁锅里正在焙烤一种圆饼,锅下燃烧着红通通的炭火。

乾隆皇帝大阅图

此刻,乾隆食欲大开,于是掏钱买了一个石头馃独自品尝起来。刚吃几口,顿觉味美爽口,于是大加赞赏,并与卖馃人攀谈起来。经过询问后得知,卖馃人叫王果禄,是专卖石头馃的当地人。乾隆临走前,还送给王果禄一枚小印章。

王果禄当时接过印章一看,顿时目瞪口呆,原来吃馃人正是当今圣上。乾隆走后,聪明的王果禄便以印章为图样将其复制在石头馃上,以此来为自己的产品打广告,意思是它是皇帝吃过并且钦定的美食。

就这样,"黄豆肉馃"声名鹊起,并成为流传至今的名小吃。

曹操鸡的特色及由来

曹操鸡,也称"逍遥鸡",起源于三国时期,距今已有2000多年的历史。此菜是安徽合肥地区的一道传统名菜,现以合肥的优质仔鸡为主料,以亳州的古井贡酒和香菇、冬笋、天麻、杜仲为辅料,以花椒、大料、桂皮、茴香、葱、姜等为调料制成。其中,合肥逍遥酒家烹制的曹操鸡最为出名。

曹操鸡特色众多,表现在很多方面。

第一,选料严格。曹操鸡一律选用的是活母鸡,生长期为1~3年,重量在1250克以上。其中,鸡身肌肉丰满、脂肪厚足,胸肉裆油较厚的母鸡为最佳原料。

第二,制作工艺考究。制作曹操鸡时要经过多道工序,主要包括宰杀、整型、涂蜜、油炸、配料、卤煮等。

第三,鸡肉造型独特、美观,色泽红润、油亮,香气浓郁、肥而不腻、嫩而香脆、五味俱全。尤其是吃起来具有脆、嫩、鲜、香之口感,别有一番风味。食后舌苔生香,令人回味无穷。因此,有食客曾称赞说"名不虚传,堪称一绝"。

第四,营养丰富,食疗功效明显。曹操鸡的药用价值体现在各种食材上。如,母鸡肉对补阳气、暖小肠、止泄精、御风寒、病后产后恢复等有药效;乌骨鸡肉可补气血、调阴阳等。再如,鸡蛋对镇心、止惊、安五脏、安胎、产后恢复等有一定作用。

关于曹操鸡的由来,当然和曹操有渊源。

传说汉献帝建安十三年(208年),曹操统一北方,形成威逼江南的战略态势。当时,他从都城洛阳率83万大军南下,打算征讨孙吴。庐州(今安徽合肥一带)因位于魏国和吴国交界处,所以一直为兵家

曹操鸡

必争之地。

　　曹操领军来到庐州后，开始令士兵日夜操练，企图一鼓作气，消灭吴国。然而，由于他在南征北战过程中劳累过度，形成了一种头痛病，此时在庐州再次发作，一度使他卧床不起。接着，行军膳房的厨师按照医嘱，为曹操精心烹制了一道"药膳鸡"以作食疗。该菜肴选用当地仔鸡为主料，并配以中药、好酒等作料制成。

　　第一次吃"药膳鸡"时，曹操只是稍稍品尝了一下，而在感到味道不错后就接连吃了很多。这样吃了几次，他竟然感到头痛病也轻多了。曹操为尽快治好头痛病，每顿饭都要让厨师们做"药膳鸡"。

曹操

　　接连吃了数日"药膳鸡"，曹操感到身体渐渐康复，又过了数日后已能下床活动了。于是，他重新指挥千军万马开始征战沙场。以后无论在哪里，在什么时候，只要条件允许，曹操都要吃这种"药膳鸡"。

　　再后来，"药膳鸡"的声名不胫而走，因为它既鲜美可口，又有营养价值，还可防病治病。并且，人们还将这道美味命名为"曹操鸡"。现在，经历代厨师的改进，"曹操鸡"用料更为复杂，烹制更为讲究，味道更加香醇。

方腊鱼的来历

　　方腊鱼，又名"大鱼退兵将"，以上品鳜鱼、青虾、猪肋条肉（五花肉）、鸡蛋清为原料；以玉米淀粉、番茄酱、白砂糖、醋、盐、味精、猪油、香菜、葱、姜等为调料，以蒸、烧、炸等多种烹调方法制成。其中，鳜鱼多选用的是黄山一带的山溪名产桃花鳜。

　　此菜是徽菜中的一道传统名菜，具有多形、多色、多味之特色，可谓造型奇特、口味咸鲜、酸甜，口感香松、滑嫩。尤其是鳜鱼在盘中昂首翘尾的形状，看起来像是要乘着万顷波涛作一次美丽的"腾跃"。

　　至于该菜为什么叫做"方腊鱼"，与这样一个流传已久的故事相关：

　　宋徽宗宣和二年（1120 年）秋，歙县七贤府人方腊点燃了反抗赵宋王朝的起义之火。他利用魔教形式组织起义群众，仅用了半年左右的时间，就占据了浙、皖、赣 3 省的 6 州 52 县，一时之间威震江南。

　　当时，宋王朝集中数十万军队南下，开始对方腊起义军展开了大规模的反

宋城方腊雕像

扑。接着，起义军因寡不敌众，便退守齐云山独耸峰作据点。齐云山地势险要、居高临下、易守难攻，但长此下去肯定会困死山上。

朝廷官兵驻扎在山下，想要通过切断起义军粮草使其不战而降。这时，方腊在山上正因此事而着急，在看到山上有一水池而池中多鱼虾之后，他急中生智，便命大家捕来鱼虾并投向山下的官军，以此来迷惑官军。官军见此状，以为山上粮草充足，便撤军离去了。

有鉴于方腊以鱼虾迷惑官军解围的故事，为纪念这位农民起义英雄方腊，徽菜厨师们便制作出了"方腊鱼"这道美味。此菜以皖南上等鳜鱼为原料所制，色、香、味、形俱佳，而且有"方腊鱼""大鱼退兵将"两个菜名，可谓相映成趣。

李鸿章杂碎是如何创制的

李鸿章杂碎，由李鸿章在美国时创制。其产生完全出于偶然。它以鸡肉、熟白鸡肉、熟白猪肚、净鱼肉、油发鱼肚、熟火腿、水发鱿鱼、水发海参、水发玉兰片、水发冬菇、水腐竹、蛋黄糕、鸽蛋、干贝等为主料；以大菠菜梗、熟咸鸭蛋黄为配料；以葱、姜、精盐、绍酒、鸡汤、熟猪油等为调料，经笼蒸、烧烩等工序制成。

关于李鸿章杂碎的创制，有中国版本、美国版本两种说法。

中国版本认为：1896年，李鸿章来到纽约。由于他在一段时期内一直吃美国菜，感觉有些腻歪。某天在自己下榻的华尔道夫饭店，他打算招待美国客人吃晚饭。也许因为中国的饭菜别具风味，美国客人不一会儿就把饭桌上的菜一扫而空了。厨师一看，心中不由着急起来，因为所有准备的菜都已上完，而客人一点儿都没有要走的意思。

面对此景，李鸿章急中生智，对厨师咬耳朵说了些什么。只一会儿，厨师便做了一盆大烩菜端上来了，但见它五颜六色、五花八门。没想到客人尝后，更觉可口无比，于是问此菜叫什么名

李鸿章杂碎

字。大概李鸿章因为没听明白，于是牛头不对马嘴地说"好吃，好吃！"。刚好在英语中，"杂碎"一词发音为"Hotch – potch"，与中文的"好吃，好吃！"发音很相似。于是，美国客人们便将其命名为"李鸿章杂碎"。

美国客人吃饱喝足后就告辞了，可是一出华尔道夫饭店的大门，就被等在门外的记者们逮了个正着。于是，经过这些记者们添油加醋地吹嘘了一番，"李鸿章杂碎"在美国便声名鹊起了，并且成为中国菜在海外的代名词。

一时之间，不少旅美华侨开设的餐馆，开始竞相效仿华尔道夫饭店，在菜单中加入了"李鸿章杂碎"一菜，并且连餐馆名也改为各种"杂碎"馆。但是在合肥方言中，"杂碎"实际上应为"杂烩"，但这不影响"李鸿章杂碎"这道菜在美国的知名度。现在，美国的一些中国餐馆仍将其写作"杂碎"。

李鸿章

美国版本认为：1896年8月29日晚上，李鸿章在美国纽约宴请美国客人，打算以此来营造良好的中美关系。当时，李鸿章让厨师做了一道"杂烩"，食材包括芹菜、豆芽、肉等，因为这样就可以满足中、美双方的双重饮食口味。这种说法在地点、时间、人物"三要素"上都有根有据，但是否属实，不得而知。

 ## 乌饭团的来历

乌饭团，是安徽沿江地区的风味小吃。每年农历四月初八，当地每家每户都有吃乌饭团的习俗。

相传古时有个孝顺儿子名叫目莲。每年的四月初八他都会带着糕点、蔬果

乌饭团

等食物去祭拜亡母。可是他每次带去的食物都被可恶的小鬼们一抢而空，其母根本吃不到。目莲很难过，后来他想了一个办法，将菜肉用糯米面包起来，外面裹一层用乌叶汁泡过的米，蒸熟了放在母亲墓前。小鬼们不敢吃一团团黑乎乎的东西，目莲的母亲终于可以享用了。后来，四月初八

变成了孝子节,而乌饭团小吃也一直流传至今。

乌饭团以乌叶、糯米为主原料,先将糯米放入乌叶制成的汁水中浸泡,待米粒呈淡乌色时捞出沥干;另用旺火炒豆腐丁、鸭丁,放入淀粉勾芡成糊状馅料;然后将糯米与粳米粉揉成的面团与糯米拌匀,揉成面皮;最后在面皮中包入馅料,做成圆形生坯后滚沾上一层乌米,上笼蒸熟即成。

乌饭团外貌乌黑油亮,糯而不黏、甜而不腻,芳香可口,值得品尝!

徽州毛豆腐的来历

徽州毛豆腐,在歙县一带流传已有600多年,是皖南山区特色小吃的代表。其用料考究、制作精细,是到黄山旅游必尝的一道美味。

毛豆腐,也叫霉豆腐,是一种经由发酵后长出白色茸毛的霉制品。油煎过的毛豆腐表面酥脆金黄,内里柔嫩鲜美,调料麻辣可口,独具风味。

在歙县,吃毛豆腐的方法多种多样。其中最普遍的做法,是用油将其两面煎焦,再淋上香油、辣椒面等调料。客人拿着油黄的毛豆腐,与挑担的货郎边吃边聊,听听古老的歙县故事,别有一番风味。

据说毛豆腐和朱元璋还有一番渊源。

早年明太祖朱元璋家境贫寒,小小年纪就到财主家做帮工。财主为人苛刻,不仅要朱元璋白天出去放牛,晚上回来后,还让他与长工们一起磨豆腐。他年纪虽小,但手脚麻利又勤快,长工们都很喜欢他,也都尽量照顾他,不让他干重活。谁知这事被财主知道了,引起财主的不快,便将朱元璋辞退了。没有工作的朱元璋变成了小乞丐,每天沿街乞讨。长工们可怜他,于是经常从财主家中偷出一些饭菜和鲜豆腐,藏在庙的干草堆里,让朱元璋取食。一次,朱元璋去外地行乞,几日未归,回来后,发现豆腐上长了一层白毛,但饥饿难耐,只好煎了就食,不料清香扑鼻,可口异常。朱元璋做了反元起义军统帅后,一次率十万大军途经徽州,令炊厨取当地溪水制作毛豆腐犒赏三军。从此,油煎毛豆腐很快在徽州流传,成了美味可口的传统佳肴。

徽州毛豆腐

趣味京菜知识

QUWEI JINGCAI ZHISHI

京菜是如何形成的，有哪些代表菜

京菜，即北京菜，也称京帮菜。它以北方菜为基础，兼收各地风味而形成，为中国"八大菜系"之一。该菜系集全国饮食之精华，其原料之丰富、味道之鲜美、人才之广集、演变之复杂、内涵之深厚，其他菜系与其不可同日而语。

前门全聚德牌楼

首先，京菜的形成得益于北京地区得天独厚的自然环境。北京地处华北平原，地势平坦、土壤肥沃、物产丰饶，盛产小麦、玉米、高粱等粮食作物和大白菜等各种蔬菜，以及板栗、核桃、枣、梨、柿、桃、杏等各种水果。此外，这里为交通要道和军事重镇，自古是中原与北方的商品集散地，以及兵家必争之地。

其次，京菜的形成与它的历史、人文环境有关。早在春秋时，燕国便建都北京，此后有辽、金、元、明、清等朝代在此定都。可以说，悠久的历史为京菜的形成奠定了时间基础。此外，北京人杰地灵、人才辈出，尤其是各种老字号和名厨为京菜的形成和发展做出了很大的贡献。比如，全聚德、都一处、东来顺、护国寺小吃店、大董烤鸭店、小王府、北京宫这些老字号，以及毛春和、龙德潮、关长瑞、林海华、段文彬等名厨。

最后，京菜的形成受益于自己独特的饮食习惯和饮食文化。北京人的饮食生活有着宫廷之风，主要是受到清朝皇宫膳食的影响，至今所流传的一些菜肴就是当年的宫廷菜，比如，满汉全席、驴打滚、肉末烧饼等。此外，它的包容性也特别强，善于吸取其他菜系之长，在融合的基础上不断完善。这些饮食习惯和饮食文化无疑对京菜的形成起到了重要的作用。

北京菜品种繁多，大致可分为畜肉类、干货水产类、小吃类、其他类。其中各大类的代表菜如下：

畜肉类代表菜　北京烤鸭、京酱肉丝、北京烤肉、涮羊肉、清蒸驴肉、清酱

豌豆黄

肉、紫酥肉、板栗金塔肉、元宝肉、京味扣荤素、金丝韭菜、爆炒腰花、黄焖羊肉、贵妃鸡、醋熘木须、带把肘子等；

干货水产类代表菜 清汤燕菜、鸡蓉燕菜、黄焖鱼翅、蟹黄鱼翅、珍珠鲍鱼、宫府鲍鱼、炉肉扒海参、红烧海参、金丝海蟹、五彩鱼皮丝、烩乌鱼蛋、四味三文鱼、官烧目鱼等；

艾窝窝

小吃类代表菜 驴打滚、艾窝窝、开口笑、小窝头、豌豆黄、小鸡酥、炸馓子、姜汁排叉等；

其他类代表菜 莲蓬豆腐、三鲜酿豆腐、炒麻豆腐、拔丝莲子、五彩葫芦、辣油雪贝、干烧冬笋、麻酱冬瓜脯、焦熘馅饸、炸香椿鱼、钳子米炒芹菜、酥炸番茄、毛豆烧茄子、雪花桃泥、三不粘、黄豆疙瘩丝、清酱茄子、芥末墩、炒成什等。

满汉全席是怎样形成的

起源于清代的"满汉全席"，是集满族与汉族菜点之精华而形成的历史上最著名的中华大宴。那么，满汉全席是怎样形成发展起来的呢？

清代入关以前，宫廷宴席非常简单，一般都是大家围拢在一起，席地而餐，菜肴也不过是火锅配以炖肉，猪肉、牛羊肉加以兽肉。就算是皇帝出席的国宴也不过是规模大些罢了，菜品没有什么不同。清朝入主中原，定都北京后，这一情形发生了很大的变化。在六部九卿中，设立了专司大内筵席和国家大典宴会事宜的光禄寺卿。于是，在满族传统饮食基础上吸取中原南菜（主要是苏杭菜）和北菜（主要是山东菜）特色的老北京宫廷饮食就逐渐形成了。

相传康熙皇帝首尝满汉全席。清圣祖玄烨在66岁大寿时，曾为满、汉两族特设3天6宴，提供300多款美味佳肴，并首先品尝

"满汉全席"场景

了各色美食,同时提笔御书"满汉全席"四个大字。从此,满汉全席开始名噪中华。

当时,满、汉两席是分开的。宾客们入宴,是分满、汉两次入宴,一般先吃满菜,再吃汉菜。宴席大厅会先奏乐,宾客进入大厅后,先品尝各色点心,待全部宾客到齐后,撤下点心,相互行敬酒礼,就开始享用陆续上桌的满汉大菜了。宴会的整个过程会有4次换菜,调换满、汉菜式,俗称"翻桌"。

以后,满汉全席逐渐从宫廷传到民间,随着时代的变化,菜品也发生了改变,但是它集各种宫廷满席和汉席之精华于一席的风格始终如一。

"满汉全席"有多大规模

满汉全席,是清朝宫廷菜的最高代表,是美味佳肴的代名词,被称为中华菜系文化的瑰宝和最高境界。在这一盛宴的菜品,有咸、有甜、有荤、有素,取材广泛、用料精细,山珍海味无所不包。

满汉全席

满汉全席的菜品最起码要有108种。其中南菜54道,北菜54道。全席计有冷荤热肴196品、点心茶食124品,计肴馔320品。

满汉全席的108种菜品分为六大宴席:蒙古亲王宴、廷臣宴、万寿宴、千叟宴、九百宴、节令宴。这六大宴席适用于不同的场合,招待不同的宾客,要分3天才能吃完。

其中代表性的菜有:燕窝鸡丝汤、海参烩猪筋、海带猪肚丝羹、鲍鱼烩珍珠菜、淡菜虾子汤、鱼翅螃蟹羹、鱼肚煨火腿、蒸驼峰、梨片伴蒸果子狸、鲫鱼舌烩熊掌、西施乳、获炙哈尔巴小猪子、挂炉走油鸡鹅鸭等。这豪华的六宴可以说是择取了时鲜海味,搜寻了山珍异兽汇集而成的满汉众多名馔。

满汉全席作为满清宫廷盛宴,一直是老北京人津津乐道的美食。人们谈论它的吃法、探究它的菜名、寻找它的做法、品尝它的味道。如今,满汉全席已走出宫廷,来到民间,揭开了它神秘的面纱。

谭家菜是怎样形成发展的,有何特点

谭家菜,被称为"京师第一官府菜",是清末官僚谭宗浚的家传宴席,能够流传到今天实属不易。那么,作为私家菜的谭家菜是如何形成、发展并保留到现在的呢？

　　清同治十三年（1874 年），广东
南海人谭宗浚高中榜眼，入京师翰
林院为官。酷爱美食的谭宗浚经常
邀朋宴友，于家中作西园雅集，亲自
督点，炮龙蒸凤，而且还不惜出重金
聘请京师名厨，研究各类美食，将广
东菜和北京菜相结合，从而打造出中
国历史上唯一出自翰林的独特菜系。

国肴小居谭家菜：谭式黑椒牛扒

宣统二年（1910 年），谭宗浚之子谭瑑青与三姨太赵荔凤依谭府谭家菜的味极醇
美和谭府的翰林地位，经常承办家庭宴席，生意日渐兴隆，使谭家菜逐渐从家庭小
宴走向社会，甚至达到了"戏界无腔不学谭（即谭培鑫），食界无口不夸谭（指谭家
菜）"的境界。

　　时间到了 1943 年，谭瑑青逝世。谭家小姐谭令柔、家厨彭长海掌灶，继续
经营谭家菜。新中国成立后，谭家菜经过几次搬迁，最终在周恩来总理的亲自
关怀下，进驻北京饭店，并一直到今天。进驻北京饭店之初，谭家菜的服务对象
主要是各种类型的国宴、会议和中外首长们。也正是通过这种曲径幽深的渠
道，谭家菜才得以完整地保留下来。

　　与其他菜系相比，谭家菜独特之处有三：一是甜咸适度，南北均宜；二是火
候足，下料狠，菜肴软烂，易于消化，尤其适合老年人享用；三是讲究原汁原味，
很少使用味精等调味品。其烹饪从来不用剧烈的方法，采用较多的是烧、焖、
蒸、烤及羹汤等，而绝不爆炒。烹饪的调料也极为简单，只用盐和糖，以甜提鲜，
以咸提香，调出极为鲜美的味道。

　　谭家菜的名菜有蔡花鸭子、白斩鸡、黄焖鱼翅、草菇蒸酥、麻蓉包等，其中又
以燕窝和鱼翅的烹制最为有名，用高汤以 3 日余来焖鱼翅，焖出的鱼翅汁浓、味
厚，吃着柔软濡滑，极为鲜美。鱼
翅的烹制方法有十几种，如"三
丝鱼翅"、"蟹黄鱼翅"、"沙锅鱼
翅"、"清炖鱼翅"、"浓汤鱼翅"、
"海烩鱼翅"等。而在所有鱼翅
菜中，又以"黄焖鱼翅"最为上
乘。这道菜选用珍贵的黄肉翅
（即吕宋黄）来做，讲究吃整翅，
一只鱼翅要在火上焖几个小时。

国肴小居谭家菜：鸡球灵芝炖鲍鱼

谭家的鱼翅每道都是金黄发亮、浓鲜绵润、味厚不腻、口感醇美、余味悠长。

北京烤鸭的来历

全聚德烤鸭

北京烤鸭的前身是南京板鸭。明朝初年，明太祖朱元璋建都南京，对酥香而不油腻的南京板鸭赞不绝口。据说，当时朱元璋要"日食烤鸭一只"。宫廷御厨怕皇帝吃腻了，就想方设法地研制烤鸭的新做法、新吃法。叉烧烤鸭和焖炉烤鸭就是在这时候产生的。后来，烤鸭由宫廷传入南京民间，以叉烧烤鸭闻名的"全聚德"和以焖炉烤鸭闻名"便宜坊"均是在这个时期创立的。

迁都以后，烤鸭的技术被带到了北京。"全聚德"和"便宜坊"两家烤鸭名店先后在嘉靖、咸丰年间从南京搬到北京挂牌开业。位于菜市口的便宜坊算得上是京城的第一家烤鸭店。当时北京的烤鸭叫"金陵片皮鸭"或"金陵烤鸭"。与采用肥厚多肉的湖鸭烘烤而成的南京板鸭不同，这时的烤鸭已经改用皮薄肉嫩的北京鸭烤制。据说，北京鸭是辽、金、元时代帝王游猎时偶获的一种白野鸭的后代，是优良的肉鸭品种。用填喂方法育肥的北京鸭称"填鸭"。由于采用了肉质更好、口味更佳的填鸭，烤鸭很快发展成为一道遍及全国的名菜。

全聚德迁入北京后，又发明了"挂炉烤鸭"。挂炉烤鸭用的鸭子不开膛，只在鸭身开个小洞以拿出内脏。之后要往鸭肚里灌开水，再挂起来放在火上烤。用这种方式烤制而成的鸭子不会失水，皮也就薄而脆。由于炉火是燃烧果木产生的明火，烤出的鸭子有一股清香味，比普通的金陵烤鸭风味更佳。凭借着挂炉烤鸭，全聚德轻而易举地打响了"北京烤鸭"的名号。南京板鸭和金陵烤鸭从此风光不再。

《竹叶亭杂记》载："亲戚寿日，必以烧鸭相馈遣。"清代，北京烤鸭除了供皇帝享用外，还成为贵族间往来馈赠的必备礼品。《忆京都词》写道："忆京都，填鸭冠寰中。焖烤登盘肥而美，加之炮烙制尤工。"烤鸭在清代就已成为北京的标志，想起北京，就不得不想到北京的烤鸭。

如今，北京烤鸭以色泽红艳、肉质细嫩、味道醇厚、肥而不腻的特色享誉世界。烤鸭已摆上北京普通老百姓的餐桌。吃烤鸭要在春秋两季，这时候的鸭子肉质肥而嫩。夏季的鸭子则肉少膘薄，烤出来也不够松脆。吃烤鸭还常要佐以大葱、大蒜、黄瓜条等配菜裹在荷叶饼中共食。这样可以平衡食物酸碱、帮助消化。

"驴打滚"和香妃有何渊源

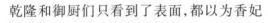

　　老北京的名小吃之一豆面糕有一个更加为人熟知的名字——驴打滚，是源于满洲的一个古老小吃。在民间，传说驴打滚是源于香妃，成名于香妃。这究竟是一个怎样的传说呢？

　　据说，乾隆平定大小和卓的叛乱后，把新疆维吾尔族首领的妻子据为己有，召入宫中，封为妃，也就是传说中的香妃。

　　香妃入宫后，整日闷闷不乐，茶饭不思。这可把乾隆急坏了。为了博得美人欢心，乾隆传旨到御膳房，说："谁能做出香妃爱吃的美食，不但升官，而且还赏银千两。"御厨们为了能够升官发财，都使出了看家本领，一个个大显身手，做出了一道道美味佳肴。但是，谁知，香妃根本都不正眼瞧一下。

驴打滚

　　乾隆和御厨们只看到了表面，都以为香妃郁郁寡欢是因为中原的饭菜不合西域的习惯与口味。其实，香妃是因为思念家乡、思念亲人，不想给乾隆皇帝做妃子才会心情低沉，胃口欠佳的。

乾隆香妃

　　其实，远在西域的香妃的丈夫又何尝不是在煎熬中度过呢！为了能够寻得机会救出妻子，香妃的丈夫跋山涉水来到了北京，藏身在京城的白帽营中，想方设法地打听妻子的境况。可巧，皇宫中无计可施的乾隆皇帝下令让京城白帽营的人为香妃准备一道西域最好吃的食物敬献到皇宫中。于是，这位维吾尔部首领为了和妻子联系，便自告奋勇地准备美食。他做了祖传的自制点心江米团子。当太监来取食物问及这道点心的名字时，他就随便说了个名儿——驴打滚。

宫中的香妃看到了丈夫家祖传的点心，便知道是丈夫来到了北京，于是，便吃了这道点心。乾隆皇帝听说香妃开始进食了，高兴得不得了，便下令白帽营天天送驴打滚进宫。所以，作为乾隆宠妃心爱的点心，驴打滚在北京就出名并流传开了。

为何说炸酱面是北京人的当家饭

炸酱面

说起老北京人最爱吃、最常吃的主食，炸酱面算是一种。夏天吃炸酱面，好吃、省事、开胃又爽快。这炸酱面，无论是在屋里、院里还是当街吃，无论是摆齐了菜码还是光就着一根脆黄瓜吃，都是那么的有滋有味儿。冷天吃刚出锅的热乎炸酱面，从嘴里暖到心里；热天吃过了凉水儿的炸酱面，从齿间爽到心间。

老北京人都自己在家做炸酱面吃。做炸酱面首先就得炸酱。北京人在家做的炸酱讲究用六必居的黄酱配天园酱园的甜面酱。肉要选半肥半瘦的五花猪肉，配上葱、姜、蒜放在油锅里咕嘟出香味儿。至于菜码，老字号饭店里要根据季节摆上各种菜丝、菜段和豆类，称为"全面码儿"。普通家庭里备的菜码，黄瓜丝、小水萝卜丝、豆芽菜和大蒜必不可少。老北京还有关于炸酱面菜码的歌谣："青豆嘴儿、香椿芽儿，焯韭菜切成段儿；芹菜末儿、莴笋片儿，狗牙蒜要掰两瓣儿；豆芽菜，去掉根儿，顶花带刺儿的黄瓜要切细丝儿；心里美，切几批儿，焯豇豆剁碎丁儿，小水萝卜带绿缨儿；辣椒麻油淋一点儿，芥末泼到辣鼻眼儿；炸酱面虽只一小碗，七碟八碗是面码儿。"不同种的菜码和炸酱、调料放在一个个小碟子、小碗里，煮好的手擀面盛在大碗里，碟子绕着大碗摆好，这就能上桌吃了。

俗话说"冬至饺子夏至面"，每到夏至这天，老北京人必吃炸酱面。而到了春节，炸酱面配上泡好的腊八醋，那味道就更香啦。无论春、夏、秋、冬，炸酱面都能在老北京人的饭桌上瞧见。它也由此成了北京人的当家饭之一。

涮羊肉是怎样走进京城百姓家的

涮羊肉，又称"羊肉火锅"，是老北京人冬日里最爱吃的一种风味食品。

相传，涮羊肉起源于元代。当年，元世祖忽必烈统率大军南下，饥肠辘辘之时就想吃一盘家乡的清炖羊肉。谁曾想，刚吩咐完部下烧火宰羊，便有敌军逼近的消息传来。忽必烈一边赶忙下令部队开拔，一边还想着他那盘没吃上的清炖羊肉。饥饿难耐的他对厨师发起了脾气。厨师急中生智，拿起刀来，飞刀片下数十片薄薄的肉片儿，放进沸水中一搅和，待肉色一变，立马儿捞出来放进碗里，撒上细盐，这就端给了忽必烈。

涮羊肉

忽必烈拿起碗来将羊肉匆匆下肚，之后便上马迎敌去了。

忽必烈这一战旗开得胜，筹办庆功酒宴时，他想起拔营前吃的那碗美味的羊肉片，便吩咐厨师做给宴席上的将帅们吃。大将们果然也对这种羊肉片赞不绝口。忽必烈在宴席上给这道菜赐名"涮羊肉"，从此，涮羊肉成了宫廷美食。

清初满族入关后，涮羊肉开始在京城流行。涮羊肉从宫廷传至市肆，由汉民馆子和清真馆子经营。《旧都百话》载："羊肉锅子，为岁寒时最普通之美味，须与羊肉馆食之。此等吃法，乃北方游牧遗风加以研究进化，而成为特别风味。"

清咸丰年间，京城首家专营涮羊肉的汉民馆"正阳楼"在前门外开业，以其羊肉"片薄如纸，无一不完整"驰名京城。

元世祖忽必烈

清光绪二十九年（1903年），河北沧州回民丁德山来到北京，在王府井大街东侧的东安市场内卖豆汁、扒糕等小吃。生意做大后，称"东来顺粥摊"。有一个叫魏延的太监主管是东来顺粥摊的老主顾。他又出资帮丁德山建起了东来顺羊肉馆，经营羊汤、羊杂碎等食品。据说，后来也是这位太监帮丁德山"偷"出了宫里做涮羊肉的配方。有了涮羊肉这道当家菜，东来顺羊肉馆的生意逐渐兴隆起来。民国时期，东来顺又请来正阳楼的片肉师傅，改良了涮肉锅和作料配方，成为京城首屈一指的羊肉馆。

如今,涮羊肉已经成为家常美食。数九寒冬,屋外是一片银装素裹的景象,这时候,老北京人就爱在家里涮上一锅羊肉。涮锅一开,屋内顿时热气腾腾,暖意伴着肉香扑面而来,真是无比惬意的享受。

"都一处"牌匾的来历

前门大街都一处烧麦馆

如今赫赫有名的"都一处烧麦馆",原来本是一家普通的席棚小酒店,于清乾隆三年(1738年)在北京前门外大街路东、鲜鱼口南开业。酒店店主叫王瑞福,山西人。开业初期,小店主要经营烧酒,兼卖些烧饼、炸豆腐之类的小食品。因为小店门口挂了一个破葫芦,人们就管这儿叫"醉葫芦"。过了4年,王瑞福积累了些资本,又盖了一间有门面的小楼,称"王记酒铺"。虽然酒铺经营的菜品多起来,生意也好了许多,但仍没什么名气。

据说,"都一处"这块牌匾是到乾隆十七年(1752年)才得来的。那一年,乾隆皇帝私访通州,回京路上走永定门刚好路过前门一带。这天是农历大年三十,天色已晚,各家商户纷纷关门歇业,赶回家过年去了。只有每日子时关门的王记酒铺仍亮着灯。乾隆皇帝一行3人就寻着亮光走进了这家王记酒铺。

王瑞福见这3位客人衣帽整洁、仪表不俗,猜测他们定是有身份的人,于是赶忙将他们迎到楼上,摆出了店里的好酒好菜,并亲自伺候着。乾隆皇帝喝罢酒、尝罢菜,问起了这家酒店的名字。王瑞福称小店没有名字。这时,街上一阵鞭炮齐鸣,原来新春已到。想到京城百姓此刻都在家里吃上了团圆饭,只有这家酒店还在做生意,乾隆皇帝顿时生出几分感慨,便给小店赐了"都一处"的名字,意思是"京都只这一处"。

乾隆皇帝离开以后,王瑞福并未将这个"陌生人"的赐名当回事儿。谁知没过几天,几个太监真送

都一处烧麦

来了"都一处"的蝠头匾,并告诉王瑞福这是当朝乾隆皇帝御笔赏赐之匾。王瑞福连忙叩拜谢恩,将御赐的牌匾挂在了一进门最显眼的位置上。

此后,王记酒铺正式更名"都一处"。据说,当年乾隆从酒店大门走到楼上的那段路还被王瑞福保护了起来,终年不去打扫。日积月累,这条小路被客人们带进来的泥土覆盖起来,形成了一道土埂,人称"土龙"。清《都门纪略·古迹》载:"土龙在柜前高一尺,长三丈,背如剑脊。"室内悬虎匾、柜前堆土龙,"都一处"就此打响了名号,来这里吃饭、参观的客人越来越多。清同治年间,烧麦逐渐成为"都一处"的当家菜。"都一处"的烧麦皮薄馅满,制作工艺十分精湛。今人有藏头诗曰:"都城老铺烧麦王,一块黄匾赐辉煌。处地临街多贵客,鲜香味美共来尝。"

何谓爆肚

爆肚,是老北京的传统风味小吃,早在乾隆年间就有关于爆肚的记载。在北京,经营爆肚的多是清真餐馆和街边小摊贩。清真餐馆的爆肚收拾得干净,作料也齐全,尤其受到老百姓的欢迎。有名的经营爆肚的老字号有天桥的"爆肚石",门框胡同的"爆肚杨"、"爆肚冯",东安市场的"爆肚宛"、"爆肚王",以及东四牌楼的"爆肚满"等。

所谓"爆肚"的"肚"其实是胃。《燕都小食品杂咏》载:"以小方块之生羊肚入汤锅中,顷刻取出,谓之汤爆肚,以酱油、葱、醋、麻酱汁等蘸而食之,肚既未经煮熟,自成极脆之品,食之者,无法嚼烂,只整吞而已。"爆肚是用鲜牛肚或鲜羊肚通过油爆或水爆的方法做成的。制作时首先需要将"肚"洗净,再将其切成条状或块状,最后以沸水爆熟。爆肚出锅后还要加上蘸油、芝麻酱、醋、辣椒油、酱豆腐汤、香菜末、葱花等调料。

《燕都小食品杂咏》载:"入汤顷刻便微温,佐料齐全酒一樽。齿钝未能都嚼烂,囫囵下咽果生吞。"吃爆肚往往要就着小酒。然而爆肚是小吃,不适合入席,所以"吃爆肚,就小酒"的惬意就只能在街边小摊上享受了。爆肚吃起来鲜嫩香脆而不油腻,据说还可"以胃养胃"。老北京人讲究秋天"吃秋",又有"要吃秋,有爆肚"之说。

牛、羊都是反刍动物,胃很发达,用牛、羊的

爆肚

胃做出来的爆肚就香脆有嚼劲。牛羊肚不同部位做出来的爆肚味道又有不同。牛肚较硬，一般只有牛百叶、牛肚仁和牛肚领可以入菜。较软的羊肚则有散丹、肚仁、肚领、阳面肚板、阴面肚板、蘑菇、蘑菇尖、食信、葫芦、大草牙等多个部位可吃。一般的小吃摊主要做牛百叶、牛肚仁、羊散丹、羊肚领、羊肚板这几种，不同的部位则价格也不同。

吃爆肚讲究吃最嫩的部位，但嫩的部位只占少数，所以越嫩的部位价格也就越高。最嫩、最贵的是肚领，其次是百叶、蘑菇和肚板。旧社会，只有有钱人才吃得起肚领，普通老百姓也就能吃上一碗肚板。

如今，即使是最金贵的肚领普通百姓也能吃上了。不过，如果您要到卖爆肚的小摊子去吃，还是得赶早，晚了好吃的那部分就被抢没了。

卤煮火烧是谁发明的

卤煮火烧，是北京民间特有的一种小吃，源于清乾隆时期的宫廷美食"苏造肉"。

清乾隆四十五年（1780年），皇帝南巡落脚扬州，下榻于扬州安澜园陈元龙家中。陈府的家厨名叫张东官。他烹制的菜肴很受乾隆皇帝的喜爱。于是，南巡结束之时，张东官便随乾隆回了京，入宫当上了御厨。他知道乾隆喜欢吃味道厚重的食物，便研制了用五花肉加丁香、官桂、甘草、砂仁、桂皮、蔻仁、肉桂等九味香料煮成的肉汤，称"苏造汤"或"苏造肉"。后来，苏造肉传入民间，人们又发明了将肉夹入火烧中或与火烧同煮的吃法，但仍称"苏造肉"。《燕都小食品杂咏》载："苏造肥鲜饱志馋，火烧汤渍肉来嵌。纵然饕餮人称腻，一脔膏油已满衫。"当时，小商贩们常在东华门外设早点摊，将苏造肉当做早点卖给往来的官员。

卤煮火烧的创始人"小肠陈"——陈兆恩本来也是卖苏造肉的。然而，用五花肉煮制的苏造肉价格昂贵，普通百姓难以承受。于是，在光绪年间，他用猪头肉和猪下水代替五花肉煮汤，称"卤煮"、"卤煮火烧"或"卤煮小肠"。改良后的卤煮不仅价格便宜，味道也更具特色。火烧透而不黏，小肠酥软而不腻，汤汁浓厚而无异味。

经过一代代卤煮师傅的改

前门大街卤煮火烧

造,而今的卤煮内主要包含小肠、肝、肺、肚等下水及五花肉、血豆腐、油炸豆腐块和火烧等。卤煮汤里的配料更是极为丰富,有花椒、豆豉、大料、香菜、小茴香、豆腐乳、韭菜花、葱、姜等。从热腾腾的锅里捞出小肠、肺头等,再按照顾客要求的数量放上切成小块的火烧,最后浇上一大勺卤煮老汤,一碗卤煮就能上桌了。客人

北京取灯胡同3号小肠陈卤煮火烧

还可以根据自己的喜好往卤煮里加蒜泥、辣椒油、醋等调味品。老字号"小肠陈"延续至今,还创新地增添了砂锅卤煮和火锅卤煮等新吃法。

 ## 御膳房做的小窝头与慈禧有何渊源

　　金黄的窝头和雪白的馒头,是老北京人餐桌上最重要的两样主食。旧社会穷苦人家吃不起白面馒头,主要就吃棒子面(玉米面)做的窝窝头,有时还会往棒子面里掺些野菜一起蒸着吃。"窝窝头就咸菜"也能成为一餐。不经过发酵的死面窝头很不容易蒸熟。但将窝头做成上小下大、上尖下平的圆锥状并在底部挖洞的方法很好地解决了这一问题。

　　百姓餐桌上摆的是粗粮做成的大窝头,宫廷御膳里也有细面做成的小窝头。小窝头用小米面、粆子面、玉米面、黄豆面、栗子面混合制作而成,形状与大窝头相仿,只是更加精致玲珑。小窝头是甜口的,里面往往要加入大量的白糖、桂花等物,吃起来是面香伴着甜软。

御膳房的小窝头

　　小窝头能够走进宫廷还要托慈禧太后的福。当年八国联军攻陷北京城,慈禧太后带着光绪皇帝及一班人马乔装打扮成难民,连夜逃向了西安。这一路上,慈禧太后是行色匆匆,生怕暴露了身份,所以一切从简,连食物也没带够。饥饿难忍之时,身边的随从给了慈禧一个窝头。平时吃惯了珍馐美味,这会儿又饿着肚子,

慈禧竟觉得这再普通不过的窝头十分好吃，吃的是津津有味。

八国联军退出北京城之后，慈禧又回到了皇宫。她吃着一桌子精心制作的御膳，心里却十分想念逃难路上那个窝头的香甜。于是，就叫御厨做些窝头给她尝尝。慈禧在宫中锦衣玉食，怎么可能还喜欢吃那粗劣不堪的窝头呢，但旨意难违，御厨只好费尽心思地改良了窝头的制法，用细箩筛出各种细面，再加糖制成精巧的小窝头。慈禧一尝，这小窝头是又暄又甜。再看这形状，一个个跟小宝塔似的玲珑可爱。从此，窝头摇身一变成了宫廷点心。

如今，游客到北海公园内的仿膳吃饭，也必点这道小窝头，尝尝这香甜细腻、入口即化的口感。

老北京的宫廷肉末烧饼传奇

肉末烧饼，是老北京传统的宫廷风味小吃，已经有上百年的历史。所谓的肉末烧饼，就是烧饼夹炒肉末。其外焦里酥，肉末油润咸甜、味厚醇正，别有一番风味。关于肉末烧饼还有一个传奇故事。

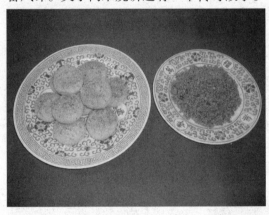

肉末烧饼

据记载：慈禧在颐和园乐寿堂夜里睡觉时做了一个梦，梦见吃肉末烧饼。可第二天清晨醒来后发现是自己做的一个梦，并没有真正吃到烧饼。她正在回忆梦境时，厨师奉上早餐。慈禧一看，正是她梦中的肉末烧饼，非常高兴，说是圆了她的梦。慈禧问是谁做的，当差的说，是赵永寿做的。赵为百家姓第一姓，永寿为永远健康长寿之意。听到这么个吉祥的名字后，慈禧更为高兴。于是她下令封这个烧饼为圆梦烧饼，并赏赵永寿一个尾翎和20两银子。从此圆梦烧饼也出了名，流传宫中。

豌豆黄、芸豆卷的由来

豌豆黄，是北京传统小吃。按北京民间习俗，农历三月初三，人们要吃豌豆黄，因此，每当春季豌豆黄上市，一直供应到春末。北京的豌豆黄分宫廷和民间两种。豌豆以张家口出产的花豌豆最好。豌豆黄成品色泽浅黄、细腻、纯净，入口即化、味道香甜、清凉爽口。据说，它与芸豆卷一起传入清宫。

芸豆卷是北京民间小吃，同豌豆黄一起流传入清宫。其卷形似马蹄，分为甜、咸两种：甜的沙凉细糯，咸的松绵可口，实为不可多得的美味。

相传，一天慈禧在北海静心斋的院子里纳凉，忽听墙外传来一阵敲打铜锣的叫卖声。慈禧便问身边的侍女，外面是干什么的。侍女告诉她是做小买卖的，卖的

芸豆卷

是豌豆黄、芸豆卷。慈禧听后感到很新奇，便立即叫宫女给她买一些尝尝。当时天气闷热，慈禧吃了买来的豌豆黄、芸豆卷感觉非常清爽适口、香甜细嫩、入口即化。第二天她便把做小买卖的请进宫中，专门为她制作豌豆黄和芸豆卷。随后，豌豆黄和芸豆卷成了慈禧非常喜欢的一种小吃。

 ## 艾窝窝的特色及由来

艾窝窝，是老北京传统风味小吃之一。每年农历春节前后食用。艾窝窝是用糯米制作的清真食品。《燕都小食品杂咏》载："白黏江米入蒸锅，什锦馅儿粉面搓。浑似汤圆不待煮，清真唤作艾窝窝。"

艾窝窝色泽洁白如霜、质地细腻黏软，馅心松散香甜，营养丰富、美味可口，具有补中益气、健脾养胃之功效，深为民间百姓喜爱。

护国寺艾窝窝

艾窝窝与故宫的储秀宫关系密切。据说，明时储秀宫里的皇后和妃子，因天天吃山珍海味感到厌腻。一天，储秀宫的一位回族厨师正在食用自己从家里带来的清真食品"艾窝窝"，被一位宫女碰巧看见。她尝后推荐给皇后品尝。皇后吃后，亦感到美味可口，就让这位回族厨师为此处的妃嫔做"艾窝窝"吃。

此后,艾窝窝就由紫禁城传到民间,被誉为"御艾窝窝"。

炒肝的来历及特色

炒肝,是一种由宋代"熬肝"和"炒肺"发展而来的北京特色风味小吃。清同治年间,前门外鲜鱼口有一家经营"白水杂碎"的店铺,叫"会仙居"。白水杂碎,是由切成段的猪肠与肝、心、肺加调料用白汤煮成的一种食品。由于白水杂碎的味道没有特色,不久便无人问津。后来,经人提醒,会仙居的店主刘氏三兄弟改进了白水杂碎的做法。他们以猪肠、猪肝作为主料进行熬煮,又加了一道"勾芡"

炒肝

的工序,使其从色泽到滋味都得到了显著的改善。他们将白水杂碎易名"炒肝"向外销售,终于获得了成功。

炒肝其实并不是炒的,而是用煮的方法做成;最主要的食材也不是猪肝,而是猪大肠。将洗净的猪大肠放在凉水锅内以旺火煮透,再切成小段,配以切成菱形的猪肝片,加上猪油、八角、黄酱、酱油、姜、蒜、醋、盐等作料进行第二次熬煮,煮沸后用淀粉勾芡,最后撒上味精搅匀,一锅炒肝就做成了。

炒肝汤汁稀而不澥,色油酱红而亮,味浓而不腻,老北京人常用它来当早点吃。炒肝讲究搭配着小包子吃,且要沿着碗边绕圈抿,绝对不能和(huò)弄,不然搅澥了就不好吃了。

炒肝可以补肝明目、滋养气血,有治疗夜盲、浮肿、脚气等病的功效。但炒肝的胆固醇含量较高,患有高血压、冠心病的人不宜食用。

趣味津菜知识

QUWEI JINCAI ZHISHI

津菜是怎样形成的,有哪些代表菜

津菜:罾蹦鲤鱼

津菜,即天津菜,约形成于清康熙年间(1662—1722年),囊括了汉民菜、清真菜、素菜、地方特色菜、民间风味小吃等。天津地势平坦,位置优越,尤其盛产鱼、虾、蟹等河海两鲜及飞禽、干鲜、野味、山货等。当地民间一直流传有这样的说法:"吃鱼吃虾,天津为家。"

早在明末清初时期,名店"八大成"第一家"聚庆城"的开业,标志着"津菜"的逐渐形成。天津早就被誉为"小扬州",而"津菜"与扬州淮扬菜有关。它主要是在汲取淮扬菜精华的基础上兴起的。如,著名的狗不理包子,其汤汁是在淮扬汤包的影响下产生的。津菜最初的特色表现为简便、实惠、质朴的民间风格。

此外,天津作为物资集散地的地理优势,也为津菜的形成提供了得天独厚的条件。天津东临渤海,航运发达,而南粮北运至京都必须经过此地,因为要在此进行换船。由于搬运工作繁忙,聚居在此的搬运工人没有太多时间去吃正餐,只能匆匆吃一些快餐,所以天津小吃就此发展了起来。至今,天津小吃仍特别发达。

清同治、光绪年间(1862—1908年),津菜达到鼎盛时期。民国初年,清真菜和素席菜在津菜中有了初步发展;此外,其他地方风味也开始在此时融入津菜,并被逐步地方化。这样一来,津菜的多元风格就形成了,也奠定了其咸鲜为主、酸甜为辅、小辣微麻、复合烹调等基本特色。现在,津菜有五大特点,分别为善烹两鲜、精于调味、讲究时令、技法独特、适应面广。

津菜中的代表菜很多,大的分类主要有"八大碗"、"四大扒"、"冬令四珍"等。其中,"八大碗",分为熘鱼片、烩滑鱼、烩虾仁、桂花鱼骨、全家福、独面筋、川肉丝、川大丸子、烧肉、松肉等"粗八大碗",以及炒青虾仁、全炖、烩鸡丝、蛋羹蟹黄、家常烧鲤鱼、海参丸子、清汤鸡、拆烩鸡、元宝肉等"细八大碗";"四大扒",有扒整鸡、扒整鸭、扒鱼、

天津百顺饭店

扒肘子、扒方肉、扒海参、扒面筋等;"冬令四珍",是指铁雀、银鱼、紫蟹、韭黄。

津菜具体的代表作有:狗不理包子、十八街麻花、耳朵眼炸糕"天津三绝";一品官燕、炸烹大虾、扒通天鱼翅、鲍鱼龙须、蟹黄鱼肚、酸沙紫蟹、扒全菜、两吃目鱼、酸沙鲤鱼、酸沙银鱼、糖醋鱼、碎熘鲫鱼、贴饽饽熬鱼、华洋里脊、华洋鸭肝、华洋面筋、红烧猴头、清蒸鹿尾儿、烤酥方炸、罗汉斋、八珍豆腐煲、扒刺参等特色菜;包子、锅贴、烧卖、烧饼、馅饼、云吞、合子、捞面、银丝卷、五香花卷等特色面食;羊汤、羊杂碎、酱牛肉、素什锦等清真小吃;糖礅、大饼鸡蛋、凉粉、熟梨膏、茶汤儿、小豆粥、秋梨白糖、酥蹦豆、江米藕等特色小吃;煎饼、馃子、锅巴菜、老豆腐、烫面炸糕、卷圈、糖果子等特色早点。

一品官燕的来历

一品官燕,以干燕菜(燕窝)为主料,以熟火腿、豆苗叶为配料,以清汤、料酒、精盐、食碱、鸡油、湿玉米粉为调料,经烧煮而成。此菜不但味道香滑、可口,而且有润肺燥、滋肾阴、生精血、补虚损、强胃健脾等功效,向来被视为滋润养颜的名贵补品,能增强人体抵抗力,防治伤风、咳嗽、感冒等疾病。

关于"一品官燕"得名的由来是这样的:

燕菜,即燕窝,是一种金丝燕的

一品官燕

窝,在我国主要分布于海南、福建、浙江等地。因其十分珍稀,自古被列为我国食品"八珍"之一,并享有"东方一宝"之美誉。而所谓官燕者,即燕菜之上品,所以自古为朝廷供品。由于它是专为帝王、皇亲、高官享用的,所以进贡时会用绛红色金丝带捆扎,且美其名曰"官燕"。

"官燕",作为一种高贵的食材,其烹制和食用以"氽"法最为广泛、最为适宜。其中,"一品官燕"就是"官燕"菜肴中的代表作,所以冠以"一品"之头衔。制作此菜的关键在于吊汤,而津门名餐馆"天津烤鸭店"的传统看家大菜就是这道风味。

官烧目鱼为何要冠名"官烧"二字

官烧目鱼,原名"烧目鱼条",以渤海湾特产净目鱼肉为主料,以水发冬菇、净冬笋、净黄瓜、鸡蛋为配料,以葱、姜、蒜、盐、醋、白糖、姜汁、绍酒、淀粉、湿淀

官烧目鱼

粉、肉清汤、花椒油、花生油等为调料烹制而成。此菜特色表现为色泽金黄、和谐明快，肉质细嫩、鲜腴，味道酸甜，略咸，口感酥脆。

作为天津传统的地方名菜，官烧目鱼之所以冠名"官烧"，是因为清朝时乾隆皇帝曾品尝过此菜。其得名由来如下：

据说"康乾盛世"时期，乾隆皇帝每次下江南，都要驻跸天津。当地地方官为邀宠，便选城北建起宏丽的"万寿宫"以接待皇帝。"聚庆成饭庄"坐落于"万寿宫"地带，是"八大成"最早的一家，在天津地面上名气很大，连当年康熙登基时设的"满汉全席"都是由他们家制作的。

乾隆皇帝被地方官安排在"聚庆成"享用御膳。宴席上的肴馔当然丰美无比，但乾隆最为赞赏的是"烧目鱼条"。因为此菜色、形、味、香俱佳，尤其是味道极其鲜美，深得乾隆喜爱。接着，皇帝还召见了"聚庆成"的厨师，并特赐给他一件黄马褂和一顶五品顶戴花翎。此外，皇上还将这道"烧目鱼条"御封为"官烧目鱼"。

就这样，"官烧目鱼"开始声名鹊起，并成为一道天津名菜。

"狗不理"包子何以闻名

狗不理包子，是天津著名美食，津门老字号，为"津门三绝"食品之首，在京津地区名气很大，有中华第一包子之美称。改革开放以后，"狗不理"甚至在美国纽约、日本东京、韩国汉城等都打出了自己的品牌，成为一个知名的国际美食品牌。

狗不理包子创制于清咸丰年间，距今已有100多年的历史，由一个叫高贵友的小厨师创制。高贵友的父亲40得子，为了孩子好养活便为其取乳名"狗子"。狗子14岁时到天津一家蒸吃铺打工学艺，由于其勤奋好学，很快就小有名气。学了3年手艺后，狗子自己单独开办了一家包子铺，名叫"德聚号"。他精心选馅，严

天津狗不理包子

控加工过程，再加上从不掺假，因此其制作的包子十分香软、可口，引来了无数的顾客。从此其包子铺生意红火，名声也传遍各地。由于顾客太多，狗子顾不上和他们说话。这些顾客就说："狗子卖包子，不理人。""狗不理"包子的名称由此而来。一说高贵友的乳名叫"狗不理"，所以他的包子叫"狗不理包子"。

相传袁世凯任直隶总督在天津编练新军时，曾把"狗不理"包子作为贡品进京献给慈禧太后。慈禧太后尝后曰："山中走兽云中雁，陆地牛羊海底鲜，不及狗不理香矣，食之长寿也。"这使狗不理包子名声大振，生意日益红火。

狗不理包子选料精细、制作讲究。每个包子的褶花匀称且都不少于 18 个。其馅心种类齐全，有三鲜包、猪肉包、肉皮包、海鲜包、全蟹包、野菜包六大系列，共 100 多个品种，口味多样，各有特色。包子柔软，味道鲜香、油而不腻，让人尝过难忘，难怪很多人到了天津，指名要吃狗不理包子。

 ## 桂发祥麻花的来历及特色

"天津三绝"之一的桂发祥麻花，由于其店铺坐落于十八街，因此又被人们称为十八街麻花。该麻花的创始人是范贵才、范贵林两兄弟。

据说清朝末年，天津卫有一条巷子名叫"十八街"。巷子上有一家刘老八开的小麻花铺，叫"桂发祥"。此人精明能干，炸麻花是他的绝活。他炸的麻花飘香四溢，来此购买的顾客总是络绎不绝。由于生意越来越好，刘老八便开了一个店面。刚开始顾客还不少，但久而久之人们就吃腻了这种麻花，生意也因此淡了下来。老人家十分不甘心。

店里有一位少掌柜的，一次游玩回来后十分饥饿，因为没有别的吃食，所以准备吃些点心充饥。正巧店里的点心只剩下了一些渣子，于是他灵机一动便把点心渣和炸麻花的面掺在一起下锅炸。结果炸出的麻花与以往不一样，味道也更加醇香。于是，刘老八细心研究且反复实践，终于研制出了现在的十八街麻花。

桂发祥麻花色泽金黄、酥脆美味、口口留香，使人百吃不厌。其制作程序复杂，选料讲究、做工精细，在国内外都很受欢迎。其所有原料都是选用全国各地品质上乘的。人们经过反复探索与创新，创造出一种什锦夹馅麻花。其中心加入桃仁、桂花、闵姜、瓜条等多种酥馅，保质期长、甜度适中，越嚼越香，是送人送礼的首选。

十八街麻花

"耳朵眼炸糕"有何特色及由来

被称为"天津三绝"之一的"耳朵眼炸糕"备受大众青睐,已有100多年的历史。因其店铺的地址紧挨耳朵眼胡同而得名。此炸糕的选料十分讲究,用指定的油类炸制,不添加任何防腐剂,是一种绿色的健康小吃。其独具的特色使它曾获不少奖项与殊荣,可谓实至名归。

耳朵眼炸糕

耳朵眼炸糕是用黏黄米面包上豆沙馅炸制而成。黏黄米要先用清水泡软,之后将其磨成米浆并装进布袋控出水分,等到黏黄米面充分发酵后便可加入碱制作面团了;制作豆馅时先把红豆煮熟并捞出来碾碎,等到白糖化成糖水就可将其放入豆沙中并用中火翻炒,炒熟盛出即可;最后用黄米面包上豆沙馅放入油锅中炸,待到炸糕呈金黄色时便可捞出。注意,油炸时油温不宜过高,以免使炸糕破裂。耳朵眼炸糕颜色金黄,外酥里软,黏香而不油腻,令人垂涎欲滴。

耳朵眼炸糕的来历也比较有趣。相传,清光绪年间,北门外大街有一个很大又很繁华的市场。很多小商贩都来这里摆摊做生意。有一个叫刘万春的人开始是做流动售货,后来也来到此地租摊卖起了炸糕,并且把招牌定为"刘记"炸糕。他做的炸糕香甜美味、价格低廉,备受大众欢迎,生意也十分红火。因刘万春的炸糕店靠近一个叫耳朵眼的胡同,顾客们便都风趣地称刘记炸糕为耳朵眼炸糕。久而久之,"耳朵眼炸糕"这个名称便被大家广泛流传起来。

锅巴菜的特色及由来

锅巴菜,又称嘎巴菜,是天津独有的一道特色风味小吃。它以绿豆、小米为主料,具有清热解毒、健脾开胃的功效,对身体十分有益,还可解酒。

制作锅巴菜时,要把绿豆去皮并与小米磨成浆;然后用小火将其摊成圆形的薄煎饼;再用刀把煎饼切成柳叶形。其卤汁是用香油煸葱、姜、香菜,再加入大盐、酱油、碱面等十几种调料制成。吃时可根据个人喜好加入适量的芝麻酱、辣椒糊、腐乳汁等,使味道更加适口。注意锅巴菜是要趁热吃的。

锅巴菜多味混合,清素味香,由于煎饼里添加了卤汁,不仅可以当做菜肴,还可以作为早餐或正餐食用。

关于其由来,还与乾隆皇帝颇有渊源。据说清乾隆二十二年(1757 年),乾隆皇帝二次南巡时,途经天津三岔河口,便上岸逛街。有一个叫张兰的人在此街开了一家煎饼铺(传说张兰是《水浒传》中菜园子张青的后人)。乾隆到此吃煎饼时想要一碗汤。但是此煎饼店不卖汤,于是店家急中生智,把煎饼撕碎后加入一些调料,然后倒上开

大福来锅巴菜

水给客人端了过去。乾隆喝过汤后,称赞说汤的味道与众不同,之后又问此汤的名称。店家之妻误以为是问自己的名字,便答"郭八"。乾隆帝笑道:"汤叫锅巴有些欠妥,不如叫锅巴菜。"过了几天,一个御前侍卫来到此店对掌柜说:"你的大福来了!"说着给了掌柜 200 两纹银。自此锅巴菜就出了名,煎饼铺也改名为"大福来"。

 ## 杨村糕干的特色及来历

杨村糕干,又叫茯苓糕干,是天津一种传统的特色小吃。这种小吃看似普通,但味道征服了许多国内外人士,还荣获"佳禾"铜质奖章。周恩来总理还曾用其招待国外来宾,客人品尝后都赞不绝口。

杨村糕干主要以精米、绵白糖为原料。稻米用水浸泡晾干后,将其磨成细面;然后按适当的比例在面中加入白糖,搅拌均匀;待到糖面融为一体后便可放入笼屉内,再用刀将其切成整齐的方块;最后将糕干上锅蒸半个小时左右,等到香味飘出的时候即可。此外,杨村糕干还具有健脾养胃的作用,经常食用,其功效可以和中药茯苓相媲美。

杨村糕干

相传"杨村糕干"与乾隆皇帝的宠臣和珅有着不解之缘。据说和珅的父亲生性风流。一次,他在出游江南的途中路过杨村,在当地的庙里烧香拜佛时看上了一个漂亮的小尼姑。二人一见钟情,随即便坠入爱河。

临别之际,和珅的父亲送给尼姑翡翠镯和白绫作为信物。尼姑后来产下一名男婴,因其触犯庙规而被驱逐出寺院。人海

和珅

茫茫,想要找到孩子的父亲谈何容易。于是她在白绫上写下孩子的生辰和父亲的名字后便投江自尽了。

附近有一位老和尚,听到婴儿的啼哭后,便找到弃婴将其带回了庙里。由于他每天都喂孩子吃"杨村糕干",这个孩子竟然保住了性命。等孩子长大后,老和尚带着他去城里找父亲,结果找到了一位王侯之家。王爷看到和尚手里拿的镯子和白绫信物时便痛快地收下了孩子,为其取名和。和不像其他人那样喜欢山珍海味,却独爱"杨村糕干"。王爷无奈,只好经常派人专程去买。和虽然是靠吃"杨村糕干"长大的,但却非常聪明。后来他不仅做了官,还成为皇帝身边的宠臣。

一次和陪皇帝下江南又路过杨村。他特地请皇上品尝了那里的糕干。皇帝吃后不住地赞赏,并亲笔留下墨迹"妇孺圣品"。此后,这道小吃便成为名点。

 ## 石头门坎素包的来历

"石头门坎素包",是深受人们喜爱的天津传统风味素食小吃,味美价廉,尤其受到老年人的喜爱。其配料讲究,馅心中共有19种副料,皆为各地名产。

制作包子时要注意三个方面:一是和面团时,一定要将其揉匀;二是注意卤汁要用湿淀粉勾芡,不宜太稠;三是蒸包子时要用旺火,蒸至7~8分钟即可。

关于其店名的由来,还有一段传说。相传晚清时,天津的地理位置靠近大海和河流,因此这里的许多人都靠打鱼为生。渔民们为了祈求家人的平安,经常去天后宫上香拜佛。佛教的戒律是不杀生、不吃荤,于是这些渔民便喜欢素食。

后来有人在海河附近开了一家素食餐馆"真素园佛素包"。由于此餐馆所处地势低洼,每逢下雨,雨水便会流入店内。为此,店主在门口垒了一道石头门坎,成为本店的独特之处。久而久之,人们就根据本店的这一特点而称之为"石头门坎素包店"。

石头门坎素包子

趣味东北菜知识

QUWEI DONGBEICAI ZHISHI

东北菜是怎样形成的,有何代表菜

东北菜:锅包肉

东北菜,是指东北三省黑、吉、辽和内蒙古东部的菜系。其烹调方法以熘、炸、酱、炖为主,特色表现为用料广泛、酥烂香脆、咸甜分明、一菜多味等。

东北菜是在漫长的历史过程中逐渐形成的。其风格特异性极强,在中华饮食文化圈中占有重要的一席之地。东北地区的自然环境和人文环境独特而统一,因而各地的饮食特征也高度相似,是一个客观存在的饮食文化区。

自然环境是东北菜形成的基础,具有决定性意义。东北地域广阔、土壤肥沃、物产丰饶,盛产多种植物、动物食珍,主要包括兽、禽、鱼、乳、五谷、蔬果等。肉食为主,应当说是东北饮食生活的基本特点之一。肉食来源为羊、牛、马、骆驼、猪、鹅、鸭、鸡等。菽类比重大及豆制品多,是东北饮食文化的又一特征。这里有菽类植物 20 余种,包括大豆、小豆、绿豆、豌豆、蚕豆、豇豆等,而它们的烹制或食用方法又有烧饭、煮粥、裹蒸等,以及制作酱油、豆腐、豆芽、豆浆等。冷冻食品也是东北食俗之一,像冻豆腐、冻奶、冻干粮、冻水果等。正是如此丰富的物产食材,为东北菜的制作提供了大量必不可少的原料。

东北是一个多民族杂居的地方,而其菜系的形成过程也融合了一些汉族饮食和其他菜系的特点。比如,辽宁沈阳以宫廷菜、王府菜居多,主要因为这里曾是清朝故都,菜系受到了满族的影响。东北菜的用料、制作方法非常考究,可以说兼收京、鲁、川、苏等菜之精华。此外,19 世纪末至 20 世纪 40 年代,大批欧洲、亚洲等外籍人拥进东北地区,众多的外籍人为这里带来了啤酒、面包、香肠等西餐饮食文化,丰富了东北菜的内容。可以说,开放包容、兼收并蓄的思想为东北菜奠定了文化基础。

东北菜的代表菜有数百种,主要包括白肉血肠、红扒熊掌、白扒猴头、东北乱炖、地三鲜、锅包肉、猪肉炖粉条、小鸡炖榛蘑、熘肉段、三鲜鹿茸羹、白松大马哈鱼、拔丝地瓜、美味鼻、酱骨架、飞龙汤、杀猪菜、什锦蛤蟆油等。

东北菜:酱大棒骨

白肉血肠的特色及由来

酸菜炖白肉血肠,简称白肉血肠。其以猪肋条肉(五花肉)、猪大肠、猪血、酸白菜为主料,以砂仁、桂皮、肉豆蔻、丁香、腐乳、大蒜、香菜、盐、味精、酱油、辣椒油、虾油、香油等为调料制成。

此菜的特色表现为:其一,从制作过程上讲,选料考究,调料味美,制作精细。其二,从菜品来讲,看起来血肠明亮,闻起来醇香四溢,吃起来肥而不腻、鲜美香醇、五味俱全、十分爽口。其三,从营养上讲,此菜具有很高的食疗作用,可开胃健脾、补虚养身、调理气血等。

白肉血肠

白肉血肠的由来,最早起源于古代祭祀所用的祭品。古代每逢宫廷(或氏族)举行祭祀时,会以猪为牺牲;而当祭祀结束,撤下祭肉,皇帝和王公大臣们还会食肉。这种肉被称作"福肉",就是通常所说的"白肉"。而所谓血肠,通称"白肉血肠",来源于祭祀中的"白肉"。

关于白肉血肠,还流传着一个有趣的故事。

传说很久以前,在东北的么喀寨,有一个杨姓大财主。某次,大财主请来了三个厨师,专门为他家做饭。一天,杨财主因为长久以来吃腻了鸡鸭鱼肉,于是想换个口味,就对三个厨师说,让他们每人用猪肠子做一道菜。此外,他还规定,做得好的厨师给奖10两银子;反之,则扣一个月工钱。

当时,三个厨师听后,面面相觑,感到很是为难。其中,李姓厨师冥思苦想了两天,终于制作出了一道"血灌肠"。此菜以一副猪大肠、糯米、猪血、精肉末

东北菜:血肠

为主料,以胡椒粉、大蒜末、盐、葱花等为原料;制作时要将糯米、猪血等用调料拌匀,然后灌入猪大肠里,再用麻线将两头捆扎使其成为"灌肠",接着将灌肠上蒸笼蒸制,最后切片装盘即可食用。此菜做法不是很复杂,但味道非常独特,吃起来十分鲜美可口。

话说杨财主在品尝完"血灌

肠"后,对其味道大加称赞,按照承诺,他赏给了李厨师 10 两银子。此后,每当家中摆宴席,杨财主都会让厨师做这道血肠。再后来,此菜开始声名远播,并被改进成了"白肉血肠"这道菜,一直流传到现在。

猪肉炖粉条的来历

猪肉炖粉条,最早发源于四川。它以五花肉、红薯(或土豆)粉条、大白菜、油炸花生米为主料,以油、盐、酱油、青红椒、花椒、大葱、八角、桂皮、料酒等为调料炒制而成,口味咸鲜、香辣,营养丰富,具有开胃提神、帮助消化、增进食欲、醒酒去腻、补肾养血、滋阴润燥等功效。

东北菜猪肉炖粉条,与唐朝大将军薛仁贵有关。

薛仁贵(614—683 年),名礼,字仁贵,山西绛州龙门(今河津市)人。他出身于河东薛氏世族,投军后征战数十年,战功卓著,曾留下了很多传奇,像"三箭定天山"、"仁政高丽国"、"脱帽退万敌"等故事。

猪肉炖粉条

话说唐代唐高宗时期(649—683年),薛仁贵兵败青海大非川后,被革职为平民,并发配到东北。由于他非常喜欢川菜,于是也将川菜带到了东北,其中就有猪肉炖粉条。后来根据东北当地的风格,此菜形成了新的地方特色,成为地地道道的东北菜。

鸡西冷面的来历及特色

鸡西冷面,是鸡西市的特色小吃之一,也是当地的"市吃",由朝鲜族首创。因其经济实惠、味道鲜辣,而在鸡西普及。在鸡西,夏天吃冷面已成为当地人的习惯,很多离乡的孩子,在外也经常思念家乡的冷面。20 多年前,精明的鸡西人通过电视媒体曝光了评选"冷面王子"的活动,让鸡西冷面从此声名大噪。

鸡西冷面柔韧耐嚼、凉爽润喉,在辣味中的微甜感觉足以让人食欲大增,

鸡西冷面

越吃越爱。关于其来历,据民间传说,朝鲜族在正月初四中午有吃面的传统。这一天,朝鲜族家家户户都会在中午之前做好面条。但由于当地冬天气候异常寒冷,食物冷却速度极快,到了中午所有面条都成了名副其实的"冷面"。后来人们经过改良,融入了东北地区的饮食文化,制成了现在享誉盛名的鸡西冷面。

传统的鸡西冷面主料仅限于小麦面和荞麦面,制作时先将面条煮熟后用冷水浸泡,稍等片刻后将冷水倒去;再加上辣椒、酱醋、泡菜和牛肉片等作料;最后淋上牛肉汤便可上桌。刚做完的冷面细长劲滑,配上一碗冰镇冷面汤,真是让人垂涎三尺、回味无穷。

哈尔滨红肠有何来历及特色

哈尔滨红肠,原产于立陶宛,20世纪初被引进哈尔滨后风靡黑龙江,成为黑龙江著名小吃和特产之一。

哈尔滨红肠起初在中国并不存在,原产地是立陶宛,被当地人称为里道斯。1989年中东铁路开通,从此,俄罗斯和哈尔滨有了连接的桥梁。俄罗斯居民进入哈尔滨后,逐渐带来了大量的肉灌制品,其中也包括里道斯。因其色泽暗红,故称红肠。后来经过多年的传承,哈尔滨人在保留原配方的基础上,又加入了独具东北地方特色的风味。改良后的红肠,其口碑和销量都远远超过了立陶宛的红肠,成为哈尔滨的代表,故被称为哈尔滨红肠。

哈尔滨红肠,又名里道斯灌肠,采用优质猪肉、淀粉和猪肠等材料经过多道程序加工而成。其吃法尤其简单,可直接食用,也可做成菜肴。现在的哈尔滨红肠分为3大种类,即哈尔滨商委红肠、哈尔滨大众肉联红肠和哈尔滨秋林红肠。其色泽暗红,表面微皱,香辣糯嫩、内里干燥、鲜美可口、烟熏味浓。

哈尔滨红肠

哈尔滨红肠做法精细、色泽红亮、味美质干,是人们探访亲朋好友时必不可少的礼品,也是餐桌上一道美味的小吃。

黏豆包的特色及由来

黏豆包,是东北十大怪之一,主产地是黑龙江,因此被列为黑龙江小吃。黑龙江有句人尽皆知的俗语:"别拿豆包不当干粮。"这里面的豆包,指的便是黏豆

黏豆包

包,可见豆包在当地有着重要的地位。

早期的黏豆包是用玉米粉做成的,但为了保证蒸的时候不会塌掉,制作时必须加上没有黏性的米粉。做好的黏豆包可直接食用,也可蘸上白糖吃。但是,最富有创新精神的吃法,当属油煎了。先将蒸好的黏豆包拍成圆饼,再用油煎炸。煎完的黏豆包色泽中黄,酥黏香脆,甜度适中,嚼劲十足,十分诱人。

黏豆包的来历,也比较有趣。传说,因黏性的食品耐存顶饱,适合满族人外出打猎时食用,所以深得满族人偏爱。某日,人们发现用玉米粉做成的包子极富黏性,便开始用其做包子。一些满族人觉得这样的包子口感过于单调,便将芸豆煮熟捣烂并加入白糖做成馅,包在里面。这便是黏豆包的前身。后来,几经改良,黏豆包才成为今天黏而不塌的包子。

 ## 玫瑰酥饼的来历及特色

玫瑰酥饼,是牡丹江市的著名小吃,因其由玫瑰做馅故得名。民间传说,将其馈赠给爱人,两人便能感情和睦,因此它也成为七夕节炙手可热的礼品之一。随着玫瑰酥饼的发展,很多西饼店开始将其包装贩卖。时至今日,就连稻香村也出现了它的身影。

关于玫瑰酥饼的来历,还和程咬金有一定的渊源。据传说,程咬金有一次卖烧饼剩下很多,便将其放在火炉旁边烘烤。没想到第二天醒来发现,烧饼已被烤得油润酥脆,更受人们欢迎。程咬金便将此饼命名为酥饼。后来,此饼传入黑龙江,清人在原有基础上,加上玫瑰酱料,制成了现在的玫瑰酥饼。

玫瑰酥饼是用面粉、玫瑰酱、白糖等烘制而成,制作时先用面粉、水、豆油制成水油面团;再用面粉、油制成油酥面团;接着将水油面团压平切块并将油酥面团置于上方压平;最后包入玫瑰馅料,烤至金黄即可。玫瑰酥饼还具有美容养颜的功效,是许多女性钟爱的饭后点心。

玫瑰酥饼制作精美、甜香酥脆、花香气浓,一口咬下,淡淡的玫瑰花香在口中散开,让人心驰神醉。

玫瑰酥饼

烤冷面的来历及特色

烤冷面，源于黑龙江，是极具地方特色的小吃之一。传统的烤冷面包括油炸、碳烤和铁板烤3种制作方式。但近几年，由于物价上涨，油炸和碳烤的方式已逐渐淡出市场，铁板烤冷面成为主流。

关于烤冷面的发源地，在民间有两种主要的说法：一种是说其发源于密山市；而另一种则说其发源于牡丹江市。但最常被人们提到的还是密山市的说法。相传，在密山市有位贩卖小吃的朝鲜族男子。某日他在密山市第二中学后门发明了烤冷面。但是由于他用的冷面只是市面上普通的冷面，不够柔软，所以并未流传开来。后来经过人们研究，制成软薄的冷面，烤冷面才得以普及。

长春烤冷面店

用铁板制作烤冷面时，先将面置于铁板上并刷油；再把刷完油的那面翻转朝下放置，在无油那面打蛋摊平；然后反复翻转，直至鸡蛋煎熟；接着将无鸡蛋那面刷酱并撒上芝麻、白糖和香菜等；最后将其包好，铲平便可食用。很多当地居民食用时还会加入辣椒酱，让辣味和甜味混杂一起，更具特色。其鲜辣醇香、酱香扑鼻、筋道耐嚼、松软可口的特点，令人赞不绝口。

李连贵熏肉大饼有何独特之处

李连贵熏肉大饼店

熏肉大饼，属于辽宁小吃，是一款风味独特的佳肴。最著名的大饼当属李连贵熏肉大饼。其色泽棕红、滋味浓香，熏肉肥而不腻、瘦而不柴，口感独特，食用时佐以肉酱、葱丝，真是喷香诱人。

李连贵本是河北柳庄人，为了躲避饥荒，跑到了四平梨树定居，在此地开了饭馆。其为人忠厚、乐善好施，与镇上的老中医高品之结成好友。后来高品之将中药炖肉的秘方传授给他，几经尝试，李连贵终于制出了让人耳目一新的熏肉大饼。1930年前后，李连贵的熏肉大饼已名满东北。其病故后，由子孙继承家业。1950年，其孙李春生将饼店搬至沈阳，从此成为沈阳的名小吃之一。

李连贵熏肉大饼制作精细、味道纯正，曾荣获"中华名小吃"的称号。熏肉在制作时要先选用新鲜猪肉，再用清水浸泡后切块煮熟，最后放入红糖熏制。饼则是先往面粉中加入肉汤和调料揉成面团，再将面团反复擀平制成。李连贵熏肉大饼还是暖胃消食的保健品，深受广大消费者的青睐。

老边饺子的来历及美味

老边饺子，是沈阳地区的风味小吃，历史悠久、口味独特，一直受到人们的青睐。其起源于清代，以精粉为皮包制而成，做法繁多，有煎、煮、蒸等几十个品种。我国的艺术大师侯宝林曾为它挥笔写下"边家饺子，天下第一"八个大字，可见他对老边饺子的钟爱。

老边饺子

清朝道光年间，河北灾荒严重，官府不仅对此熟视无睹还苛征纳税，使得民间叫苦连天。河北百姓纷纷往外地逃亡，其中就包括边福老汉。老汉携一家老小逃往东北，在逃亡期间，他们无意中经过一户正在给老太太祝寿的人家，品尝了其寿饺。老汉觉得此饺味美鲜甜，与集市上的水饺相比有过之而无不及，便虚心求教。

主人看老汉诚恳老实，便告知他在做馅时要先将肉馅煸炒后再包成饺子。这样的饺子松软不腻。后来他们定居沈阳，老汉在护城河岸边开起了"老边饺子馆"，将所学的煸炒技术加以改进，制成独树一帜的美味。

老边饺子制作精细、选料讲究，至今已有100多年的历史。其采用猪肉做馅，精粉做皮，制作时先将猪肉剁碎煸炒；再利用鸡汤慢喂使其充分吸收汤汁，以便增加鲜味；最后加入应时的蔬菜，制成肉菜结合的馅料。其皮的制作更是精细，先是将熟猪油掺入精粉中搅匀；再用开水烫拌；之后将其擀平制成饺子皮，最后将馅包于皮内制成饺子。

老边饺子皮薄微韧、肉馅松散、味美鲜香，猪肉中夹杂着鸡汤浓烈的香味，油润不腻，令人欲罢不能。

海城馅饼有何特色

海城馅饼，是沈阳市的传统小吃。其中尤以老山记的海城馅饼最为有名。

其以酥美鲜香、皮韧馅滑的特点，吸引了不少辽宁人的青睐，也成为沈阳市小吃中的佼佼者。

老山记海城馅饼

海城馅饼至今还不到百年历史，但是在沈阳却名声大噪。这都应归功于其创始人毛青山。1920 年毛青山在辽宁海城县创制海城馅饼成功，贩卖后立即受到人们的追捧。他用自己名字的"山"字，将馅饼店取名为老山记馅饼店。后来其店迁至沈阳，在沈阳落地生根，直至今日。

海城馅饼品种繁多。其馅料可分为肉馅和蔬菜馅两大类：肉馅，是以猪肉和牛肉作为主料；而蔬菜馅则根据不同季节选择应时的蔬菜作为馅料。还有一些较为高档的馅饼则是采用海参、干贝、鱼翅等作为馅料。其外形微圆、皮韧鲜香、馅心嫩爽、浓淡相宜、鲜香四溢，让人久久不能忘怀。食用时蘸上芥末糊、蒜泥，口感更是独特。要是配上一碗香甜爽口的八宝粥，那真是让人食欲大振，望而生涎！

奶油马蹄酥的来历及特色

奶油马蹄酥，是辽宁引以为傲的小吃之一，曾获得第二届全国烹饪技术金牌。

相传，马蹄酥起源于明代。当时有位青年在同安霞路开了间店铺。之后他在此制作出了一种烘饼。此饼是由油酥面皮包制饴糖制成的，因形似马蹄，故称"马蹄酥"。后来有位叫庄渭阳的壮士进京赴武试，途中巧遇微服私访的五爷。庄渭阳热情大方，拿出随身携带的马蹄酥请他品尝。五爷尝后连连称赞，

奶油马蹄酥

两人也因此结为朋友，谈文论武。五爷临走时对庄渭阳说："今日幸会，无物相赠，3 日后，武科开场，我有雕鞍白马系于场左槐树下，你可乘此马进场。"到了武科考试时，庄渭阳来到槐树下果真发现有匹骏马。他便骑着白马进入科场。后来庄渭阳得知那匹白马乃五爷之物，便知是其助自己

一臂之力。荣归故里后，他又专门让人备上马蹄酥进京去拜谢五爷。从此，马蹄酥就在京城传开。人们将其改进和加工，制成了许多不同口味的品种。奶油马蹄酥则是在原有的基础上加入特殊技法制成，可谓是青出于蓝而胜于蓝。

马蹄酥因外形颇似马蹄而得名，在全国各大城市均有销售，但尤以辽宁的奶油马蹄酥最为著名。奶油马蹄酥制作工序复杂，十分考验技术，特别是油炸时，不宜炸得过脆，拨动和捞出时都要减轻力度，以保证酥层完好无缺。食用时将炸完的马蹄酥涂上一层奶油，洁白中隐约透露着淡淡的黄色，层次明显、口感酥脆，欲罢不能。

奶油马蹄酥外形精致、白里透黄、层次分明，奶油和酥饼的口感合二为一，奶香中带着酥饼的鲜香，口感奇特、酥松脆爽，博得当地居民的喜爱，成为人们饭后的点心和馈赠友人的礼品。

打糕的来历及特色

打糕是朝鲜族的传统小吃，在吉林最先普及。打糕对于朝鲜族来说是吉祥如意的象征，所以每逢婚宴喜庆、老人寿诞、过年过节时，他们都会在餐桌摆上一盘打糕，以此祈求五谷丰登。

据朝鲜族的历史文献记载，打糕早在18世纪就已存在。当时的打糕称为"引绝饼"，是当地人用来招待客人的食物。后来经过不断的发展，人们觉得引绝饼在制作时最主要的工序就是将糯米打碎使其黏合，故更形象地称其为"打糕"。

打糕

打糕，又名米糕，品种多样，黏性强，与年糕、糯米果类似，是四季皆宜的风味小吃。现在已知的打糕品种有朝鲜族打糕、桂花拉糕、薄荷拉糕、赤豆拉糕、枣泥拉糕、韩国松针打糕等。朝鲜族人认为，让新婚夫妇两人一起做打糕，就能使两人互相理解，更加相爱，所以打糕也成为情侣间互赠的礼物。

打糕糕韧筋道，散发着淡淡的黄豆清香，糯软黏柔、清甜可口，令人垂涎欲滴。

趣味赣菜知识

QUWEI GANCAI ZHISHI

赣菜是如何形成的,有何代表菜

赣菜,即江西菜,历史悠久,源远流长,主要由豫章菜、浔阳菜、赣南客家菜、饶帮菜、萍乡菜构成。它是在继承历代"文人菜"基础上发展而成的,并且兼容了全省各地土特菜肴的独特风格。

赣菜——白鱼

赣菜形成的物质基础得益于它所处的自然环境。江西地处江南,物产丰富,素被誉为"鱼米之乡"。这里尤其盛产山货、水产。这些物产都是制作美味佳肴的重要食材,由此才有了三杯狗肉、匡庐石鸡腿、豫章酥鸡、虫草炖麻雀、五元龙凤汤等精品菜。可以说,丰富的物产是赣菜形成的先决条件。

赣菜形成的文化基础,是它的饮食习俗。美食文化,尤其是烹调技术的形成,与饮食习惯有着很大的关系。江西地区雨季长、降水多、湿气重,所以赣人喜食香辣、咸鲜等重口味。所以,作料多,是赣菜的一大地方特色,尤其多酱油、辣椒、豆豉等调料。在选料上,赣菜颇为严谨、精细。比如,鄱阳湖银鱼,选料要求鱼头似银针,且以秋季出产为最佳。烹调时也很讲究,比如,用油控制在六成火候。赣菜技术讲究辩证法,有的菜须按常规去做,有的菜则可破除常规。所有这些饮食习俗或习惯,为赣菜的形成营造了极为独特的人文环境。

赣菜形成的其他因素主要为包容性和开放性。江西民风开放,兼容并蓄。这为赣菜的形成注入了新鲜的活力。以婺源县为例,这里的菜肴承袭了徽菜的传统,比如,粉蒸、清蒸、糊菜等就是主要体现,而这些烹调技术和口味,又进而影响整个赣菜体系。再如,萍乡市、赣州市等地的菜系受到了广东客家菜的影响。可以说正因为这样的包容性和开放性,赣菜才形成了荟萃精华、海纳百川的特色。

赣菜大体可分为南昌、赣州、九江、萍乡等几种风味。其中各地方的代表菜如下:

南昌 藜蒿炒腊肉、石头街麻花、南昌葡萄豆豉、糊羹等;

赣州 小炒鱼、三杯鸡、流浪鸡、

赣菜——山药玉米汤

南安板鸭、荷包肉、炒东坡、月亮花生巴、果蔬脆片等；

　　九江　杂烩、豆豉烧肉、豆豉爆辣椒、云雾茶叶烹虾仁、山药炖肉、板栗烧鸡、黄花炒鸡蛋、虾米煮粑、莲藕汤等；

　　萍乡　原汁地羊、铁板牛肉、芙蓉鱿鱼、五彩鱼钱、酥炸石鸡腿、花酿鸭掌、家常海参、杨胡子米面等；

　　上饶　鄱阳三色鱼、雄鱼头烧豆腐、广丰豌豆烧鲫鱼、广丰羊肉、广丰千层糕、信州芋头牛肉、弋阳扣肉、婺源蒸菜、应家干煸豆豉果等；

　　新余　"仙女之吻""仙女散花""七仙之约""独占鳌头""月之朦胧"等。

四星望月和毛主席有何渊源

　　四星望月，俗称"兴国粉笼床"。它以活草鱼、水发粉干为主料，以油、盐、酱、味精、辣椒酱、薯粉、胡椒粉、姜、葱、肉汤等为调料，是江西赣州兴国县的一道客家传统名菜，被誉为"天下第一菜"。该菜以鲜、香、辣、爽四大特色著称，被列入了"十大赣菜"中。

　　关于此菜，还与毛主席有渊源。

　　1929 年 4 月，毛泽东率红四军从闽西转战到赣南。当时，毛主席带一个警卫排进入了兴国县城。因为红军刚从井冈山突围，一路上苦苦作战，风餐露宿，所以显得疲惫不堪。于是，兴国县县委领导陈奇涵、胡灿等人打算好好招待一番毛主席和红军。

　　宴席上，一共上了 5 个菜，周围是梅菜扣肉、腊肉炒春、拌鱼丝、清炒雪豆等 4 个炒菜，而中间是一个竹蒸笼。毛主席看后颇感诧异，不知道中间的那个蒸笼到底是什么名堂。而当打开一看，却发现是一道又鲜、又辣、又香的鱼菜。

　　众所周知，毛主席爱吃辣，爱吃红烧肉。面对这道香辣的鱼菜，毛主席当然吃得津津有味、兴致勃勃。吃了一阵后，他突然开头问此菜叫什么名字。胡灿说这是家乡菜，叫"粉蒸鱼"。陈奇涵接着对毛主席说，皇家菜都有一个漂亮的名字，毛委员（毛主席当时是中央委员）看这道菜叫什么名字好呢？

　　毛主席听后来了兴致，他略一思忖后拿起手中竹筷边比画边说："中间的蒸笼，像一个大的团圆月；周围的四个盘子，像 4 颗星星。4 颗星星围着一个大月亮，干脆就叫

四星望月

155

'四星望月'吧。"

于是,这道"蒸笼粉鱼"有了一个雅致的名字——"四星望月"。因为这是一道由毛主席亲自命名的传统菜,后来便声名远播了。再后来,这道风味被《中国名菜谱》收录,还成为中南海国宴席上的特色菜。

藜蒿炒腊肉有何特色

藜蒿炒腊肉,以鄱阳当地的特产腊肉为主料,以鄱阳湖产的藜蒿和韭菜为配料,以熟猪油、精盐、鲜辣椒为调料,是赣菜中豫章菜的经典之作。现在,藜蒿炒腊肉已被列为"十大赣菜"之一。

藜蒿炒腊肉

这道菜的特色体现为看起来腊肉金黄,藜蒿青绿;吃起来脆嫩爽口、醇香柔润;尤其是闻起来有一股特别的清香味,让人闻着味道就已经垂涎三尺了。它的制作比较简单,因而主要特色就在于它的原料之一——藜蒿。说起藜蒿,当地人有一说法,是"鄱阳湖的草,南昌人的宝"。这种野菜多生长在土坡上,每年3月为盛产季节。它还有清热、开胃、理气、利湿、杀虫等功效。

此菜是腊肉与蔬菜的组合,其中以藜蒿的运用为最高境界。用藜蒿根炒的腊肉,在江南广受欢迎,还被人们誉为"登盘香脆嫩,风味冠春蔬"。腊肉咸香柔软,藜蒿香气扑鼻,吃一口立即舌苔生香,吃后令人回味无穷。现在,这道菜已越来越受到全国各地食客们的青睐,也成为一些宴席的必备菜。

莲花血鸭有何典故

莲花血鸭,是赣菜中萍乡菜的传统名菜,发源于萍乡市莲花县,被列为"十大赣菜"之一,2009年还被列为省级非物质文化遗产。此菜以莲花鸭子、新鲜鸭血、鲜红椒为主料,以干椒、葱、姜、蒜、料酒、油、盐、味精、胡椒粉、香油等为调料制成,具有色美味香、鲜嫩可口等特色。莲花血鸭不仅在江西遐迩闻名,而且还传到了省外的永州、全州、宁远等地,并形成了永州血鸭、全州血鸭、宁远血鸭等新的变种。

关于莲花血鸭的典故,主要有以下几个:

典故一 南宋端宗景炎元年（1276年），元军南下占领了赵宋王朝的都城临安。当时，丞相文天祥集师勤王，而各地的抗元斗争一时之间也开始风起云涌。在今莲花境内，就有数千壮士聚会响应。他们筑山寨、屯粮食，打算与元军誓死战斗。

莲花血鸭

某天，各路豪杰聚在一起商讨举国大业。当时，帅旗已备好，现场帅旗飘扬、香烟缭绕；只是饮血为誓所需的血酒中无鸡血，所以便以鸭血替代。盟主端着血酒站在台子上；其他各路豪杰端着血酒肃立于帅旗之前，盟誓进行得隆重而热闹。盟主边祭帅旗边说，一祝文丞相所向披靡；二祝义军旗开得胜。

当盟主刚刚祝毕，大家将血酒一饮而尽后，忽听有人报告说文丞相到此。大家闻讯喜出望外，欢呼声响彻长空（原来，文天祥领导的勤王部队来到江西，是为了进一步壮大抗元队伍）。接着，文丞相与壮士们共饮血酒，顿时使大家团结协作的精神受到了空前的鼓舞。

后来，盟主吩咐火头军厨师为丞相摆酒接风。刘德林是火头军里鼎鼎有名的大厨师，能炒得一手好菜，可是今天由于要为丞相做菜，他心里还是感到一些紧张。正因为慌里慌张，在炒鸭子时，刘厨师错将没喝完的血酒当成辣酱给倒入锅内。

虽然由于一时紧张放错了调料，但刘厨师不愧是大厨师，还是小心翼翼地做完了这道菜。菜熟之后，他先尝了一口，顿时喜上眉梢，因为它不但没有失败，而且还比平时的味道更鲜美。

等到炒鸭子端上来，文丞相品尝后，果然也对其大加赞赏。接着，丞相问这道菜叫什么名字。刘厨师其实也不知道应该叫什么，因为今天此菜的做法与以前稍有不同。思量一下后，他说就叫"血鸭"吧。

丞相一听，顿时热血高涨，于是站了起来，开始激动地对所有将士们说："各路豪杰们，今日我们相聚一堂，共商大业，大家已经喝过了血酒，等吃完了血鸭后，我们就誓与敌人血战到底！"丞相一言，众人响应，山摇地动。就在这一天，丞相率师出战，一举收复了永新等县城。

这就是"莲花血鸭"得名的典故。

典故二 "莲花血鸭"真正广为人知，还得益于著名书法家、末代皇帝溥仪老师和北京大学第三任校长朱益藩（1861—1937年）。他是江西萍乡莲花人，光绪年间被授为翰林学士，曾任湖南正主考、陕西学政、上书房师傅等。由于"莲花

朱益藩

血鸭"是他家乡的名菜，所以他向清宫大力引荐这道菜，并最终使其成为宫廷菜。于是，此菜开始名扬天下。

典故三 20世纪50年代的一天，莲花县委接到一个从南昌打来的神秘电话，说是点名要李桂发厨师前往南昌，然后为井冈山的一些老同志们做一道"莲花血鸭"。原来，这电话是毛主席让人打来的。他这时候正在和贺子珍、曾志等人视察南昌。

据说，毛主席早在"大革命"时期就已吃过"莲花血鸭"，因为此菜色、香、味俱佳，一直让毛主席念念不忘。所以，借着这次来南昌视察的机会，他专门点名要吃"莲花血鸭"。

老表土鸡汤有何典故及特色

老表土鸡汤，以袁州土鸡为主料，以大葱、姜、大枣、枸杞等为配料炖制而成。它发源于江西宜春市袁州区，是赣菜中袁州菜的一道传统名菜。此菜的特色表现为：不仅肉质鲜嫩，鲜香爽口，而且营养丰富，具有滋补养身之功效。现在，它被列入"十大赣菜"名录。

关于老表土鸡汤这道菜，相传与朱元璋有关。

据传元朝末年，江湖上群雄竞起，到处都掀起了反元大潮。其中，朱元璋和陈友谅领导的起义军是最有实力的两支队伍。一次，朱元璋军与陈友谅军大战于鄱阳湖，最后朱元璋败北，于是率众向西退去。

当时，江西正值大旱，加上季节为盛夏时节，败退的将士们又饥又渴，都不愿继续前行。面对此情此景，朱元璋急中生智，于是采用了曹操当年用的"望梅止渴"法，对将士们大声喊道："前面就是泉水岭，那里泉如珠涌，大家快步行军，马上就能喝到清洌甘甜的泉水了。"

众将士一听，果然开始精神大振，于是一气赶到了泉水岭。然而，让大家失望的是，这里并没有什么泉水。接着，将士们把朱元璋团团围了起来，想要他给个交代。朱元璋当然没有办法啊，只急得跺脚。出人意料的是，他这

老表土鸡汤

被民间丑化的朱元璋

一跺脚不光跺出了几个坑，顷刻间只见几股泉水从坑中喷涌而出，形成了一池泉水。

朱元璋和众将士大喜，于是开始尽情畅饮了起来，行军途中的饥渴和疲劳得到了缓解。喝完甘泉后，朱元璋还为此泉题了"珠泉"二字。这"珠泉"后来被列为"宜春八景"之一，而且美其名曰"南池涌珠"。

后来，朱元璋和将士们逃到附近的一个村庄。村子里有个好心的村民将朱元璋军带进了他家，并且用家里仅有的一只土鸡为军士们做了一道土鸡汤。将士们喝完了鸡汤，心中很受感动。在得知全村村民都姓陈后，朱元璋高兴地说道："我老家凤阳的娘舅也姓陈，大家看来还是姑表兄弟啊！"

接着，双方开始亲切地互称"老表"。再后来，出现了"江西老表"一词，成了江西人的另一种亲切称呼。而老表土鸡汤这道风味，也因为原汁原味、农家特色而开始遐迩闻名，并流传至今。

贵溪灯芯糕的特色及由来

贵溪灯芯糕是江西贵溪传统小吃，至今已有200余年历史。因其形似灯芯，且能点燃而得名。清乾隆皇帝游江南时，偶然品尝了"龙兴铺"灯芯糕，题词赞道："京省驰名，独此一家。"

相传，明代末年，薛应龙在贵溪县城开了一家专卖糕点的"龙兴铺"作坊。为广开糕点销路，他独出心裁地将当时市场上畅销的"云片糕"制作方式稍作改变——在糕点里添加白糖和优质麻油，将大糕切成细条，取名"灯芯糕"。一天傍晚，八仙之一的铁拐李变为乞丐到"龙兴铺"行乞。薛应龙见天色渐暗，眼前的乞丐衣不御寒，心生慈悲，不但邀请其用膳，还让其在作坊案板上歇宿一夜。当薛应龙和伙计们第二天早晨回作坊时，发现屋内香气扑鼻，沁人肺腑，而老乞丐早已离去。薛应龙随香气寻去，惊讶地发现案板上隐约可辨有个人影印，并留有香料及配制秘方。他猛地想起传闻八仙之一的铁拐李近日云游"龙虎山"。果然，用神仙留下的

贵溪灯芯糕

配制秘方和香料制作出来的灯芯糕不但色泽洁白晶莹，而且味道异香可口。"龙兴铺"灯芯糕声名远扬后，薛应龙特意请人画出"铁拐李"像，印在包灯芯糕的纸上。

贵溪灯芯糕糕条柔软紧密，色泽晶润洁白，香飘扑鼻，甜而不腻。它选用糯米、麻油、蔗糖，配以薄荷、甘草等20多种香料加工而成，香味独特，具有健胃活血功效。

南昌瓦罐汤为何闻名全国

南昌龙老五瓦罐汤

南昌瓦罐汤，简称瓦罐汤，距今已有1000多年的历史，是赣菜中南昌菜的一道经典之作。它以鸡、乌鸡、鸭、牛羊肉、鱼、排骨等肉类为主料，以冬瓜、萝卜、海带、莲藕、香菇等蔬菜和玉米、花生、豆腐等为配料，以参类、黄芪、淮山、枸杞等中药和枣、桂圆、白果等干果为调料，以瓦罐装入食材煨制而成。

此菜之所以闻名全国，主要因为以下几个原因：

其一，选料丰富。此菜的食材涵盖了肉类、粮食、蔬菜、中药、干果等多种原料，可以说一应俱全、无所不包。

其二，制作独特。制作该菜时，先要将食材装入小瓦罐，然后将小瓦罐放入大瓦罐内，再以木炭火煨制6小时以上即成。此外，炭火还要是恒温的。据《吕氏春秋》载，熬汤时"五味三材，九沸九变，则成至味"，可以说独具特色，别具一格。此菜的烹调方法堪称最佳煨制方式。

其三，口味独特。此菜由于得益于瓦罐这一炊具，因而做出来的汤汁浓汤稠，味道香醇、鲜美，令人唇舌生香，回味悠长。据唐时《煨汤记》载，此菜"瓦罐香沸，四方飘逸；一罐煨汤，天下奇鲜"。

其四，营养丰富。此菜不但不伤食材，而且达到了营养的完美组合，药膳作用明显，具有补充营养、强体补虚、益智提神等功效。

南昌绳金塔龙老五店

趣味冀菜知识

QUWEI JICAI ZHISHI

冀菜是怎样形成的,有何代表菜

冀菜,历史悠久,源远流长,但正式得名却是 2006 年的事。当年 10 月,第二届中国餐饮业博览会新菜系大赛在西安举办,本次大赛由国家商务部、中国烹饪协会、中国饭店协会共同发起举办,而大赛中唯一获大会组委会评定授予的新菜系就是"冀菜"。从此,冀菜被誉为"中国第九大菜系"。

冀菜:红焖鹿排

冀菜的形成经历了漫长的历史岁月,最早起源于公元前 221 年建立的秦朝时期。西汉时期,冀菜菜系引进了大量的烹饪原料,尤其是许多西域的作物、蔬菜、水果等,像胡麻、胡椒、胡瓜、胡桃等。当时,河北一带是中国率先种植胡瓜(黄瓜)的地方,而黄瓜之名、黄瓜入馔也源于河北,当地至今还有"黄瓜宴"之说。这一时期,冀菜中的调味品等也有了很大的发展,尤其是植物油的使用,让菜肴的色、味、质等均得到了改观,可以说促进了冀菜的发展。此外,糊和浆的使用也使菜质出现了外焦里嫩的效果。

南北朝时期,青瓷器被发明出来,为制作饭菜提供了更好的炊具。当时,河北曲阳县的定窑位列全国"五大官窑"之一。它所生产的瓷器技艺精湛、造型优美、风格高雅,是制作菜肴的好家当。这一时期,冀菜文化承上启下,并为以后走向成熟奠定了基础。

隋代文帝开皇六年(586 年),由于在今河北正定县修建了隆兴寺(俗称大佛寺),素食文化开始在河北兴起。当时,已被广泛使用的素食食材有豆腐、豆油等,而名菜"炸佛手"便是以此为原料的。

唐代时期,经济空前发达、文化空前繁荣,饮食业也迅速发展起来。其中,冀菜在原料的使用上更加广泛，烹饪原料变得丰富多彩；烹调方法变得更加多样，制作技术变得更加精湛；菜肴的味道、质地、营养等也变得更好。"崩肝"、"热切丸子"、"敬德访白袍"等名菜，就是当时冀菜的典型代表。至此，冀菜基本形成了自己的体系。

冀菜：红花汁栗子

冀菜主要分为三大流派，即直隶官府菜、宫廷塞外菜、冀东菜3种。其中，直隶官府菜，以保定等地区为代表；宫廷塞外菜，以承德等地区为代表；冀东菜以唐山等地区为代表，其代表菜分别如下：

直隶官府菜代表菜　锅包肘子、李鸿章烩菜、炸烹虾段、桂花鱼翅、炒代蟹、直隶海参、鸡里蹦、总督豆腐、芙蓉鱼头、南煎丸子、阳春白雪、上汤酿白菜、上汤萝卜丝、鸡抓燕菜(带银耳羹上桌)等；

宫廷塞外菜代表菜　金银燕菜、扒熊掌、烤全鹿、龙舟鱼、香酥野鸭、滑炒山鸡片、改刀肉、鹿血银羹、山盟海誓、掌上明珠、八仙过海等；

冀东菜代表菜　芙蓉燕菜、水晶鸡片、京东板栗鸡、酱汁瓦块鱼、玉带腰子、玉面饽饽、棋子烧饼等。

"鸡里蹦"的来历

"鸡里蹦"，以白洋淀特产大青虾和家养雏鸡为主料，以白果、青红椒、水淀粉等为辅料，以盐、鸡精、醋、糖、葱、姜、蒜、胡椒粉、料酒等为调料，经过炒制而成。此菜以甜咸醇香、营养丰富等特色著称。

据载，"鸡里蹦"这道菜与康熙皇帝有关。

清康熙五十五年(1716年)二月二十五日，康熙皇帝御舟来到保定白洋淀的郭里口行宫。侍驾者有大学士张廷玉(1672—1755年)、直隶巡抚赵宏燮等人。当时已是黄昏时分，康熙决定用膳。御膳由保定官府名厨烹调。

宴席上，有一道炒制的肉菜格外引起皇帝的兴致，因为此菜既有鸡肉的鲜香，又有虾仁的脆嫩，吃起来令人唇齿生香、回味久久。此菜以家养雏鸡和白洋淀鲜虾仁为原料，以槐茂甜面酱为辅料制成。

皇帝品尝完后，对此菜赞不绝口，于是命人唤上厨师问此菜叫什么名字。

鸡里蹦

其实厨师也不知道它该叫个啥，因为这是它新创的菜肴。然而，厨师急中生智，想到此菜以鲜虾和雏鸡制成，成品像是鲜虾在鸡肉中要蹦跃一样，故而即兴为它起了个名儿叫"鸡里蹦"。

没想到，皇帝一听，龙颜大悦，还夸赞道："好名字！此菜由鸡、虾水陆两鲜做成，可谓名副其实，栩栩如生。"就这样，"鸡里蹦"经过康熙皇帝的赞许而成了一道遐迩闻名的河北名菜。

 ## 总督豆腐有何典故

总督豆腐，以豆腐为主料，以肉、干贝、虾、姜、蒜、青蒜为辅料，以盐、味精、酱油、白糖、料酒、辣酱、泡辣椒、水淀粉为调料，以炸、炒为烹调方法制成。其特色表现为看起来色泽金黄，吃起来软嫩鲜美。

关于此菜，与清末直隶总督李鸿章有关。

话说晚清时期，封疆大吏之首为直隶总督李鸿章。总督府驻保定。李鸿章被誉为"八实八虚"，是清代74位直隶总督中兼衔、荣任衔最多的一位。此外，他还是一位特别注重美食、养生的美食家。

起初，总督府里的官厨做家常豆腐时用的是传统的烹饪法。对此，李鸿章不太满意。后来，官厨改变了家常豆腐的烹调方法，并加入了虾子、干贝等原料。这样一来，这道豆腐菜变得色泽红润，味道咸鲜、醇厚。

总督豆腐

当新做的豆腐端上来，总督大人品尝后对其非常满意。此后，这道菜成为李鸿章爱吃、常吃的一道菜。所以，它也因此而得到一个美名——"总督豆腐"。

驴肉火烧的来历及美味

驴肉火烧,是流行于华北地区的有名小吃,起源于河北省保定市,以保定驴肉火烧和河间驴肉火烧为正宗。关于其来历,还与朱棣渊源颇深。

驴肉火烧

相传,明朝早期,洪武帝驾崩没几年,其四子燕王朱棣便起兵靖难,不几天就杀到保定府徐水县漕河。但他们在此遭到明官军的截击。大败。兵将陷于无粮境地。一个士兵便杀马煮肉,找来一个火烧夹马肉送给朱棣吃。因马肉纤维比较粗且有小毒,朱棣平时是不吃马肉的,但此时饥饿难当,便顾不了许多,就大口吃起来。想不到其味还不错,遂流传了下来。

后来,朱棣打到了南京,当上了皇帝。老百姓便开始杀马做"马肉火烧",一时间马肉火烧很是盛行。但没过多久,蒙古人又来犯境。由于对付蒙古人需要战马,朝廷便下令禁止杀马。老百姓便改为杀驴做驴肉火烧,味道比马肉火烧更好,从此便成为固定的做法。

保定驴肉火烧的做法,是先用死面盘成小团,再按一下成面饼,放在擦了油的饼铛里烙熟,架在灶里烘烤,至外焦里嫩即成;后趁热用刀把火烧割开,将秘制的熟驴肉夹到火烧里,即成驴肉火烧。河间驴肉火烧,又称大火烧夹驴肉,流行于河北省河间市一带,做法是将揉好的死面拉成长条,涂上油,从中间折合,放到饼铛里烙熟,再烘烤,做成大的长方形火烧;最后在火烧里放入酱驴肉即成。

保定驴肉火烧和河间驴肉火烧的不同点在于,前者是圆的,后者为长方形,个较大;前者用的是太行驴,为卤驴肉,是热的,后者用是渤海驴,为酱驴肉,是凉的。

驴肉火烧香脆,面焦里嫩;驴肉鲜嫩,柔烂香美,值得品尝。

鲜花玫瑰饼有何美味

鲜花玫瑰饼,又称"内府玫瑰火饼",是河北承德的名产品,已有300余年的制作历史。原为清宫廷糕点,民间在端午节以此食品为礼品和供品。

鲜花玫瑰饼

据说清朝康熙年间,每次康熙帝至承德避暑或去围场打猎时,都把玫瑰饼作为专供食品享用。可见,鲜花玫瑰饼是康熙帝御厨的得意之作,很受康熙帝喜爱。康熙帝常以鲜花玫瑰饼赏赐王公大臣。因此玫瑰饼在北京与河北一带名气很大。农历四月玫瑰花盛开之季,采其做饼上市,很受欢迎。

鲜花玫瑰饼的做法,是用当地产的玫瑰花配以白糖、桃仁、瓜仁、青红丝、香油做成馅,用面皮包馅做成饼,叶边打印红花和"玫瑰细饼"四字,入炉烤熟,中心再缀以香菜叶而成。其外形美观,酥脆绵软、香甜可口,玫瑰香味浓郁。

由于玫瑰饼的原料中含有玫瑰,因而具有美容养颜之功效。

承德拨御面有何典故

承德拨御面,是用荞麦面做成,在当地享有盛誉,清朝乾隆年间被列入御膳。

据《隆化县志》记载,乾隆二十七年(1762年),乾隆皇帝前往木兰围场狩猎,途经隆化县一百家子村(张三营),驻于当地的行宫。行宫主事命当地拨面师姜家兄弟制作荞麦拨面。姜家兄弟便用西山龙泉沟的龙泉水和面,配以老鸡汤、猪肉丝、榛蘑丁、木耳等做卤。拨面做好后,送到御膳桌上。乾隆一看,面条洁白无瑕,条细如丝,且清香扑鼻,顿时食欲大开,吃了两碗,称赞此面"洁白如玉,赛雪欺霜",还命赏给姜家兄弟白银二十两,并将此面列入御膳。一百家子村的荞麦拨面一下子名声大噪,从此改名为"拨御面"。

承德拨御面

　　"拨御面"的卤,是用老鸡汤、猪肉丝、榛蘑丁、木耳、盐等熬制的。再用另外一锅加少许水,放入蚝油、陈醋、白砂糖,煮成汤汁。面煮好后,浇上卤,加入鸡蛋丝、海苔丝、葱花、辣椒粉,淋上汤汁,即可食用。荞麦面含胆固醇低,有开胃健脾、降血压的功效。

　　"拨御面"洁白如雪、细如发丝,筋道柔软、香而不腻、爽滑利口。

 ## 棋子烧饼的来历及特色

　　棋子烧饼,是河北省唐山地区的特产之一,在京津唐一带名气很大。因其状如小鼓,个似象棋子而得名。

　　明清时期,唐山丰润县城位于京东大御路上,是从关外和京东进出北京城的必经之处。相传在清光绪年间,唐山丰润县城关有一家裕盛轩饭店,过往旅客经常在此吃饭,准备干粮。起初裕盛轩饭店备用的干粮多是面馍、大饼和缸炉烧饼。有一次,一位进京赶考的学子要买干粮时,裕盛轩的店主正在与人下象棋。学子便对店主说:"您的烧饼要是个头小点像这棋子一般,再加进点豆沙馅,该有多好!吃着有滋味,还便于携带。"店主觉得很有道理,之后就跟厨师商量试做,几经试验,终于摸索出用鸡油和面的办法,做成了带有豆沙馅的棋子烧饼,很受往来过客的喜欢。

20 世纪 20 年代后期,在唐山的便谊街有个很有名气的饭店叫"九美斋"。店老板听说丰润县城的棋子烧饼很受顾客喜欢,就派一名厨师去偷艺。这名厨师弄明做法之后,就建议用上等精面制作,馅子不单纯局限于豆沙,又研制出猪肉馅的。经改良后制作出的棋子烧饼,个小如棋子,形

棋子烧饼

状可爱、色、香、味俱佳,很快就风靡远近,成为唐山地方独有的风味美食。在 20 世纪 60 年代,周总理出访波兰时,还曾派人来唐山购买棋子烧饼,作为国礼送给波兰领导人。

棋子烧饼是用大油和香油和面,馅心有肉、糖、什锦、腊肠、火腿等,做成面饼后,表面粘上一层芝麻,放入烤炉烤至外表色泽金黄,里面熟透为止,用铁铲铲出,稍晾即可食用。其个如棋子、色泽金黄、外焦里嫩、层多酥脆、馅肉鲜香、味美可口,广受欢迎。

 ## 张嘴烧饼的来历及特色

张嘴烧饼,是保定的传统特色小吃,出现于清朝末期,因其外形美观,既香、酥、脆,又不走形,不易变质,能当礼品赠送,故很受欢迎。

张嘴烧饼

相传清光绪庚子年（1900年），八国联军进犯北京，慈禧太后逃到西安。第二年她回北京路经保定时，驻跸于行宫。晚上，慈禧让太监到街上买点民间小吃。时已夜晚，多数饭店都已关门，太监在街上转了一圈，至城南大安市一个小烧饼铺时，见还有烧饼，便上前购买。小烧饼铺是李氏夫妇开的。他们见有"官人"来买烧饼，便如实说，剩下几个烧饼已经凉了，且有点皮。太监说要热的，还要好吃。店家便将凉烧饼从一侧切开，把里边的层次分开，用香油炸透炸酥，让他带回去。

慈禧品尝后觉得很好吃，问是什么烧饼，哪儿买的。太监说是"张嘴烧饼"，买自"一品烧饼铺"。慈禧说："不止一品，该叫做'天一品烧饼'，日后我去看看，给他们赐个匾。"其实，慈禧是随意地说说，但太监怕太后真的要去看，为防万一，第二天他告诉烧饼铺要做好准备。于是，李氏夫妇匆忙找了个像样的铺面做烧饼。慈禧一行回京匆忙，早把赐匾之事忘了。但从此有了"张嘴烧饼"和"天一品"之名。

张嘴烧饼的做法，是先把小麦加水和至六成，醒一小时左右，至有弹性即可；再将面擀成片，抹上五香料、麻酱、适量香油，再将其抻匀，折起来，做成饼坯，上铛烙至两面微黄，入烤炉烘烤至颜色金黄、中间鼓起时出炉，晾凉，用刀从一侧切开，用小竹板把烧饼内层一层层拨开，入油锅用温火炸至内外酥透，成酱红色时出锅，稍晾即可食用。

张嘴烧饼饼色酱红、焦酥爽口、清淡不腻、久放不坏，令人欲罢不能。

金丝杂面的特色及由来

金丝杂面，是衡水饶阳的传统风味，已有250多年的历史，在清朝末年曾为贡品。它是用绿豆粉、精白面、芝麻面、鲜蛋清、白糖、香油六种原料混合制成，因为面条细如丝，色金黄，故名"金丝杂面"。制作时把和好的面擀成如纸薄片，稍晾片刻，至不干不湿、不断不粘时，折叠，切成细丝，盘成把，晒干后包装起来。食用时先在锅里配好汤，烧开后下面，下完即可捞出，入碗加汤食用，故有"速食面"、"方便面"之称。金丝杂面营养丰富，有消热、祛毒、开胃、降压的功效，加之食用方便、鲜美适口、做工美观、长放不坏，故常当

金丝杂面

做礼品。

相传在清道光年间，衡水饶阳东关有一位卖杂面的农民仇发生，历经数年，研制出金丝杂面，因味好、做工好，很快在衡水一带有了名气。据清同治、光绪年间吴汝纶撰写的《深州风土记》载，金丝杂面一斤"千六百刀，面细如丝"。清朝末年，有位太监回肃宁老家省亲，到饶阳东关仇家面店买了一些金丝杂面，当做礼品带回清宫，做的汤面味道很好，受到称赞。从此金丝杂面成为"宫面"的一种。1929 年在天津国货展览会上，仇家金丝杂面又荣获二等奖，奖状上印有孙中山先生的半身免冠照片，下书八个金字："制造精良，品质尚佳"，奖章为铜制景泰蓝，上铸有孙中山先生的头像。现在，饶阳金丝杂面生产厂家有 80 多个。

四条包子因何得名，有何美味

四条包子，是河北山海关的著名小吃，在冀东、辽西一带享有盛誉，因老店原来开在山海关古城四条街上而得名。四条包子，皮厚薄适度，绵软而不变形；馅味道鲜美、香而不腻；若辅以老醋、蒜末食用，味道更佳。其馅以猪肉大葱馅为主，大笼蒸、小盘盛，一切都是那么朴实无华，使人看着放心、吃着舒心。

四条包子

山海关的包子在民国时期就有，但当时还不叫四条包子。新中国成立后对工商业进行改造时，山海关市把原来的"大众"、"胜利"、"和平"、"永固"、"同顺"等饭店合并为"山海关区合作食堂"。其中有一个四条门市部，即四条包子馆的前身。几十年来四条包子一直是当地人喜爱的美食，享有很高的声誉，曾先后获河北名吃金质奖、河北名吃金鼎奖、秦皇岛首届"十佳名吃"、秦皇岛首届"旅游名吃"等荣誉。

趣味豫菜知识

QUWEI YUCAI ZHISHI

豫菜是怎样形成的,有何代表菜

豫菜,即河南菜系,发源于河南开封,涵盖了菜肴、面点、筵席等各类美食。它包括两大体系、四个口味区。其中"两大体系",是指以开封为代表的传统豫菜、以郑州为中心的新豫菜;四个口味区,是指豫东、豫西、豫南和豫北四个口味区。

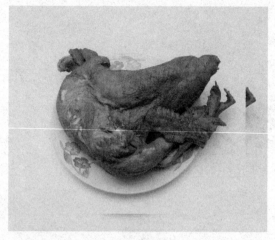

豫菜:道口烧鸡

早在 3600 年前,开封杞县人,商相伊尹就创出了"五味调和说",因而被誉为"中国烹饪之圣"。由此,开封也被视为豫菜的发源地。宋代时,开封成为国都,无论政治、经济、文化等都是当时中国的中心。这为豫菜的发展提供了极为重要的条件。南宋以后,豫菜开始真正成为中国烹饪的地方菜系,独成一派。

传统豫菜得中原地利、四季天时,兼众家之长,具南北特色,一直秉承"中和"的烹饪文化传统。其中"中",是指豫菜在口味上中、平、淡,也就是说介于酸、甜、辣、咸之间;"和",是指豫菜融南北菜系之长、各种口味之长,突出和谐、适中、不刺激等显著特点。

当代豫菜以郑州为中心,在原来的宫廷菜、官府菜、市肆菜、民间菜的基础上发展而来。其中,豫东口味区,以开封为代表,擅长扒制类菜肴,口味居中;豫西口味区,以洛阳为代表,擅长水席,口味稍偏酸;豫南口味区,以信阳为代表,擅长炖菜,口味稍偏辣;豫北口味区,以新乡、安阳为代表,擅长土特产,口味偏重。

豫菜至今仍坚持五味调和、质味适中的基本传统,口味也以相融相和为基本原则,目前已形成数十种烹饪技法,拥有数千个菜肴品种。特色菜可概括为"十大名菜"、"十大面点"、"十大风味名吃"、"五大名羹(汤)"、"五大卤味"等。其

豫菜:套四宝

具体所指如下:

"**十大名菜**" 糖醋软熘鱼焙面、煎扒青鱼头尾、炸紫酥肉、大葱烧海参、牡丹燕菜、扒广肚、汴京烤鸭、炸八块、清汤鲍鱼、葱扒羊肉;

"**十大面点**" 河南蒸饺、开封灌汤包、双麻火烧、鸡蛋灌饼、韭头菜盒、烫面角、酸浆面条、开花馍、水煎包、萝卜丝饼;

"**十大风味名吃**" 烩面、高炉烧饼、羊肉炕馍、油旋、胡辣汤、羊肉汤、牛肉汤、博望锅盔、羊双肠、炒凉粉;

"**五大名羹**" 酸辣乌鱼蛋汤、肚丝汤、烩三袋、生汆丸子、酸辣木樨汤;

"**五大卤味**" 开封桶子鸡、道口烧鸡、五香牛肉、五香羊蹄、熏肚。

开封桶子鸡的来历

桶子鸡,是开封的一道特产名菜。它是选用当地的优质筠母鸡,采用百年老汤煨制而成。其色泽鲜黄、咸香嫩脆、肥而不腻、越嚼越香,是一道色、香、味俱全的特色菜肴。那么,开封桶子鸡有什么来历呢?

说到桶子鸡的来历,就不得不说一说开封的百年老店"马豫兴"。"马豫兴",全称"金陵教门马豫兴"。其创始人是马永岑。马家原本是居住在云南的回民,家势显赫,清顺治年间,吴三桂带兵进入云南,马家受到了极大的影响,于是就迁到了金陵(即今天的南京),开设了商号"春辉堂"。到了清咸丰年间,太平军起义如火如荼,清政府难以抵挡,金陵眼看就要陷入兵火之中。在这种情况下,马家在马永岑的带领下又来到了河南开封。迁居开封后,马家还是以经商为业,开设了商号"豫盛永",主要经营南北食货。

马永岑对美食很是爱好,而且也很用心研究。当时的中原地区盛产鸡,所以鸡在人们的日常饮食中占有十分重要的地位。针对这一情况,马永岑结合南京鸭制品的加工方法,以母鸡为原料,采取不开膛、不破肚的办法,使鸡成为桶状,从而做出了新的熟食品种——"桶子鸡",一时间名声大震,深受欢迎。清同治三年(1864年),马永岑开设了新店,名叫"金陵教门马豫兴",成为专门制作、销售桶子鸡的店铺。

开封桶子鸡

马豫兴桶子鸡制作精细、选料严格、味道独特,历经100多年而热销不衰。现在,原来的"金陵教门马豫兴"已经不存在了,取而代之的是马豫兴鸡鸭店。在原有的经营基础上,马豫兴鸡鸭店新增加了棕黄光亮、烂中香脆、醇香味厚的烧鸡、桂花板鸭、焖炉烤鸭、五香酱牛肉、熏鱼和牛肉干等熟食,品质上乘,享誉开封。当然,随着时间的流逝,桶子鸡的做法早已被开封的广大商家了解到了,所以制作、销售桶子鸡的店铺很多,有些店的桶子鸡甚至可以与马豫兴的相媲美。

桶子鸡的制作工艺和选料都十分严格。它所用的鸡,都是生长期在1年以上、3年以内,毛重在1250克以上的活母鸡,而且要求鸡身肌肉丰满、脂肪厚足,胸肉裆油较厚的最好。做的时候,要用百年老汤浸煮约2小时。这样做出来的鸡才地道。

河南烩面有何特色及传说

河南烩面,是河南的特色美食,是一种融荤、素、汤、菜、饭于一体的传统风味小吃。它有着悠久的历史,一直以味道鲜美、经济实惠而享誉中原、遍及全国。那么,河南烩面有什么传说及特色呢?

相传,河南烩面的产生还与唐太宗李世民有关系。李世民在做皇帝之前,常年在外征战。据说有一年冬天非常冷,他在一个隆冬雪天里感染了风寒,落难于一个农家院里。这家母子心地都非常善良。为给李世民养病,他们把自家养的"四不像"(即麋鹿)杀了,给李世民炖汤喝。但是光喝汤也不抗饿,于是他们又和面做面条。当时敌情紧急,眼看敌人就要追过来了,情急之下,老妇人只得草草将面团拉扯后直接下入汤锅里,煮熟后端给李世民吃。李世民端过碗来就大口吃了起来,等到吃完时,只觉得满身冒汗、暖流涌身、精神大振,寒疾也痊愈了,于是赶忙上马谢别。

李世民即位后,每天都吃山珍海味,但总觉得没什么滋味。有一天他就想起了那对母子为他做的面,想到了他们的救命之恩,于是赶紧派人去寻访他们,想厚加赏赐回报他们。过了很久,那对母子终于被找到了。李世民将他们迎到长安,厚加款待,而且让御厨向老人拜

郑州羊肉烩面

师学艺。从此,唐朝宫廷的御膳谱上就多了一道救命的面——麒麟面。

后来,随着环境的破坏,"四不像"越来越少了,所以很难捕到。到武则天时,麋鹿已经基本找不到踪迹了,无奈之下只得用山羊来代替,麒麟面也改称为羊肉烩面了。在经过御厨、御医等

郑州合记烩面

人的鉴定后,大家一致认为其口感滋味和医用价值都不亚于麒麟面,于是就将羊肉烩面列为宫廷名膳了,从此长盛不衰。

清代末期,八国联军打进北京城,慈禧太后带着光绪帝仓皇出逃,来到山西避难。虽然一路奔波,但她仍不忘吃烩面补身祛寒,多次让太监总管李莲英找山羊来做烩面食用,及时解除了寒疾病险。作为宫廷御膳,羊肉烩面本来是不被民间所知的,那它是怎么传到民间的呢? 这事还要从清末满汉全席宗师庞恩福说起。当时,庞恩福因不愿意忍受宫廷御膳房苛律的束缚,伺机逃出了皇宫。之后,他就在黄河河南段隐居了起来,就这样,正宗的烩面才传到了民间。

河南烩面自在民间流传开来以后,就一直以其汤肥肉瘦、浓香爽口、营养丰富、风味独特等特色享誉全国。随着不断的发展,烩面的种类也变得多样起来,按配料的不同可以分为羊肉烩面、牛肉烩面、三鲜烩面、五鲜烩面等。

烩面的特色还体现在它的制作上。在制作时,烩面要使用优质高筋白面粉兑以适量的盐碱,接着用温开水和成比饺子面还软的面团,然后反复揉搓,使面筋道有韧劲。放置一段时间后,把面擀成二指宽、20厘米长的面片,表面还要抹上植物油,之后一片片码好,吃的时候直接下锅煮就可以了。

煮面的汤也很有讲究,要把上等嫩羊肉、羊骨(劈开,露出中间的骨髓)一起下锅煮5个小时以上.煮的时候先要用大火猛烧,然后再用小火煲,煲汤的时候要往里面放七八味中药。熬到最后,骨头的油都熬出来了。这时候的汤则白白亮亮,就像牛奶一样,所以又被叫做白汤。

除面条和羊肉之外,河南烩面还有许多的辅料,包括海带丝、豆腐丝、粉条、香菜、鹌鹑蛋、海参、鱿鱼等,上桌时还要外带香菜、辣椒油、糖蒜等小碟。这些要素都齐备之后再吃,烩面的美味才会完全地渗透出来,使人难以忘怀。也正是因为美味,河南烩面才会与洛阳水席、开封包子一起,成为河南三大小吃。

河南"杂烩菜"与秦桧有何渊源

在河南，每当逢年过节或是家中来客人时，当地人总会做一大锅杂烩菜来招待客人。所谓杂烩菜，就是把白菜、粉丝、油炸白豆腐、肉丸子等一起下锅，再

河南杂烩菜

加上姜、葱、香菜及其他作料一起煮。吃的时候，一人一碗，可以配馒头一起吃，也可以配米饭吃，既简单方便，又经济实惠，所以深受当地人的喜爱。其实，这种特色菜在河南一带很早就形成了，而且它最初的名字也不叫杂烩菜，而是叫"炸桧菜"，即炸秦桧的菜。那么，"杂烩菜"与秦桧有什么渊源呢？

南宋时期，金兵屡屡南犯，赵宋王朝也是一天不如一天。当时的朝廷内部分为两派：一派是主和派；另一派是主战派。当时身为兵部侍郎的朱敦儒是主战派，但也正是因为主张抗金，他才被奸相秦桧在高宗面前奏了一本，从而丢了官职。朱敦儒的家乡是河南，丢官后他就回到了河南老家，从此对朝廷心灰意冷，再也不过问政事，平常总是约上几个好友饮酒作诗，打发时光。

这一年，恰逢朱敦儒60寿辰，他邀请了一些亲朋旧友来家中小聚。不料这时突然从京城临安传来消息，抗金元帅岳飞因接连打败金兀术而惹恼了被金国收买的奸相秦桧。秦桧与其妻子王氏密谋，以"莫须有"的罪名将岳飞杀害于风波亭。朱敦儒听到这个消息后十分愤怒，一时间国仇家恨交织在一起，于是就没有心情饮酒欢聚了。但是，客人们都已经赶来赴宴，又怎么能让他们空着肚子回去呢？于是他吩咐家厨："今日不饮酒，也无须摆那些盘碟，只把备好的蔬菜熬在一起，一人一碗，配上蒸馍端来即是。"

朱敦儒的亲朋旧友虽不是什么高官显贵，但也都是一些养尊处优惯了的人，平日吃惯了山珍海味，

秦桧铁跪像

喝多了美酒佳酿，如今摆在面前的这一碗碗粗制的熬菜哪能咽得下去啊！朱敦儒看见大家迟迟不动筷子，便夹起碗中的一个丸子说："如今奸臣当道，残害忠良。岳元帅一生精忠报国，竟然惨死在'莫须有'的罪名下。我恨不能砍下秦桧的头颅下油锅！"他的话激起了宾客的共鸣，一位客人忽地站了起来，义愤填膺地说："大人，这碗熬菜中的丸子就是秦桧的头，油炸豆腐就是秦桧的肉，粉条就是秦桧的肠子。来，我们大家一起把秦桧这厮吃下去，替我们的岳元帅报仇！"于是，满座客人纷纷响应，都拿起筷子开始吃饭，顷刻之间就把一碗碗熬菜吃了个精光。吃完饭后，有人问："给这道菜起个什么名字呢？"朱敦儒想了想说："就叫'炸桧菜'！"

很快，这件事就传到了民间，人们出于对秦桧的愤恨，也都纷纷做"炸桧菜"吃。后来，因为这道菜是将各种菜烩在一起做成的，所以人们就称它为"杂烩菜"了。

洛阳水席的来历

洛阳水席，是河南洛阳一带特有的传统名吃。这种酒席的热菜都有汤，而且是吃完一道撤下去之后再上一道，就像流水一样不断地更新。它的特点是有荤有素、选料广泛、可简可繁、味道多样、酸、辣、甜、咸俱全，非常可口。那么，洛阳水席有什么来历呢？

洛阳水席开始于唐代，至今已有1000多年的历史了，是我国古代保留下来的历史最为久远的名宴。水席之所以会起源于洛阳，与当地的地理环境有着直接的关系。洛阳四面环山，干燥少雨，而且这一带在古时候天气很寒冷，不产水果，因此民间饮食多采用汤的形式。洛阳的这种饮食习惯形成之后，最初只是在民间流传，所以一直不出名，但是后来由于武则天的关系，这种宴席形式出名了。

据民间传说，有一次武则天巡视洛阳，到吃饭时，洛阳的地方长官就用"水席"来招待她。吃腻了山珍海味的武则天，第一次品尝到这种荤素搭配、花样众多、清新可口的宴席，感觉很是不错。她不仅对这种宴席赞不绝口，而且还询问陪侍的臣僚们味道如何。臣子们见到女皇如此喜欢，

洛阳水席

洛阳水席表演

当然都附和说好了,于是武则天很高兴,觉得发现了一种好菜。此后,在武则天的大力推介之下,水席从民间引入了宫廷。每逢喜庆大典等重大活动时,她就以水席犒赏臣下。从此以后,"洛阳水席"便进入了大雅之堂,臣僚们也群起仿效,官场上的吃喝宴请也开始采用水席。这样,原本只是民间饮食的水席,在唐代时成了"宫廷宴"、"官场席"。在宫廷和官府的大力推动下,水席广为普及。其制作技术、花样造型等也变得丰富起来,成为一种广为采用的宴会形式。

洛阳水席共有24道菜,包括8个冷盘、4个大件、8个中件、4个压桌菜,冷热、荤素、甜咸、酸辣兼而有之。水席的上菜顺序也极为讲究。一般是先上8个冷盘作为下酒菜,每个冷盘都是荤素搭配,共有16种菜;等到客人酒过三巡之后,热菜就上来了——首先是4大件热菜,在每大件热菜之间,还会上两道中件(也叫陪衬菜或调味菜),当地人称之为"带子上朝";最后上4道压桌菜,其中有一道鸡蛋汤,又称"送客汤"。这表示所有的菜都已经上完了。热菜上桌时都要用汤水佐味,鸡、鸭、鱼、肉、鲜货、菌类、蔬菜都可以入菜,丝、片、条、块、丁,煎、炒、烹、炸、烧,形式万千、变化无穷。

"洛阳水席"与其他著名的宴席(如"满汉全席"、"全羊席"、"鱼翅席"等)不一样。它是件件有水、样样带汤,色味各异,别具一格,其中的关键就是汤。可不要小看这汤,大凡是名菜,在汤上是最讲究的,也正是因为这样,厨师里就没有不怕汤的。洛阳水席则不同,它主要是在汤上做文章,几乎每道菜都带有汤汁,这样有干有稀、汤随菜走,每道菜显得汤汤水水,别有一番风味。

在洛阳,人们都把水席看成是所有宴席中的上席,所以常用来款待远方来的客人。不仅如此,它还是盛大宴会中备受欢迎的席面,平时民间婚丧产育、诞辰寿日、年节喜庆等礼仪节庆场合,人们都会用水席来招待至亲好友,人们都称它为"三八桌"。洛阳水席作为一种传统的特色饮食形式,与传统的洛阳牡丹花会、古老的龙门石窟一起,并称为"洛阳三绝",成为洛阳人的骄傲。

洛阳水席的头道菜"假燕菜"有何传说

"洛阳燕菜",又名"假燕菜"、"牡丹燕菜",是一道具有浓郁豫西地方特色的佳肴,历来被作为洛阳水席的头菜。这道菜主要是用白萝卜、海参、鱿鱼、鸡肉等精心制作而成,做好后的燕菜犹如一朵洁白如玉、色泽夺目的牡丹花,漂浮在汤面之上,味道类似燕窝,花色艳丽、汤鲜味美、酸辣爽滑,十分适口。不仅如此,这道菜营养也十分丰富,内含多种维生素、蛋白质、钙、铁及烟酸、抗坏血酸等成分,食用后不仅能促进新陈代谢、增加食欲、帮助消化,抵抗鱼肉等食物中的有害物质,而且具有顺气、解毒、散瘀、醒酒、补虚养身、调理营养不良等功效。那么,如此神奇的一道菜,它有什么传说呢?

洛阳水席的头道菜"假燕菜"

要说这道菜的来历,和武则天有很大的关系。传说武则天登基称帝以后,天下还算太平。太平盛世之下,民间自然发现了不少的"祥瑞",比如,麦生三头、谷长三穗之类的。武则天知道这些异象之后,当然是满心高兴了,因为当时认为这些景象只有在太平盛世才能出现。有一年秋天,洛阳东关外的地里长出了一个大白萝卜,长有3尺,上青下白,很是少见。如此庞大的白萝卜自然要被当成吉祥物敬献给女皇了。武则天看到之后很是高兴,于是就让皇宫御厨把它做成菜,想尝一尝它的味道如何。一个萝卜再大它也只是萝卜,能用来做什么好菜呢?御厨们都很为难,但是女皇的旨意又不敢违抗。没有办法,他们只好硬着头皮做。他们对萝卜进行了多道加工,并掺入了许多山珍海味,进而烹制成羹,做好后就献给了皇帝。

武则天品尝之后,感觉这道羹香甜爽口,很有燕窝汤的味道,于是就赐其名

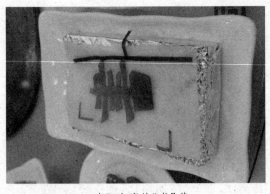

洛阳水席的"书"菜

为"假燕菜"。从此以后，武则天的御用菜单上就加上了"假燕菜"，成为武则天经常品尝的一道菜肴。上有所好，下必甚焉。女皇的喜好，自然影响到了一大批贵族、官僚。他们在设宴时也都开始赶这个时髦，把"假燕菜"作为宴席的头道菜，即使是在没有萝卜的季节，也要想方设法用其他蔬菜来做成"假燕菜"，以免掉了身价。宫廷和官场的喜好，也极大地影响到了民间，于是人们不论是婚丧嫁娶，还是待客娱友，都把"假燕菜"作为桌上的头道菜，来开始整个宴席。

由于白萝卜能适应多种原材料的配制和烹调，所以它既可以用名贵的山珍海味来搭配，也能用一般的肉丝、鸡蛋等作为配料，味道酸辣香郁，十分可口，吃的人很多，于是很多酒楼菜馆都竞相仿效。后来，人们觉得"假燕菜"不好听，于是就把"假"字去掉了，简称其为"燕菜"。随着历史的变迁和历代厨师的辛勤研制创新，"燕菜"得到了不断的完善。其味道酸辣鲜香、别具一格，汤清口爽、营养丰富，成为洛阳的一道传统名菜，所以又被称为"洛阳燕菜"，并流传至今。

"唯有牡丹真国色，花开时节动京城"。洛阳是著名的牡丹之都，于是人们将富有神奇传说、娇艳华贵的牡丹和燕菜结合在了一起，使它更富有鲜明的洛阳特色。1973年，周恩来总理陪同加拿大总理特鲁多来洛阳参观访问。洛阳名厨王长生、李大雄为他们做了一道清香别致的"燕菜"。菜端上来之后，只见一朵洁白如玉、色泽夺目的牡丹花浮在汤面之上，菜香花鲜，赢得了贵宾们的一片好评。周总理也非常高兴。他风趣地说："洛阳牡丹甲天下，菜中也能生出牡丹花来。"所以从此以后，人们就把"燕菜"称为"牡丹燕菜"，菜以花名，花以菜传，二者相得益彰，名声更大了。

洛阳不翻饼与不翻汤知多少

洛阳，是我国的历史文化名城，同时也是我国四大古都之一。它地处中原，西依秦岭，东临嵩岳，北靠太行山，南望伏牛山，自古就有"河山拱戴，形势甲于天下"的说法。悠久的历史和独特的地理环境，使洛阳形成了自己的饮食传统。洛阳有许多特色菜肴和传统小吃。它们是洛阳文化的代表，同时也是洛阳的名片。在这些美食中，有两个是不得不提的，那就是洛阳不翻饼与不翻汤。

不翻饼 是洛阳地地道道的名小吃。它出自栾川，是一种薄而小，放在烧热的鏊子上不用翻动即熟的饼食。相传，当年康熙暗访民情，途经洛阳栾川的大青沟。由于长途跋涉，他又饥又渴，看到路边有一位老妇人正在烙饼，便上前讨要。妇人对他说："饼还没翻呢，得等一会儿。"康熙很饿，抓起饼来就吃，还说："不用翻了，救命要紧。"等到吃完之后，康熙觉得这种饼很好吃，便赐字"大救驾"，落款"玄烨"。从此以后，这种饼就被命名为"洛阳不翻"了。

洛阳不翻饼

当然了，上文所述只是传说而已，其实"不翻饼"得名于孟津附近的小浪底。小浪底是黄河中游最后一段峡谷。在小浪底水利枢纽工程没修建以前，这里是有名的"八里胡同"，是黄河中游最狭窄、最危险的一段。这一段黄河，两岸高山对峙，风高浪急，在其中行船打鱼十分危险，经常会发生翻船事故，遇难的人常常连尸首都找不到。因此，当地民间有许多的忌讳和风俗，比如，吃鱼时不能吃完一面翻过来再吃另一面，而是要把鱼头和脊骨一起拿走，然后再吃下面的肉；不能把水瓢扣着放，忌讳说"翻"、"煤"等词。当地人平时都会做一种不用翻就能熟的饼作为旧时船家的干粮，为了讨吉利，希望能太太平平，不要翻船出事，他们就把这种饼叫做"不翻"。

传统的不翻饼是用上好的绿豆作为原料，经过涨发、去皮、磨成豆浆等工序后，再加入鸡蛋、食盐，调成糊状盛在铁锅里，然后再放在火上用柴草等烘烤煎烙而成。现在，不翻饼大多是用鸡蛋摊出来的，当然也有用玉米面替代的，摊出

康熙

来之后色泽金黄，质地暄腾，和玉米饼很像，但是比玉米饼更营养、更好吃。在制作时，不翻饼对炊具没有什么特殊的要求，只要是平底锅就行。做的时候，先要把锅烧热，然后在锅底抹上油，再舀一些稀面糊往上一倒，只听得"滋啦"一声，然后把面糊摊开，不用翻就熟了。

做好后的不翻饼巴掌般大小，厚薄跟硬币差不多，而且非常圆，吃起来滋味醇正、清香爽口。上桌时，可以配上一碟用红油、香油及蒜泥调成的"蒜水"蘸着吃。其味道妙不可言，不是一般的美味可以相比。

不翻汤 洛阳人称之为"九府门不翻汤"，距今已有 120 多年的历史了。不翻汤的制作方法，其前半部分和不翻饼的制作是一样的，也需要制作不翻饼。等不翻饼做好之后，准备一个锅，将金针菇、粉丝、韭菜、海带、香菜、虾皮、木耳、紫菜等放到锅中，然后加入精盐、味精、胡椒、香醋等调料，再倒进高汤，将不翻饼放在最上边。之后，开始生火煮，等水开了之后，只见锅中的水不停地翻滚，但是饼子却不翻个儿。这就是家喻户晓的不翻汤了。不翻汤酸辣咸香、醒酒开胃、味道纯正、油而不腻，别具特色，是一种颇具洛阳地方特色的民间小吃，如果有机会去洛阳旅游的话，一定要品尝一下。

开封灌汤包的来历及特色

开封灌汤包，是一种包子里面有汤的蒸包，以前是北宋皇家的专用食品，后来传到了民间，以开封"天下第一楼"的包子最为闻名。这种灌汤包不仅外形漂亮，而且肉馅与鲜汤同在皮内，吃包子的同时，就可以将北方人爱吃的面、肉、汤融于一体，味道十分鲜美。那么，开封灌汤包有什么来历及特色呢？

开封灌汤包，最早源于北宋的都城东京（即今开封）。据《东京梦华录》记载，这种包子在当时被称为"王楼山洞梅花包子"，号称是"在京第一"。现在流行的开封灌汤包已经和北宋时的包子不同了。它是开封的包子名师黄继善始创的。黄继善，绰号黄胖子，1891 年出生在河南滑县黄家营村一个世代务农的家庭。由于生活所迫，他 13 岁时就开始逃荒要饭，后来到了开封，流落到一家包子铺当学徒，出师后结识了当时开封的名厨周孝德。1922 年，黄继善办起了饭馆。他高薪聘请周孝德为厨师。当时,他们的饭馆主要经营的就是灌汤包子,生意十分兴隆。

天下第一楼小汤包

开封灌汤包原先是用大笼蒸,后来黄继善进行了改革,变成了用小笼蒸。包子的面和馅也都进行了大胆的革新。原来蒸包子的面用的是 1/3 的发面和 2/3 的死面,后来则改成只用死面,这样就使包子的皮更薄,而且不会掉底。不过,和面的工艺要求很高,要经过搓、甩、拉、拽,几次贴水、几次贴面的"三软三硬"过程,才能达到要求。包子馅原先掺有肉皮冻,吃多了会腻,所以也去掉了;用白糖、味精调馅,去掉了甜酱,馅里只放姜末,不放葱。最后就是打馅,这是一个功夫活,要求把馅打得扯成长丝而不断才行。

经过改良之后的灌汤包更好吃了,名声也越来越大。在黄继善的饭馆附近,住着一位名叫吴仲林的书法家。他常到饭馆吃包子,每次吃完之后总是赞不绝口。一次,黄继善请吴仲林给饭馆起个名字。吴仲林想了想,提笔在一张纸上写下了"第一点心馆"5 个大字,取意为"开封第一"。从此以后,"第一楼"就成了他们的字号。第一楼的包子用料考究、制艺精湛,具有皮薄馅多、灌汤流油、软嫩鲜香、肥而不腻等特点,有人形容这里的包子是"提起一缕线,放下一蒲团,皮像菊花芯,馅似玫瑰瓣",堪称是"中州食膳一绝"。20 世纪 50 年代,黄继善的徒弟曹振杰曾亲自为党和国家领导人制作包子。毛泽东、刘少奇、周恩来、邓小平等在品尝之后,都给予了高度评价。

吃开封灌汤包子,其实是有规律可循的。

开封天下第一楼

在开封,当地人吃灌汤包子有这样一句顺口溜:"先开窗,后喝汤,再满口香。"吃灌汤包子,汤是列在第一位的,其次是肉馅,再次才是面皮。等吃完以后,首先记住的肯定是汤的鲜美,而肉馅是以近乎于汤的形式进入口中的,所以味道与汤一致,面皮非常柔软,除了嚼感之外,几乎可以忽略不计。开封灌汤包外形美观、小巧玲珑、皮薄馅多、灌汤流油、味道鲜美、清香利口,汤汁醇正浓郁,入口油而不腻,不愧为中原美食一绝。

开封杞县红薯泥有何美味及典故

　　红薯泥,是开封当地的一种非常有名的小吃。它是用红薯(白薯也可)、白糖、山楂、玫瑰、桂花、青红丝等原料加入花生油或香油烹饪而成。开封制作红薯泥的很多,但是做得最好、最有名气的当属杞县的炒红薯泥。那么,杞县红薯泥有什么美味及典故呢?

杞县红薯泥

　　其实,红薯是一种很平常的农作物,全国很多地方都有种植,实在不是什么稀罕物。但是,就是这样一种极普通的作物,在过去生活困难时期帮助很多人活了下来。杞县人也不例外。但是,杞县人吃红薯是最会吃的,吃法非常多样,红薯泥就是其中一种。

　　在杞县,红薯泥是一道名菜。其制作方法也很讲究。在做之前,要先把红薯煮熟,剥掉外皮,去掉内丝,然后用干净的白布包裹起来压成泥。接着,把白糖倒入锅中化成糖浆,然后再兑入香油、红薯泥不断搅拌,等到变成番茄酱状的时候出锅。装盘的时候,要分层放入山楂丁、玫瑰片、青红丝、桂花糖。这样做出来的菜才味道甘甜、爽口开胃、色泽鲜艳、营养丰富。杞县红薯泥还有一个特点,那就是"三不粘",即一不粘盘子、二不粘筷子、三不粘嘴。由于红薯泥的独特地位,每当有贵客临门时,杞县人都会制作这道风味菜,以飨宾客。

关于红薯泥还有一个传说。据说，红薯泥的首创者是清末厨师蒋思奇。他不仅手艺高超，而且为人刚直不阿。有一年，袁世凯的部下来到杞县，听说红薯泥是这里的一道名菜，便点名要尝。到宴会这天，大小官员都在县衙里用餐，等到鸡鸭鱼肉都上完之后，红薯泥就上来了。官员们一看这道菜色彩光亮，如桃花盛开，似琥珀生辉，于是就迫不及待地狼吞虎咽起来。不一会儿，只见这些官员有的张口流泪，有的伸脖干呕，丑态百出。原来，蒋思奇不愿意给袁世凯的部下做菜，但又不能推辞，于是就使了个花招：红薯泥本身质地细腻，热量大、密度小、散热很慢，而蒋师傅又特意用滚油封了顶，所以里面的热量就更不易散发了。那些官员太迫不及待了，所以被烫得狼狈不堪。

慈禧太后

关于红薯泥的热量大、散热慢还有一个传说。相传，有一次慈禧太后来到开封，她听说杞县的红薯泥特别好吃，于是就吩咐开封府为她准备。当时的开封城里还没有一个能做"红薯泥"的厨师，于是就只好派人到杞县请人做，做好之后再带回开封。当办差的人回来之后，早已经等得不耐烦的慈禧太后赶紧拿起筷子来吃，但是刚吃一口就被烫得两眼流泪。开封距杞县 50 公里，当时的快马跑一个单程至少得一个半小时，过了这么长的时间红薯泥还那么烫，由此可见它热量之大、散热之慢。

红薯泥是杞县的名菜，同时也是中原地区粗粮细作的典型。它是历代劳动人民智慧的体现，也是我国食品制作技术的独特发挥和创造。除美味之外，红薯泥还有很高的营养价值。它有健脾、补虚、益气的功效，而且对霍乱吐泻、水膨腹胀、夜盲等症也有良好疗效，经常食用，还可使人长寿，营养价值极高。

鲤鱼焙面与慈禧有何渊源

鲤鱼焙面，又称为"糖醋软熘鱼焙面"，它是由糖醋熘鱼和焙面两道名菜配制而成的，是开封的一道著名传统菜肴，也是"豫菜十大名菜"之一。起初，这个面是用水煮着吃的，后来经过不断改进之后，变为过油炸焦。这样，面就变得蓬松酥脆，蘸汁后配上菜一块儿吃，所以被称为"焙面"。那么，这道名菜与慈禧有什么渊源呢?

1900 年,八国联军进逼北京。清光绪皇帝和慈禧太后仓皇向西出逃,期间曾在开封作短暂停留。在开封期间,开封府衙请了很多名厨来进行烹饪。在众多的菜肴中,有一道名为"糖醋熘鱼",光绪帝和慈禧太后吃后觉得很好,连声称赞。光绪称之为"古都一佳肴",慈禧高兴地说:"膳后忘返。"随身太监手书了对联一副——"熘鱼出何处,中原古汴梁",赐给开封府以示表彰。

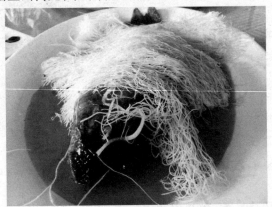

开封鲤鱼焙面

1930 年,开封名厨最早将用油炸过的"龙须面"盖在做好的糖醋熘鱼上,开创了"糖醋熘鱼带焙面"这一名菜,从而将二者合二为一,既可吃鱼,又可蘸汁吃面,别有一番风味。此后,这道菜逐渐传开,深受顾客的欢迎。

糖醋软熘鱼焙面以黄河红尾鲤鱼为上品原料,经初步加工后,用刀把鱼的两面解成瓦垄花纹,然后放到热油锅中炸透。之后,用适量的白糖、姜末、料酒、食盐、香醋等作料,兑入开水,勾加流水芡,接着再用火油烘汁。等到油和糖醋汁全部融合之后,把炸好的鱼放进去,泼上芡汁就制作完成了。做好之后的鱼,色泽枣红、肉嫩鲜香、甜中透酸、酸中微咸,十分味美。焙面,又称为"龙须面"。其最大特点就是面细,细到什么程度呢? 细到可以穿针引线,这也是糖醋软熘鱼焙面成名的主要原因之一。

逍遥镇胡辣汤有何特色及传说

胡辣汤,是以少林寺"醒酒汤"和武当山"消食茶"为基础做出的一道色、香、味俱佳的汤。这种汤既消减了茶的苦味,又去掉了汤的辣味,能醒酒提神、开胃健脾,是一种适合北方人口味、辣味醇郁、汤香扑鼻的知名汤品。在各地的胡辣汤中,周口市西华县逍遥镇的胡辣汤最为著名。那么,这种胡辣汤有什么特色呢？

逍遥镇胡辣汤的汤底，多是由牛肉汤制成的。肉汤香味浓郁；汤里的面筋、腐皮等辅料比例搭配合适，汤的稀稠适中，辣子油的颜色非常鲜亮。吃的时候，可以加入少量的醋和小磨香油，然后直接配以油条、油饼、油馍头、肉盒等食品食用，味道很好。如果有爱吃辣的，可以额外在碗里放一点辣椒；对于不太能吃辣的人，则可以选择"两掺"吃法，即将胡辣汤和豆腐脑混合在一起吃，别有一番风味。等到吃完之后，客人嘴里的肉香和胡椒的麻辣味能保持10分钟以上，后劲很足。如此美味的胡辣汤，它有什么来历和传说呢？

逍遥镇胡辣汤

胡辣汤，最早可以追溯到北宋末年。当时的皇帝宋徽宗对军国大事一无所长，但是在琴棋书画、吃喝玩乐上面却是无所不通。当时，宫中有一个小太监，自幼净身进宫，因为善于揣摩上意、应对得体，所以深得宋徽宗的喜爱，很快就成了皇帝的贴身太监。徽宗对这个小太监宠爱有加，特许他可以出宫游玩，顺便回家省亲。

小太监的家乡在今南阳一带，因此他出宫之后就一直向西走，很快就到了嵩山少林寺。作为皇帝面前的红人，他得到了寺中方丈的热情款待，被照顾得极为周到。方丈看到小太监面红耳赤、口唇干渴而且饮食又少，于是便端来一碗少林寺特有的"醒酒汤"。小太监喝下之后，直觉得体气清爽，诸症若失，非常高兴，于是连喝了好几天，临走的时候还向方丈要来了"醒酒汤"的方子。

回家省亲之后，小太监继续南行，来到了武当山。武当山掌门人发现小太监食量很大、小便量多、大便腥臭难闻、身体消瘦，于是就为小太监准备了武当山的"消食茶"。小太监喝了几天之后，大便恢复正常，身体渐渐胖了起来，面色也白皙了许多。小太监很是感激，临走时又将"消食茶"的方子要了来。

小太监觉得这两个方子都很有效，于是在回宫后就想把它献给徽宗，以讨得皇帝的欢心。他找来御膳房的太监及太医院的院士，在这两个方子的基础上,做出了一种色、香、味、形俱佳的汤。这种汤既消减了茶的苦味,又去掉了汤的辣味,而且能醒酒提神、开胃健脾。皇帝和后宫妃嫔喝了之后,都觉得很好喝,而且很有效。于是,徽宗皇帝就问小太监这是什么汤。小太监灵机一动,称之为"延年益寿汤"。徽宗皇帝听后大喜,赐小太监国姓(即赵姓),并将这种汤赐名为"赵氏延年益寿汤"。

宋徽宗

后来,在"靖康之难"时,金兵攻破开封城,掳走了徽宗、钦宗二帝。混乱之中,小太监逃出皇宫,随逃难的人群向南逃去。小太监久居宫中,身体本来就很虚弱,再加上一路上风寒不断、心中惊惧,没走多远就得了重病。等到他逃到逍遥镇码头时,天色已经很晚。他又累又饿,再也支持不住了,一下子昏倒在码头上的一个茶水炉前。第二天早上,卖茶水的老汉发现火炉前躺着一个人,于是赶忙把他拖到屋里进行救治,一顿热汤热饭之后,小太监的病好了许多。王老汉看他可怜就把他收留下来,并将女儿许配给他为妻。为了维持生计,小太监将茶水摊变成了早点摊。他把"延年益寿汤"加以改造,然后卖给过路的商旅。后来,小太监又将汤里的药物去除,加入了炒过的黑芝麻、花生仁等,做成了一种甜汤,这就是后来流行于逍遥镇的油茶。

有一天,一位北方来的客商带了一瓶胡椒粉来吃小太监做的肉粥。小太监的岳父不小心将客人随手放在粥桶边上的胡椒粉碰翻了。小太监也没注意,就将胡椒粉搅进了锅里。客人吃了之后,感觉到身心俱畅、通体舒泰,于是客商就问小太监这是什么汤。小太监一闻,发现汤的香味扑鼻,舀出来一尝,觉得辣味醇郁,既有干姜、良姜的辣味,又有胡椒、荜拨的辣味,还有肉桂、山柰等的辣味,各种不同的辣味综合起来,充分调动了味觉,感觉分外不同,因此就称这种汤为"胡辣汤"。因其起源地在逍遥镇,所以后来人们又把它称为"逍遥镇胡辣汤"。

新野臊子的来历

新野臊子,是南阳市新野县特有的一种地方风味食品。它是以新鲜牛羊肉为主料,配以大料、花椒等多种调味料,采用特殊工艺制作而成的风味小吃。这一地方名吃形成于三国时期,距今已有 1800 多年的历史了。那么,新野臊子有什么来历呢?

据史料记载,公元 201—208 年之间,刘备占据新野,与诸葛亮、关羽、张飞共图大业。当时,军队要不停地行军打仗,所以朝此暮彼、居无定所,但是人总是要吃饭的,而要制作数万人的饮食实在不是一件容易的事情。由于

新野臊子

当时行动不便,起火做饭困难,所以军队的士气很受影响。面对这一情况,诸葛亮非常焦虑。

一天,军队正在休息进食,忽然一阵风吹过,周围树林都沙沙作响,士兵们都以为是敌军来袭,便匆忙起来迎战,过去一看才发现,原来是虚惊一场,于是大家又都回来继续吃饭。就在这时,大家闻到了一股无比的奇香,就纷纷寻找香味的来源。原来,刚才由于惊慌失措,烧饭的调料、油料等都被打翻,掉进了炖肉的锅里。诸葛亮和众军士都拿起勺来品尝,果然是鲜美至极。

就在大家赞叹之际,有人发现勺里的食物冷却成了块状。诸葛亮一看大喜,于是潜心研究试验,从而发明了臊子,作为战时的应急食品,从此以后,军队的吃饭问题解决了。后来,这种做法传到了民间。新野乡民把诸葛亮发明的臊子代代相传,而且还不断革新工艺,从而使"三国臊子"久盛不衰。

新野臊子以牛羊肉为原料,精选肥瘦适中的嫩牛羊肉,然后切成葡萄大小的方丁;将干红辣椒放到油脂中炸至焦黄,色味被吸入油里之后,捞出来控油、晾脆,然后用刀拍碎备用;将切好的肉丁放到油里反复地炒,等到肉块定形之后,将拍过的辣椒、精盐、大料、花椒、良姜、桂皮、砂仁、豆蔻、草果等调料放进锅中,再用温火煎掉肉中的水分;等到肉丁着色均匀且变成枣红色时,离火降温,这样就做好了。

新野臊子精在工艺、巧在火候,香而不腻、辣而不辛、咸而不涩,色如玛瑙、晶莹剔透、味道鲜美。吃的时候,取适量的臊子放到锅里和蔬菜一块炒,这样素荤搭配,口感很好。不仅如此,新野臊子的保鲜期长,不需要冷藏就可以存放一年以上,而且经夏不腐,味道不变,很是神奇。

博望锅盔的来历及特色

在河南，很多地方都吃"锅盔"。所谓锅盔，是一种用白面烤制而成的特色食品，它通体白色，外形像锅，又类似头盔，故而得名。河南锅盔的种类很多，但是最有名的还要数南阳方城博望镇的锅盔。那么，博望锅盔有什么来历和特色呢？

博望锅盔

三国时，诸葛亮初出茅庐就指挥了火烧博望坡，由此一战成名，留下了"博望用火攻，指挥如意谈笑中。直须惊破曹公胆，初出茅庐第一功"的佳话。这一战，刘备一方杀得曹军死伤无数、尸横遍野。曹将夏侯淳、于禁、李典仓皇溃逃。刘备大胜，取得了博望城，留下了关羽领兵驻守。

那一年，天气异常，久旱不雨。城里的水井都干枯了，水源紧缺，连做饭都成了困难。眼看着将士们饥渴难忍、军心浮动，关羽很是着急，于是连忙修书一封，派人送往新野，请诸葛亮下令退兵。诸葛亮看完告急文书之后，心想，博望乃是军事要地，怎能轻易撤军弃城呢？在苦苦思索了一夜之后，他给关羽回书一封，差人火速送往博望城。

关羽拆开后一看，原来不是信，而是做饭的办法。信上说："用干面，掺少水，和硬块，锅炕之，食为馈，饷将士，稳军心。"这是一种很节水的食品制作方法，关羽看后心里很是佩服：想不到军师不仅善于用兵，连做饼的方法也知道，真是奇人！于是，关羽赶紧按照军师的办法吩咐人制作馈饼。做好的馈饼，大如盾牌、厚似酒樽，吃起来脆香爽口，做起来简单方便，深得将士们的欢迎。从此以后，汉军就是靠着它渡过了道道难关，守住了博望城。从此，"博望锅盔"便出了名，流传了1000多年，一直到今天。

制作博望锅盔时，先要用发酵面、干面反复揉压，把面做成盾牌形上锅炕，等到两面都凝结之后，把几个锅盔叠立起来放在锅里，不加水，用文火蒸烤至熟。做好的锅盔一般重约2公斤，直径33厘米，厚度可以达到6厘米；整个锅盔不焦不煳，用刀切开，只见颜色像生面一样，但吃起来筋香柔韧，丝毫没有夹生的感觉。其味道和熟馍类似，但却酥香爽口、耐嚼耐饥，而且久放不坏。

趣味鄂菜知识

QUWEI ECAI ZHISHI

鄂菜有何风味及代表菜

鄂菜,即湖北菜,古称楚菜、荆菜,起源于春秋战国时期的江汉平原,经汉魏唐宋渐进发展后,成熟于明清时期。1983年被列入中国十大菜系之中。鄂菜以水产为料,讲究汁浓芡亮、香鲜微辣、注重本色,而且菜式丰富、筵席众多,特别擅长蒸、煨、炸、烧、炒等烹调方法。民间鄂菜则以煨汤、蒸菜、肉糕、鱼丸和米制品小吃为主体,具有滚、烂、鲜、醇、香、嫩、足七美,经济实惠。那么,鄂菜有什么风味?代表菜有哪些?

传统的鄂菜以江汉平原为中心,由武汉、荆州和黄州三种地方风味菜组成,包括荆南、襄郧、鄂州和汉沔四大流派。其中,荆南风味,包括宜昌、荆沙、洪湖等地,由于这一带河流纵横、湖泊交错,水产资源极为丰富,所以擅长制作各种水产菜,尤其对各种小水产的烹调更为拿手,讲究的是鸡、鸭、鱼、肉的合烹,肉糕、鱼丸的制作也有其独到之处。襄郧风味,盛行于汉水流域,包括襄樊、十堰、随州等地。这一带以肉禽菜为主体,山珍果蔬的制作也很熟练,部分地区受川、豫影响口味偏辣。鄂州风味,主要分布在鄂东南丘陵地区,包括黄冈、浠水、咸宁等地。这里的农副产品种类繁多,主副食结合的菜肴很有特色,炸、烧很见功底,以加工粮豆蔬果见长。汉沔风味,则植根于古云梦大泽,包括今天的汉口、沔阳、孝感等地,这一带平厚坦荡、湖泊较多,所以尤其擅长烹制大水产鱼类菜肴,而且这里的蒸菜、煨汤都别具一格,小吃和工艺菜也享有盛名。

如果说"味在四川"的话,那么说"鲜在湖北"绝对不为过。据不完全统计,鄂菜现有菜点品种3000多种。其中传统名菜不下500种,典型名菜不下100种。知名菜肴有:清蒸武昌鱼、鸡茸架鱼肚、天门三蒸、钟祥蟠龙、瓦罐煨鸡、散烩八宝、龙凤配及三鲜豆皮、东坡饼、面窝等数百种。下面就介绍几道鄂菜名品。

鄂菜

清蒸武昌鱼 武昌鱼因产于鄂州梁子湖而得名。这种鱼头小、体高、面扁、背厚,呈菱形,脂肪丰厚、肉味鲜美、汤汁清香、营养丰富,堪称淡水鱼中的珍味佳肴。1957年,毛泽东《水调歌头·游泳》一词发表,诗词中有"才饮长沙水,又食武昌鱼"一句,引起了人们对武昌鱼的兴趣。随着时代的发展,武昌鱼的制作技术不断改进和提高,从传统的蒸、煮、炙三种,发展到清蒸、油焖、网衣、滑熘等多种方法。其中尤以武昌大中华酒楼的清蒸武昌鱼别具一格,常作为该店筵席大菜。其特点是口感滑嫩、清香鲜美。

清蒸武昌鱼

仙桃蒸三元 这道菜起源于五代十国时期,历史十分悠久。所谓的"蒸三元",即蒸肉圆、蒸豆腐圆、蒸珍珠圆(又名素衣圆子、糯米圆子)。它是湖北沔阳的传统菜之一,具有浓郁的地方特色。在沔阳民间,婴儿满月、婚丧喜事、生日祝寿等酒宴上,这道菜都必不可少。

东坡肉 相传这道菜是北宋文学家苏轼谪居黄州时所创。其特点是汤肉交融、肉质酥烂,吃起来肥而不腻,别有风味。由于是苏东坡所创,所以,后人为了纪念这位大文豪,就为这道菜取名为"东坡肉"。这道菜在做的时候,都会加上冬笋和菠菜两种作料,寓意"东坡"。流传至今,东坡肉已经成为鄂东地区宴席上的一道名菜。

沔阳三蒸 所谓的"三蒸",即蒸肉、蒸鱼、蒸菜(可随意选择青菜、苋菜、芋头、豆角、南瓜等数十种)。因为这道菜全部以米粉为辅助物,所以又称为沔阳粉蒸。粉蒸肉类、鱼类和时蔬,由于稻米都黏附在原料上,从而保护了原料的水分,使成菜吃起来鲜嫩柔滑。这样既可以突出各原料自有的风味特色,又融合了稻米的清香。

武汉热干面的来历及特色

武汉热干面,是武汉特色的"过早"小吃。它与山西刀削面、两广伊府面、四川担担面并称为中国四大名面。热干面虽然是武汉当地食品,但是在湖北很多地方,如,随州、襄阳等地也十分受欢迎。那么,武汉热干面有什么来历及特色呢?

相传,在1920年的汉口长堤街上,有个名叫李包的人在关帝庙经营凉粉和汤面生意。武汉的夏季异常炎热,一天他将没卖完的面条煮熟后晾在桌上,以防止其发馊变质,但是不小心碰倒了桌上的油壶,面条被麻油浸透了。没办法,

蔡林记虾仁热干面

李包只好将面条与油拌匀后重新晾放。第二天早晨，李包将"麻油面条"放在锅里煮熟，拌上做汤面用的调料一吃，发现香味十分特别。后来，他就开始经营这种面条，吃过的人都觉得这种面味道鲜美独特，于是都纷纷购买。从此以后，他就不卖别的面条了，专卖这一种面，并给它取名为"热干面"。由于这种面最早是在武汉经营的，所以就被人们称为"武汉热干面"。

武汉热干面的制作要经过煮熟、冷却、过油、拌料四个环节，面条要先煮熟，过冷和过油之后，再淋上用芝麻酱、香油、香醋、辣椒油等调料做成的适合个人口味的酱汁，然后搅拌均匀，这样就制作完成了。做好后的武汉热干面色泽黄而油亮，酱香浓郁、甜中带麻、麻中有辣。人们还可以根据个人的喜好加入辣椒红油、萝卜干、酸豆角等。吃的时候，只觉得面条爽滑筋道、酱汁香浓味美，让人食欲大增。不仅如此，热干面还有很多种类，如，全料热干面、牛肉热干面、牛肚热干面、炸酱热干面、虾仁热干面等，可以满足人们的不同需要。

老通城三鲜豆皮有何特色

三鲜豆皮，是武汉的一种传统民间小吃，一般在街头巷尾的早餐摊位都有供应。虽然卖三鲜豆皮的很多，但是最著名的还要数位于武汉市中山大道的"老通城"。"老通城"是武汉的一家大型酒楼，一直以经营著名小吃三鲜豆皮而为人所知，所以有"豆皮大王"之称。那么，老通城三鲜豆皮有什么来历和特色呢？

老通城三鲜豆皮

湖北当地百姓历来喜欢用米、豆混合磨浆调制食物。20世纪20年代，有个叫曾厚诚的当地人，在汉口大智路经营了一家饭馆。因为店铺靠近城门，所以他取店名为"通城饭店"，意思是出了饭店就可以进城了。抗日战争爆发后，饭店停业，战争结束后曾厚诚又开始重新经营，并将店名改为"老通城"，专营豆皮和莲子羹生意。新中国成立后，"豆皮大王"高金安和"豆皮二王"曾焱林接手老通城。他们改进了店中豆皮的制作技术，使豆皮变得美味异常，从此名声大振。

老通城三鲜豆皮是以绿豆、米浆、糯米为主料，以鲜肉、鲜菇和鲜笋作为"三鲜"。制作时，首先，要把糯米煮熟，然后把笋、豆干、瘦肉切成丁放进锅里用油烹，之后出锅。准备好酱油、糖、料酒等调料，加些水卤上备用。接着把面和鸡蛋调成糊状，与做煎饼一样，把面摊进平底锅里，微火烘烤，再打一颗鸡蛋涂抹均匀。抹完之后，把摊好的蛋皮翻个面，把煮好的糯米放上去抹平。之后，把卤好的调料和汤汁浇上去，再翻一下，金黄色的豆皮就在上面了。这时先不要着急出锅，要用锅铲使劲压一压，之后再将豆皮出锅。待稍微冷却之后，把豆皮切成块，一日三餐都可以吃。在吃的时候，可以把豆皮加热一下，口味较重的可以加一些葱花和辣酱。只见豆皮色黄而亮，吃起来油而不腻、外脆内软，十分美味。

"龙凤配"的来历及美味

"龙凤配"，是鄂菜中的佳品，起源于古荆州，至今已经有 1000 多年的历史。这道菜的主要食材是鱼和母鸡，分别象征着一龙一凤，寓意吉祥如意，现在一般作为喜宴上的大菜。那么，"龙凤配"有什么来历及美味呢？

传说，这道菜起源于三国时期的"吴国太佛寺看新郎，刘皇叔洞房续佳偶"这一历史佳话。当时，东吴为了讨回荆州，设下了一个美人计——他们以为孙尚香招亲为诱饵，骗刘备过江。诸葛亮将计就计，东吴则弄巧成拙，最后闹了个"周郎妙计安天下，赔了夫人又折兵"。刘备偕孙夫人安全回到荆州之后，为了庆贺二人从东吴归来，诸葛亮摆宴接风，以"龙凤配"作为主菜相迎。这道菜的主料是鱼和鸡，诸葛亮以鱼喻龙、以鸡喻凤，表示祝贺，文臣武将看后无不赞许。后来，这道菜流传到了民间，因其象征吉祥如意，所以成为喜宴必上的大菜，故而流传至今。

这道菜造型美观，很有喜庆的气氛。鱼酥味鲜、略带酸甜；鸡嫩肉香、咸甜可口。除美味

龙凤配

之外,这道菜还有很好的食疗功效。母鸡肉的蛋白质含量比例较高而且种类多、易消化,有增强体力、强身壮体的作用。不仅如此,母鸡肉对营养不良、畏寒怕冷、乏力疲劳、月经不调、贫血、虚弱等身体不适症状都有很好的食疗作用。鲤鱼呈柳叶形,背略隆起,嘴上有须,鳞片大且紧,肉多刺少。用来做菜,肉质脆嫩、味道鲜美,质量最好。

鱼丸的来历及特色

鱼丸,也叫鱼圆,是湖北民间的传统菜品。每当逢年节喜庆之时,家家户户的餐桌上都少不了它。那么,鱼丸有什么来历及特色呢?

鱼丸自古就有,相传起源于楚文王时期。民间传说,楚文王非常爱食鱼,每次吃饭时可以没有山珍海味,但是绝对不能没有鱼。有一次,他外出回到宫中,看到武昌鱼已经做好上桌了,于是就大口大口地吃了起来,正吃得过瘾,不料一根鱼刺扎破了他的咽喉。楚文王怒不可遏,大发雷霆,当场下令将司宴官斩首。鱼都有刺,难免吃的时候就会被卡住,所以从此以后御厨们都不敢为他做鱼了,但是楚文王又要每天都吃鱼,这可怎么办呢?

有一个厨师很聪明。他将鱼斩头去尾,剥皮剔刺,剁成鱼泥,做成鱼丸,然后端给楚文王吃。楚文王吃了一口之后觉得香鲜可口,而且也不用再担心鱼刺卡住咽喉了,所以就改吃鱼为吃鱼丸了。后来,鱼丸流传到了民间,从此将鱼做成鱼丸就成了荆楚一带的风气。随着制作越来越精细,鱼丸做得越来越诱人。由于鱼丸做的时候方便快捷,而且不失体面,所以在春节前后是城乡人民招待客人的必备菜肴。

做鱼丸的鱼一般是鲤鱼或青鱼,把他们洗净收拾好后,刮取净肉,然后把净肉剁成鱼茸,在鱼茸里加入姜汁、葱汁、味精、蛋清、盐、猪油搅成糊状。然后将炒锅放在小火上,锅内放入清水,将鱼挤成一个个圆形或橘瓣形的鱼丸放入锅中。全部放完以后,将锅移到旺火上,鱼丸煮到八成熟之后出锅。接着,把鸡汤、猪油、香菇、味精、精盐等作料放入锅内,沸腾之后下入鱼丸,煮一会儿就可以出锅了,然后撒上胡椒粉、葱花。煮好以后的鱼丸色白如玉、鲜嫩滑润、营养丰富、非常美味。

鱼丸汤

"湘妃糕"的来历及特色

"湘妃糕",即三鲜头菜,是湖北荆州的传统佳肴。它是以鱼糕、鱼丸为主料,加上猪肝、腰花、肚类等三鲜,辅以金针(即黄花菜)、黑木耳、冬笋等配料制作而成,是当地宴席上必不可少的头等名菜。那么,"湘妃糕"有什么来历及特色呢?

湘妃糕

传说湘妃糕缘起于湘妃。湘妃,名叫娥皇,是远古时代的贤君虞舜的妻子。她有一个名叫女英的妹妹,也是虞舜的妻子,可以说是姐妹共事一夫。有一次,姐妹二人跟随舜帝南巡,来到了今湖北省公安县城北的柳浪湖畔。湘妃原本身体就比较弱,再加上长途劳顿,于是感染上了风寒之疾,不思饮食,身体也一天比一天衰弱。女英看到姐姐病痛在身,心里非常焦急,就想给姐姐做点好吃的,希望能对她的身体有好处。

女英想起姐姐平常最喜欢吃鱼,于是想就近在柳浪湖中捕鱼,然后制成美味,以开姐姐的胃口。接着,女英就让渔人伯翁捕了一条鱼,叫厨师司马弼加工成美味。司马弼考虑到病人的特点,就剁去鱼头鱼尾,剔掉鱼刺,将鱼肉剁成肉泥,然后蒸成了鱼糕。鱼糕做好后送给了娥皇。她一尝,觉得鲜嫩可口,立刻食欲大开,营养跟上了,身体也就逐渐地好了起来,又可以跟随舜帝继续南巡了。虽然娥皇、女英离开了柳浪湖,但是鱼糕的做法却留了下来。人们为了纪念这段过往,就将这道菜命名为

娥皇、女英像

"湘妃糕"了。

随着时间的推移,民间在制作加工"湘妃糕"时进行了不断的改进,从而使得鱼糕的滋味越做越好,名气也越来越大。到了清朝末年,人们在鱼糕的上面添加了猪肝、腰花、肚类等三鲜,从而使这道菜式最终定型,滋味也更加鲜美,深受当地群众的喜爱,被确定为当地的头等名菜。

鱼肉是一种非常营养健康的食材,而且鱼还是吉祥如意的象征,如年年有鱼、吉庆有鱼、鱼米之乡等成语,都是同喜庆、丰收联系在一起的。这也表明了鱼从古至今都是人们餐桌上的一道重要的菜。人们都喜欢吃鱼、重视吃鱼。湘妃糕是将鱼肉做成了鱼糕,具有低脂肪、低胆固醇、高蛋白等特点,而且它口感柔软,入口即化,营养丰富,滋补性强,对人的身体很有好处。

"鸡泥桃花鱼"与王昭君有何渊源

鸡泥桃花鱼,是湖北宜昌的一道传统的名贵汤菜。它以桃花鱼、鸡脯肉、鱼等原料制成,做好的菜在汤碗里犹如一朵朵清新艳丽的桃花,特别惹人喜爱,故名鸡泥桃花鱼。那么,"鸡泥桃花鱼"与王昭君有什么渊源呢?

相传在西汉时期,宜昌香溪河边出了一个美女,名叫王昭君。有一次,宫中选妃,王昭君一去就被汉元帝选中了。后来,匈奴呼韩邪单于向汉元帝请求和亲,深明大义的王昭君主动要求出塞。临行前,昭君回到故里省亲,与父老乡亲告别。当昭君要离开故乡时,正好是家乡的桃花凋谢之时,只见满天落英缤纷,好像是在为昭君伤情一样。就在这漫天的花雨之中,昭君告别了父母、告别了故里,登上了远行的小舟。

在天空中飞舞的桃花好像不舍得让昭君远去,纷纷飘到了香溪河里,追随着昭君的芳影。昭君看到这一幕,心头涌起了无限的伤感,不禁含泪弹起了琵琶,泪珠随着弦声落下,溅到了那一片片的桃花瓣上。那些浸透了昭君泪水的桃花瓣,都变成了一条条桃花鱼。当船行到彝陵峡口时,琵琶弦断音止,那满河的桃花鱼也就隐进了桃花潭,告别了远去他乡的昭君。后来人们就用这种鱼做菜,取名为"鸡泥桃花鱼"。

"鸡泥桃花鱼"是一道汤菜。

鸡泥桃花鱼

它的精华就在桃花鱼身上，只不过这桃花鱼却并不是真的鱼，而是一种透明的腔肠动物，形状和海蜇类似，因此又被称为"桃花水母"。桃花鱼主要生活在彝陵峡口和香溪河里，每当桃花盛开的时候，它们就会出现在碧波荡漾的水中，酷似一瓣瓣桃花，有的洁白无瑕，有的红妆淡抹，有的色呈乳黄，都伴随着清澈的水流上下起伏，与香溪河两岸的桃花交相辉映，使人难以分辨。不仅如此，桃花鱼与桃花共生死，每当桃花谢后，桃花鱼也就无影无踪了，又回归到了神秘的大自然当中。

王昭君

制作鸡泥桃花鱼时，要选用鸡脯肉、桃花鱼做主料，先将桃花鱼洗净，之后放入碗中，用精盐、葱姜水拌匀，然后再腌一会儿。鸡脯肉要除筋去膜，清洗干净。然后将鱼肉和鸡肉分别剁成茸放入碗中，加入两个鸡蛋清、葱姜汁、味精和豆粉等调料，搅拌均匀，再分别装入两个小碗内。两个鸡蛋黄要放入其中一个小碗内搅拌均匀，制成两色鸡鱼茸。

准备完毕之后，炒锅上火，加入鸡清汤，加热到将要沸腾时，把两色鸡鱼茸分别挤在腌好的桃花鱼上面，下入锅中煮约5分钟；接着用精盐、味精调好味，然后下入青豆苗，淋入猪油，起锅装碗。这样，一道鸡泥桃花鱼就做好了。鸡泥桃花鱼成菜后，形似朵朵桃花浮于汤面，鸡鱼茸鲜嫩，汤清味美，真乃人间极品。

 楚味鸭颈的来历及美味

楚味鸭颈，诞生于武汉市汉口区精武路，又名精武鸭脖、九九鸭脖。其融合了四川麻辣特色与武汉当地风味，以香辣刺激、嚼劲十足而被大众喜爱。

其制作时，先用姜块、盐、料酒等将鸭颈腌制；再放入沸水中煮熟；最后用干辣椒、八角、油等料制成辣味卤汁，将鸭颈卤制即可。关于楚味鸭颈的来历，还有一段传说。

传闻战国时期楚王率军出征。一天傍晚其军队路过汉中某个湖泊时，只见湖上群鸭飞渡，景象煞是壮观。士兵们经过几天的长途跋涉正好肚中空空，见到野味后大为欢喜。在得到楚王的允许后他们急忙下湖捕捉，将捉来的鸭子烤熟美餐了一顿。几天后见还有很多鸭子没吃完，军中有一人便用秘方将鸭脖酿

汉口精武鸭脖店

成美味。楚王和士兵们尝后赞不绝口。楚军得到美食后神勇无比，战事连连告捷。数千年后，楚军制作鸭脖的秘方已尽失传。汉口人士汤腊九，一日与好友谈及此事，扼腕叹息。他决定翻阅古籍寻求秘方，终于在数年后研制出独家酿制方式。汤腊九所制鸭脖自成风格，被众人喜爱。因其名字中带有"九"字，便将其所制鸭脖取名为"九九鸭脖"。

楚味鸭颈奇香剧辣，香味独特，一经品后让人回味无穷，欲罢不能。

 ## 四季美汤包为何有名

四季美汤包，是坐落在汉口中山大道江汉路口附近的一家小吃店，意思是店里一年四季都有美食供应。这个店自 1922 年开业以来，生意一直很兴隆。后来，厨师钟生楚等人在店中制作了具有江苏风味的小笼汤包供应市场，受到了顾客们的好评，从此以后，这家店就变成了主要供应小笼汤包的汤包馆，并被誉为"汤包大王"。那么，四季美汤包为何有名呢？

老四季美汤包馆开办于 1922 年，当时的老板田玉山从南京请来了烹饪能手徐大宽。在徐师傅的建议下，店里对汤包的制作进行了严格把关和改进。改进后的制作工艺为第一步熬皮汤、做皮冻；第二步做肉馅；第三步制包；最后是火候到位。在用料上，店里也进行了大胆改革，一律选用上等料，肉皮要绝对新鲜，肉馅是有一指膘的精肉，蟹黄汤包一定要用阳澄湖的大鲜蟹等。

由于"老四季美"在质量上狠下工夫，所以使汤包的品质大为提高，一下子吸引了很多顾客，使"老四季美"的小笼汤包名声大噪。新中国成立后，"老四季美"汤包馆生意兴隆，越做越红火，由原址迁到汉江路与中山大道的交会处，一年四季都是宾客如云。

四季美汤包

现在的四季美汤包,是在苏式汤包的传统做法基础上,经过不断改进而形成的。他们制馅讲究、选料严格。制作时,先要将鲜猪腿肉剁成肉泥,然后拌上肉冻和其他作料,包在薄薄的面皮里上笼蒸熟,这样肉冻成汤,肉泥鲜嫩,七个一笼,再佐以姜丝、酱、醋,味道非常鲜美。

四季美五彩汤包

四季美汤包具有皮薄、汤多、馅嫩、味鲜的武汉风味特色,吃的时候要先轻轻咬破汤包的表皮,慢慢吸尽里面的汤汁,然后再吃汤包的面皮和肉馅。只有这样,才能真正领略到小笼汤包的特有滋味。为了满足不同顾客的需要,除鲜肉汤包外,还有虾仁汤包、香菇汤包、蟹黄汤包、鸡茸汤包、什锦汤包等品种,花样繁多、风味独特。

 ## "黄州烧梅"因何得名,有何特色

"黄州烧梅",是一种用面粉做皮,用肥肉、橘饼、花生米、桂花等材料做馅的小吃,吃的时候可蒸、可炸、可烤。因为这种烧梅的外形上似梅花、下似石榴,所以又被叫做石榴烧梅。黄州烧梅有"榴结百子,梅呈五福"的寓意,所以深受当地人喜爱,为黄州三绝之一。那么,黄州烧梅因何得名?有什么特色呢?

黄州烧梅

说起黄州烧梅的历史,也有1000多年了。相传,苏东坡被贬黄州、躬耕于东坡的第二年,正好碰上了好年成,按照黄州当地的习俗要邀请亲朋好友来吃"丰收酒"。苏东坡的邻居潘彦明是做黄州菜肴的好手,于是苏东坡就请他来帮忙操办酒席。苏东坡对潘彦明说:"别的菜不要你动手,你就做几道你最拿手的黄州菜吧。"于是,潘彦明就用糯米、冰糖、面粉做了一盘烧梅,并在其顶端点上了一个红点,一个个像朵朵盛开的石榴花一

苏东坡

样。苏东坡见这道菜形色俱佳,风味独特,就问他:"这叫什么菜?"潘彦明对他说"这叫黄州烧梅,是我的拿手好菜,也是黄州府城的风味名吃!"从此,烧梅就与东坡饼、炒汤圆并称为古城黄州的三大名吃了。

黄州烧梅在明代以前是用肥肉、桂花、核桃仁等做馅,到了清代以后又加入了葡萄干、冰糖等,制成后用蒸笼蒸熟。吃的时候,人们会觉得它有些微辣,但是又不知道辣在哪里;微甜,但也不知道甜在何处。总之,这种烧梅非常好吃。每当迎亲嫁娶、满月抓周、庆生祝寿、升学出仕、逢年过节等重大喜庆节日之时,黄州市民总要请来制作烧梅的名厨好手,热闹红火地操办一场"烧梅酒",所以"烧梅酒"在当地被视为是招待贵客的隆重酒席。

黄州烧梅工艺讲究、造型繁多,不仅颜色亮丽、造型别致,而且味道独具一格。制作时,首先,要采用上等的精制白面、桔饼、新鲜花生米、豌豆粉、葡萄干、肥猪肉等多种配料;其次,是在做工上讲究将面粉反复糅和,一直揉到面团不粘盆案为止;然后把揉好的面团压搓成条,切成小段,分别取一段用擀面杖飞快旋擀,边擀边撒淀粉,直到擀出荷叶似的包皮为止。做馅时,要把馅料细切成丁或捣碎,搅拌均匀,然后捏成团状包在面里里。值得注意的是,烧梅的造型一定要美观,包好的烧梅要形似石榴,而且要用玫红或朱红色的食用色素在花瓣上点上几点,然后放到新鲜荷叶上或竹匾里次第排开、上笼蒸好。至此,形美色靓、内外兼美的黄州烧梅才算制作完成。

趣味沪菜知识

QUWEI HUCAI ZHISHI

"上海菜"是如何形成的,有何代表菜

沪菜,即上海菜,是我国的主要地方风味菜之一,习惯叫"本帮菜"。"本帮菜"虽然不在中国传统的川、鲁、苏、粤、浙、闽、湘、徽这八大菜系之中,却也有

自身的特色。上海"本帮菜"起源于老城厢、南火车站及十六铺一带,当时有不少中小饭店向黄浦江边的码头工人及过往旅客、商人提供家常便饭,当家菜有豆腐血汤、肉丝黄豆汤、韭菜百页、红烧鱼块、炒腰花等,价格低廉。后来随着社会的变迁,上海的外地人越来越多,外地菜也进军上海。"本帮菜"师傅不断吸取外地

上海私房菜

菜,特别是苏锡菜的长处,在 20 世纪中叶形成了料取鲜活、品种众多、品味适中的"本帮菜"。

早期的"本帮菜"以浓油赤酱、咸淡适中、保持原味、醇厚鲜美为其特色。常用的烹调方法以红烧、煨为主。后来受世界饮食潮流趋向于低糖、低脂、低钠的影响,"本帮菜"逐渐由原来的重油赤酱趋向淡雅爽口,形成"海派本帮"之特色。其烹调方法上的一大特色就是善于用糟,别具江南风味。

长期以来,"本帮菜"中也出现了不少招牌名菜,浓油赤酱、口味较重的,如虾子大乌参、大鱼头、锅烧河鳗、佛手肚档、油酱毛蟹、响油鳝糊、油爆河虾、红烧划水、红烧鱼、黄焖栗子鸡等;清淡素雅的,首推夏秋季节的糟货,如,糟鸡、糟猪爪、糟门腔、糟毛豆、糟茭白等;而荠菜春笋、水晶虾仁、冰糖甲鱼、芙蓉鸡片、素炒等以鲜嫩清淡见长;扣三丝等菜肴,则以刀工见长。

现存著名的"本帮菜"菜馆,有上海老饭店、老正兴菜馆、德兴馆等,都是上海有名的老字号。

蟹壳黄因何得名,有何特色

蟹壳黄,是上海最具特色的点心之一,创始于 20 世纪 20 年代初。因其饼色与形状酷似煮熟的蟹壳而得名。由于此饼制作时还需放入特制的烤炉中,贴

于炉壁直到烤熟,因此又称"火炉饼"。

蟹壳黄是用油酥加酵面作坯(要用熬炼七八成熟的菜籽油炒油酥面),先制成扁圆形小饼,外面撒一层白芝麻,然后贴在烘炉壁上烘烤而成(注意烘烤时要把握好时间和火候)。馅心分为甜、咸两种,甜味的有枣泥、白糖、豆沙等;咸味的有虾仁、葱油、蟹粉等,口味各具特色,让人流连忘返。

相传1357年朱元璋率大军在徽州作战,兵败后被敌人追杀,躲在农户家中避难。他饥饿难忍时吃到了当地的烧饼,赞叹不已。后来朱元璋做了皇帝,称此饼救驾有功,遂赐此饼徽州救驾贡饼字号。

甜咸蟹壳黄制作场景

"三个蟹壳黄,两碗绿豆粥,吃到肚子里,同享无量福。"这是人民教育家陶行知先生为赞美家乡的小烧饼而作的诗。此诗充满浓厚的乡土气息,体现了徽州人悠闲自得的生活状态。

 ## 排骨年糕的特色及由来

排骨年糕,是上海著名的特色小吃,已有50多年的历史,经济实惠、风味独特。其品种多样,以水磨年糕为最佳。它以排骨和年糕为两大主料,不仅搭配具有特色,还含有丰富的营养价值,对人体十分有益。

制作排骨时要用刀背将其肉拍松,将其边上的白筋切断;然后把排骨放入调拌好的调料中腌制20分钟左右,再倒入地瓜粉;最后将排骨均匀地裹上一层粉浆后放入油中炸,直至酥黄时方可捞出。制作年糕时要先将调味料全部放入锅中烧开,再放入年糕,然后改为小火一同煮10分钟。待到年糕熟软时即可盛出。最后把制作好的排骨和年糕盛到一个盘子中,一道美味的排骨年糕就大功告成了。

关于排骨年糕的由来,还有

排骨年糕

一段历史传说。相传清光绪年间,有些梁湖人在绍兴开店卖年糕。那时的年糕是用燥粉加水用手捏制而成的,做法比较粗糙,质量不好,既易开裂,口感又欠佳。陈培基是梁湖的一个农民。他的优点是善于观察与思考。一次,他经过豆腐店时发现里面的豆腐又细又嫩,于是灵机一动,回家后便模仿豆腐的制作方法制成了水磨年糕。改造后的水磨年糕不仅质量好,口感也不错。自此来他店里吃年糕的顾客络绎不绝。其生意也越来越红火。

生煎包有何特色

生煎包,已有上百年的历史,是近些年流行于上海、苏州一带的著名小吃,又称生煎馒头、生煎包、水煎包。其馅心最先以鲜猪肉加皮冻为主,后来又增加了鸡肉、虾仁等多种馅心品种,使其口味变得更加丰富。

上海生煎包

生煎包的制成约有四个大的步骤:制馅、制皮、合成和煎制。制作这道小吃时要用半发酵的面皮包馅,包好后把生包排放在平底锅内油煎。尤其值得注意的是,在煎制过程中要不断地淋凉水(这样可以使口感更好),直至包的底面变得黄、硬、脆才可。最后再撒上一些葱花和芝麻就大功告成了。记得生煎包要趁热吃,这样口感最佳。

上海著名的生煎包有丰裕生煎、小杨生煎、王家沙生煎、大壶春(清水)生煎、飞龙生煎等。

南翔小笼馒头有何特色

南翔小笼馒头,又被称为南翔小笼包,是上海市嘉定县南翔镇的传统名小吃,已有百年历史。2002 年 11 月获得"中国名点"称号,2006 年获得"上海名点"光荣称号。

其馅心是用猪夹心肉剁成肉末,然后放入适量的盐、糖、酱油、水调制而成。皮是用不发酵的精面粉做成。馒头包好后放入小笼屉用大火蒸 10 分钟即可。吃时,可以先在小笼的底部咬个洞,然后吸吮汁水,之后再把小笼包放入嘴里细细品尝;如果再配上姜丝、醋、蛋丝汤,其味道更佳。

相传同治十年(1871年),南翔镇上的老板黄明贤每天都到古漪园去卖大馒头。由于馒头的味道好,经常受到顾客夸赞。后来许多同行的人都来抢生意。这使黄贤明十分苦恼。经过思考,他开始对大馒头进行改良。他把大馒

南翔小笼包

头的皮变薄,馅增多,而且将其体积也变小。他做馒头馅时不但不用味精,还把鸡汤煮肉皮制成冻后拌入,再撒一些芝麻。因此蒸熟的小笼包晶莹剔透、味道鲜香,十分受顾客欢迎。后来去上海旅游的南翔人邀请黄贤明到那边去开小笼包店。这样,南翔小笼包逐渐被大众所熟知且至今盛名不衰。

 ## 鸡鸭血汤的来历

上海城隍庙作为特色小吃的聚集地,品种繁多,常使人眼花缭乱。其中鸡鸭血汤,是不容错过的精品。它作为城隍庙特色小吃的代表,因美味和低廉的价格一直广受食客青睐。在享受美味之时,人们不免疑惑,这美味到底是怎样被创造出来的呢?

鸡鸭血汤

据说,鸡鸭血汤创造于20世纪早期,是由一个名叫许福泉的小商贩发明的。许福泉用一个俗称"铁牛"的深腹铁锅烧汤,中间用铝皮隔开,一半烫血,一

半以鸡头鸡脚熬汤。客人光顾时，就将煮熟的鸡心、肝、肫、肠和鸡卵放入碗中，浇上鸡汤，撒上少许葱花，淋几滴鸡油。几个简单的步骤之后，一碗鲜嫩滑爽的鸡鸭血汤就完成了。

现在的鸡鸭血汤在食材的运用上有所改良，一般店家会加入豆腐、冬笋、粉丝等辅料，做好后的鸡鸭血汤还会放上香菜、胡椒粉等。经过这种改良后的鸡鸭血汤比原来的味道更加鲜美。

1973年，因政变而流亡到中国的柬埔寨亲王西哈努克在上海访问期间，负责接待的人员为其准备了鸡鸭血汤。据说当时中方将制作鸡鸭血汤当做一项政治任务来完成，要求汤中的鸡卵要大小一致，为此，负责做汤的师傅们三下南翔，杀了108只上海本地草鸡才找到需要的鸡卵。鸡鸭血汤做好后，亲王吃了赞不绝口，连吃两碗。这个故事虽然显得荒谬不可信，但为这一平民化的小吃增添了一丝传奇色彩。

如今上海鸡鸭血汤做得最为地道的就是老松盛了。"老松盛"，位于上海城隍庙中，是一家历史悠久、负有盛名的百年老店。因其选材讲究、制作精细，一直备受顾客青睐。

糟田螺有何美丽传说

糟田螺，是上海著名的风味小吃。其原料讲究，是用安徽屯溪产的龙眼田螺加工制作而成，肉质滑嫩、厚实，不仅味道鲜美而且具有丰富的营养价值。田螺肉含有铁、钙、蛋白质、维生素A，可以清热去火、抑制狐臭。但须注意，尽量避免与冰、柿子、蚕豆、面、黑木耳、糖、蛤等同吃，以免引起身体不适。

糟香田螺

糟制好的田螺成灰褐色，肉质滑嫩、卤汁鲜美、口口留香，以清明节或中秋节时品尝最佳。关于其来历,还有一段美丽传说。

相传有一位单身汉因家境贫穷一直没能娶上媳妇。他每天早出晚归地忙于地里的农活,常常只能吃些剩饭、剩菜。有一次他在田里捡到了一只田螺,就把它带回家养在水缸里。时间过得很快,转眼3年过去了。这一天小伙子像往常一样去田里干活,但当他傍晚回到家时却发现桌子上摆满了各种美味的饭菜。由于好奇,他打算一探究竟。第二天他和往常一样,也是早早地就拿起锄头离开了家。其实他并没有去地里干活,而是偷偷地躲在屋外观察。晚上时,他发现屋里有一位漂亮的姑娘在帮他做饭,于是就闯了进去。进屋后他看到自己养在水缸里的田螺只剩下了空壳,便猜出姑娘是由田螺变成的。随后他就问姑娘这么做的原因。姑娘告诉他,前世的单身汉曾救过她性命,今世又养了她三年,所以要来报恩。单身汉听后十分感动。

后来单身汉与这位田螺姑娘结了婚并且生下一对儿女。从此他们恩恩爱爱,过着幸福的生活。

小绍兴鸡粥因何出名

小绍兴鸡粥,是上海地道的风味小吃,堪称天下第一美味。其以三黄鸡和白粳米为主料,先把鸡汁原汤加白粳米煮成粥,然后配上鸡肉及盐、葱、姜、蒜、酱油、白糖、味精、香油这些作料。此粥特别适合早餐和晚餐食用,不仅味道鲜香而且营养丰富。

小绍兴鸡粥店由章润牛、章如花两兄妹创办,已有数十年的历史。据说"小绍兴"这个店名是由顾客喊出来的。1940年春,章润牛与妹妹章如花跟随父亲从浙江绍兴逃荒到了上海。他们批发了一些生鸡头、鸡翅、鸭脚,将其加工制作后走街串巷地叫卖。挣了一些钱后,他们便摆了一个摊头,主要卖馄饨、面条等。尽管兄妹二人十分勤劳努力,顾客依

小绍兴鸡粥

然寥寥无几。最后他们没办法就把摊位改成粥摊,可生意仍然不好,为此二人十分苦恼。

有一次兄妹二人聚在一起想办法时,突然想到了小时候听过的一个传说。

据说曾向清代仁宗皇帝进贡的鸡就是绍兴产的越鸡。那时绍兴有几家农户每年都养许多鸡。他们养鸡的方法很特别,每天都要把鸡放到山上去觅食。长大后的鸡肉很肥嫩,烧好后味道也特别鲜美。皇帝品尝后就特别喜爱,于是让他们每年都向皇宫进贡这种鸡。章润牛就是受到这个传说的启发,开始选用老百姓放养的鸡作粥的原料。从这以后,其生意红火起来。由于章润牛说一口绍兴音,个子又比较矮小,因此顾客就喊他"小绍兴"。小绍兴鸡粥店与小绍兴鸡粥也就因此而得名了。

三鲜大馄饨有何特色

三鲜馅大馄饨,是上海有名的特色小吃。其制作方法比较简单,把洗净的鱼肉、虾仁、猪肉和葱末一起剁碎放入盆中;再加入盐、料酒、香油、胡椒粉、蛋清、水淀粉等调料,并将它们搅拌均匀制成馅料;然后用馄饨皮包入馅料,将其放入煮沸的高汤锅中,煮熟便可。

三鲜馅大馄饨

关于"馄饨"的由来,传说与四大美人之一的西施有关。

相传春秋战国时期,吴王夫差打败越国并俘虏了越王勾践,不仅得到许多金银珠宝,还得到了大美人西施。从此他不问国事,一直沉湎于酒色歌舞之中。冬至节来临的时候,百官像往常一样都来朝拜吴王。宴会上吃惯山珍海味的吴王很不高兴,于是放下筷子不再吃任何东西。西施看到这一情况后便亲自下厨,又和面又擀皮,想要为皇上做出一道新式的食物。她思考片刻后便用擀好的皮子包出了一种与众不同的点心,将其煮熟后捞进碗里,然后加上鲜汤,再撒上葱、蒜等调味品,做好之后献给了吴王。吴王品尝后觉得十分美味,一口气就吃了一大碗。他问西施此种点心是什么。西施暗想:这个无道的昏君,只管饮酒作乐,不理朝政,真是混沌不开,便顺口应道"混沌"。此后,这种叫"混沌"的点心流入了民间并深受大家喜爱。吴越人家还将其定为冬至节的应景美食。

白斩三黄鸡有何特色

白斩三黄鸡,是上海的一道著名风味小吃,由于味道鲜美、独特而备受青睐。其做法比较讲究,须用白水煮三黄鸡,而且火候要把握得当,刚刚熟的状态为最佳,时间一长会使鸡肉口感变老。煮熟后要等到鸡肉和鸡汤一同冷却后才可将鸡取出。准备调料时,先将生抽和糖搅拌均匀,然后加入葱末和姜末,最后放几滴麻油即可。

白斩三黄鸡

相传明朝开国皇帝朱元璋攻打京城胜利后,天天吃美味佳肴。但是时间一久他对那些饭菜就腻了。一次,国师刘基为皇上献来一盘鸡肉,朱元璋吃后赞不绝口。后来国师告诉皇上,此鸡产于浙江的仙居,因为黄冠、黄羽、黄喙,体小肉嫩、营养丰富,其外形又像元宝,故名"元宝鸡"。朱元璋听后笑道:好一个"黄冠、黄羽、黄喙",于是将此鸡赐名为"三黄鸡。"从此"三黄鸡"名扬天下,也成了朝廷必备的食物之一。

皇帝喜欢"三黄鸡"这件事不仅流传于民间,据说《辞海》中也有过记载。"三黄鸡"在国家农业部权威典籍《中国家禽志》一书中排名也是居于首位。

擂沙圆的来历

擂沙圆,是上海乔家栅点心店的风味小吃,已有70多年的历史。在煮熟后的各式汤团上滚上一层干豆沙粉而成。这样既有汤团的美味,又有干豆的清

擂沙圆

香,别具一番风味。

相传清朝末年,一位姓雷的老太太在上海城内开了一个汤团店。为了方便顾客把汤团带回家吃,她想尽办法,最终找到了窍门:把煮熟的汤团捞起后裹上一层炒熟的赤豆粉,这样汤团就没有汤,携带起来也更加方便,故而取名"雷沙圆"。当上海乔家食府创设后,就大量生产这种小吃。后来其制作方法得到改进,味道也变得更加可口,遂将"雷沙圆"改为了"擂沙圆"。

制作擂沙圆时,先将赤豆煮烂并磨成细粉,在烈日下晒上两三天(也可用烘箱烤干),等水分完全蒸发后使其冷却;然后将其用微火炒30分钟,取出磨细并用17眼箩筛一下,把粗粒再磨,直至磨成棕黄色擂沙粉(注意擂沙粉最好现炒现用,搁置久了香味会散失);最后将煮熟的汤团沥去汤,外表滚上一层擂沙粉就大功告成了。

趣味秦菜知识

QUWEI QINCAI ZHISHI

秦菜是如何形成的,有何代表菜

秦菜,即陕西菜,简称陕菜。其特色表现为用料广泛、选料严格、制作考究、滋味纯正、风格多样等。此菜系擅长炒、酿、蒸、炖、汆、炝、烩等烹调方法,由于注重原色、原形、原汁、原味,所以菜肴成品质地脆爽、酥烂,口味鲜香。

西安陕菜馆

秦菜的形成,经历了漫长的历史年月,主要经历了四次发展高峰。

第一次高峰 据载,早在 3000 多年前,陕西地区就出现了秦菜发展的第一次高峰。当时,人们已学会了使用油、盐、酱、醋等多种调料,煮、烤、煎、炸等多种烹调技法,而菜品口味已形成了鲜、香、酸、辣、咸、甜等多种特色。其中,《礼记》中记载的"西周八珍"就是这一时期的 8 种食品(或 8 种烹调方法),具体是指淳熬、淳母、炮豚、炮牂、捣珍、渍、熬和肝膋。

第二次高峰 秦汉时期,秦菜的发展出现了第二次高峰。秦朝时,秦菜从选料、加工、调味、到火候等,都是以先秦时期的烹饪经验为依据的。这在《吕氏春秋》里有全面的总结。两汉时,中国从西域引进了"胡食",进一步丰富了中华饮食的食材。像胡瓜、胡萝卜、胡豆、胡桃等都已在关中试种成功。毫无疑问,这些"舶来品"为秦菜的发展提供了重要的选料来源。

第三次高峰 隋唐时期,秦菜的发展出现了第三次高峰。唐朝时,国家发达的经济、开明的政治政策、繁荣的文化氛围,都为秦菜的发展营造了极为有利的环境。以都城长安(今西安)为例,此时不但大街上茶楼酒肆鳞次栉比,而且经营规模比以前要大很多。

这一时期,秦菜的烹饪原料已具备了"水陆罗八珍",餐具已十分精美,菜品已非常丰富,食疗理论更加系统化。以美味佳肴为例,光"烧尾宴"这一宴席囊括的名菜、美点就有 58 款。此外,这时还首创了花色冷拼(冷食),如,"槐叶冷淘"等。

第四次高峰 20 世纪三四十年代,秦菜的发展出现了第四次高峰。当时正值抗战,随着东部地区和沿海地区的人员向内地迁徙,京、津、鲁、粤等菜系开始进入陕西西安、咸阳、宝鸡、汉中等地界。特别是西安地区,当时就已有大中型餐馆100多家。这当然为秦菜带来了新的食材、技法、质感、口味、适应面等。比如，在烹调技法上，秦菜吸取了扒、涮、火靠、煎等新的制作技艺。

秦菜由关中、陕北、陕南3个地方风味构成，具体分类包括民间菜、市肆菜、宫廷官府菜、民族菜、寺院菜等。关中风味，是秦菜的典型代表，主要包括西安、咸

西安袁记肉夹馍

阳、宝鸡等地区，其中以西安为中心。陕北风味，包括榆林、延安、绥德等地区。陕南风味，包括汉中、商洛、安康等地区。

秦菜可分为热炒、冷荤、面点三大类，各类的代表菜分别如下：

热炒大菜　清汤官燕、罐罐鸡、益元鸡、葫芦鸡、芝麻鸡、天麻乌鸡、熏焖栗子鸡、红焖鸡块、溜鸡片、鸡米海参、黄焖牛肉、精蒸羊肉、清蒸羊肉、葱爆羊肉、黄芪羊肉、鸡茸鱼翅、奶汤锅子鱼、清汤鱼丸、菊花全鱼、参芪炖甲鱼、清蒸甲鱼、清蒸草鱼、干煸鳝鱼、糖醋鲤鱼、熊黄鱼肚、酸辣鱼唇、红烧鲢鱼头、豆瓣鲫鱼、炸香椿鱼、芙蓉鱼片、黄焖鳝段、商芝肉、坛子肉、粉蒸肉、小酥肉、条子肉、莲菜炒肉片、蒜薹炒肉丝、烧肉三鲜、全家福、炒腰花、清炖乳鸽、凤眼鸽蛋、金边白菜、蜜汁葫芦、芝麻大虾、茄汁虾仁、三丝鱿鱼卷、酸辣肚丝汤、榨菜肉丝汤、鳝和羹等；

冷荤凉菜　糖醋排骨、腊牛羊肉、陈皮牛肉、五香熏鸡、姜汁鸡块、鸡火拌蜇皮、盐水鸭脦、盐水大虾、油爆大虾、五香鱼、五香熏鱼、酱猪腰、卤猪肝、玫瑰凤爪、三皮丝、青椒拌银芽、三丝拌海带、凉拌梅豆角、五彩菠菜、红油绿豆芽、麻酱莴笋尖、盐水花生、脆皮黄瓜、麻酱凉皮、香椿拌豆腐、菠菜松等；

面点小吃　羊肉泡馍、牛肉泡馍、红肉煮馍、志丹手抓羊肉、水盆大肉、小盆羊肉、岐山臊子面、长安臊子面、西府浆水面、金线油塔、千层油酥饼、红油糕、乾州锅盔、豆沙包子、地软包子、荠菜春卷、三鲜烧麦、米面凉皮、商州洋芋糍粑、安康窝窝面、洋县枣糕馍、略阳罐罐茶、宁强核桃烧饼、铜川花素包子、秦川烩麻什、东府畚畚面、汉阴炸米饺、汉中薄皮饺子、宝鸡茶酥、凤翔豆花、富县鸡血面、陕北钱钱饭等。

 ## 三皮丝原名为何叫"剥豹皮"

三皮丝，始于唐代，是陕西的古典名菜，主料为鸡皮（或鸡腿肉）、熟猪肉皮、

三皮丝

海蜇皮。此菜作为夏令时菜，皮脆肉嫩，清爽利口，风味独特，是一道佐酒佳肴。

三皮丝原名"剥豹皮"。其与一个典故有关。

唐朝中期，京城长安出了三个作恶多端的大奸臣。他们沆瀣一气、狼狈为奸。这"三恶"是指监察御史李嵩、李全交和殿中御史王旭。"三恶"欺上瞒下、强抢民女、搜刮民财，可以说坏事做尽，恶贯满盈。

当时，长安城里城外民怨沸腾，没有一个人不对"三恶"咬牙切齿，恨之入骨。于是人们给他们分别起了外号："赤鼥豹"（李嵩）、"白额豹"（李全交）、"黑豹"（王旭）。对这三个大坏蛋的恶劣行径，老百姓后来用实际行动表示了反击。其中之一就是酒肆餐馆里出现了名为"剥豹皮"的菜肴。"豹"即"三恶"的代名词。

话说长安城西有家酒店，店主姓吕，此人一向本分善良，疾恶如仇。为了伸张民意，吕老板首创了用海蜇皮（红色）、猪肉皮（白色）、和乌鸡皮（黑色）拼成的象征"三恶"的佐酒盘菜。此菜刚一上市，便传遍了京城。没过多久，便在民间饮宴中迅速流行起来。

为了泄愤，人们都争相前往品尝这种名为"剥豹皮"的菜肴。此事轰动了整个长安城，不久，"三恶"就知道了此事。权倾朝野的御史大人李嵩不肯善罢甘休，为了报复，他派人杀害了吕老板。

民众知道吕老板被杀后，个个义愤填膺、怒火中烧，表现出强烈不满和抗议。于是，长安城里大大小小的菜馆和小酒店，全都按照吕老板生前制作"剥豹皮"的烹饪方法，推出了相类似的菜肴，还起了一个更直接、更响亮的菜名叫做"三皮丝"。

三个大奸臣明知"三皮丝"是人们对他们的反击，但又怕树敌太多，于是不了了之了。而古城西安的一代代厨师，将"三皮丝"这道传统名菜更加发扬光大，使其制作技艺越来越精美，口味越来越鲜香，并且流传至全国各地。

西安羊肉泡馍有何传说和典故

羊肉泡馍，是西安土生土长的最有名气的美食。它烹制精细、料重味醇、肉烂汤浓、肥而不腻、营养丰富、肉香飘溢、暖胃耐饥,素为西安人所喜爱。外地人来到西安,想品尝的第一道美食就是它。

西安一真楼羊肉泡馍

羊肉泡馍源于古代的羊羹,即羊肉汤。在周朝至宋朝,中国一直称羊肉汤为羊羹,后来在羊肉汤里加入馍块便成了羊肉泡馍。相传宋太祖赵匡胤未投军前曾流落长安,时值寒冬,饥寒难耐,囊中只有一饼,冷硬难以下咽。街边一家卖羊肉汤的老板见状,给了他一碗热羊肉汤。赵匡胤便将饼掰碎泡在汤里吃,觉得味美无比,吃完后有了精神。后来他当了皇帝,尝遍世间美味,总觉得那次的羊肉汤泡饼最好吃,便令厨房仿制。经厨师反复试制,定下一套做法,并流传下来,就是现在的羊肉泡馍。

清末八国联军侵华时,慈禧太后逃到了西安,有一次吃了一碗羊肉泡馍,称赞道:"肉软不糜,滋味甜美。"从此西安羊肉泡馍名声大噪。后来蒋介石、周恩来、毛泽东、彭德怀、贺龙、越南前主席胡志明、英国元帅蒙哥马利等人都吃过西安羊肉泡馍,给予很高的评价。

 ## "葫芦鸡"是如何诞生的

葫芦鸡,要用西安城南三爻村的"倭倭鸡"制作,要经过清煮、笼蒸、油炸三道工序才可做成。其成品以皮酥肉嫩、香烂味醇而著称,是西安的传统名菜,被誉为"长安第一味"。那么,这么诱人的美味佳肴是怎样诞生的呢?

西安饭庄葫芦鸡

相传,葫芦鸡始创于唐玄宗礼部尚书韦陟的一个官厨。据《酉阳杂俎》和《云仙杂记》载:韦陟出身于官僚家庭,凭借父兄的荫庇,贵为卿相,平步官场。此人锦衣玉食、穷奢极欲,用菜极为讲究。

一次,他命家厨烹制酥嫩的鸡肉。第一位厨师先将鸡清蒸,再用油炸制。待韦陟品尝后，认为肉太老，没有达到酥嫩的口味标准，大为恼火，命家人将这位厨师鞭打五十而致死。第二位厨师采取先煮，后蒸，再油炸的方法。这样酥嫩的要求倒是都达到了，但是由于鸡经过三道工序的折腾，已骨肉分离，成了碎块。于是韦陟怀疑家厨偷吃，不容家厨辩说，又命家丁将家厨活活打死。慑于韦陟的淫威，其他家厨不得不继续为他烹饪酥嫩的鸡肉。第三位家厨总结上两次家厨烹制的经验教训，想出了一个办法，就是在烹制前用细绳把鸡捆扎起来，然后先煮，后蒸，再油炸。这样做出来的鸡肉不但香醇酥嫩而且形似葫芦。这时，韦陟才表示满意。后来，人们根据它形似葫芦的外观，便将其叫做"葫芦鸡"，一直流传至今。

乾州锅盔因何得名，有何特色

乾州锅盔，以当地小麦面粉为主料，以食油、芝麻等为调料，分和面、制坯、烘烤3道工序制成，是陕西的传统小吃之一。其外观呈圆形，可分为普通锅盔、油锅盔、调料锅盔3种，具体特色表现为：看起来色泽浅黄、皮薄中厚；闻起来香味浓郁；吃起来酥脆、香醇、耐饥；易贮存；携带方便。作为陕西名特食品，它已被收入《中国土特产大全》一书。

乾州锅盔

据说，此小吃得名的由来，与武则天修建乾陵有关。

据传，武则天时期（690—705年），为修筑工程浩大的乾陵，武皇动用了大量人力、财力、物力。当时，仅征集到的民工及监工的军队数量，就多达好几万。由于民工和士兵每天需要大量的饭食，吃饭问题迫在眉睫。

后来，有士兵发明了一种烙饼的方法，这样就切实解决了吃饭难问题。该方法以面粉制成饼坯，以头盔代炊具，以火烤制而成。令人欣慰的是，这样做出来的饼不但耐饥、耐贮存，而且味道也十分香酥味美。因为它形似头盔，所以得名"锅盔"。

再后来，这种风味经过人们的不断改进，变得更加可口，而且被民间广泛地加以运用，一直流传到了今天。

带把肘子的来历

带把肘子以猪肘（猪前腿）为主料，以酱油、白酱油、腐乳、黄酒、甜面酱、盐、八角、桂皮葱、姜蒜等为调料，经煮、蒸等工序制成。此菜色泽枣红、口味咸甜、肥而不腻、酥烂香醇，独具渭南市大荔县地方特色。

关于此菜的来历是这样的：

相传明孝宗弘治年间（1488—1505年），同州（今大荔县）城有家饭馆的李玉山厨师厨艺精湛，因为做得一手好菜而声名远扬。某年，同州新任州官做五十大寿时，命管家何三传李玉山到州府为州官大人做菜。该州官虽然到任不久，但是为官不正，到处搜刮民财，因而深得百姓憎恨。

李玉山厨师向来为人正直，不畏权贵，所以一口回绝了州官的传令。不久后，陕西抚台郑时巡视同州府。州官为讨好抚台，再次差人传李玉山到府上掌勺。没想到，这次李玉山一口答应了。当然不是因为州官，而是由于抚台大人可是位清官。

因为第一次邀请被李玉山回绝一事，何三一直对李玉山怀恨在心，所以这次想乘机报复他。当时，他随便买了些骨头肉给李玉山，并要求他限时做好。一看骨头肉，李玉山并没失望，反而想出了一道好菜。

当这道菜做好被端上来后，抚台一看上面是肉，而下面还有几根骨头。抚台当然生气，于是问这道菜叫什么名堂。州官也大吃一惊，于是急传李玉山，打算问其罪。李玉山来后，毫无惧色，而是镇定自若地对抚台答道："大人有所不知，我们州老爷不但吃肉，连骨头也吃！"

郑抚台是位明白人，在听了李玉山的回答后，就知道他话中有话。于是，未等州官对李玉山"问罪"，抚台便赏了这位耿直的厨师10两银子，让他回去了。第二天，抚台亲自来到李玉山的饭馆，通过他了解了州官的种种恶迹。此外，抚台还问李玉山那天做的菜叫什么名字，李玉山略一思忖便说它叫"带把肘子"。

接着，抚台以迅雷不及掩耳之势将州官严惩治罪。这当然赢得了老百姓们的一致赞扬。后来，"带把肘子"因为此事也成为一道流传至今的名菜。

带把肘子

西安老童家腊羊肉因何得名

西安老童家腊羊肉，已经有300多年的历史。老童家腊羊肉色泽红润、肉质酥烂、油香不腻、鲜美可口，一直以来受到人们的欢迎。关于老童家腊羊肉，还有一段逸闻。

西安老童家腊羊肉店

清光绪二十六年（1900年），八国联军进攻北京。慈禧太后携光绪帝仓皇出逃，经山西逃到了西安。有一天清晨，慈禧太后乘坐御辇出巡，途经西大街广济街口。当时的广济街口和迎祥观以东，有一段很陡的坡道。车子在上坡缓缓而行的时候，忽然闻到一股浓郁的香气，慈禧不禁暗暗称奇，喝令停车询问。打听之后，原来是一家姓童的腊牛羊肉店正在烹肉。于是，慈禧太后下车品尝了一番。吃完之后，太后大加赞赏并传谕列为贡品。

当时，太监李莲英和新任军机大臣鹿传霖也跟在慈禧身边。在听到慈禧太后的溢美之词后，李莲英见风使舵地连忙应道："幸蒙老佛爷圣誉，足见腊肉确是民间上品，奴才方才闻味，已觉其香无比，才吩咐肉馆掌柜精选特制，日日供奉。"鹿传霖也插嘴道："老佛爷敬天恤民，堪与日月比崇，若能赐匾永志，更可俯沐万世。"慈禧得意地回道："滋轩之言，正合我意。只是这民间肉铺，赐匾务须注重典雅。"鹿、李等人绞尽脑汁，考虑到这条街道呈斜坡状，该店在坡东，慈禧曾于坡前止辇，以"辇止坡"为文赐匾甚好。慈禧听了十分满意，于是点头依允。接着，慈禧命令兵部尚书赵福桥的老师刑维庭手书"辇止坡"金字牌匾一块，悬挂该店门首。从此，老童家腊牛羊肉名噪一时，成为古都西安的一大特产。

西安老童家腊羊肉，在选料、制作方面有独到之处，是以带骨鲜羊肉为主料，以精盐、小茴香、花椒、八角、桂皮、草果等为辅料，经过细致的腌制后再煮而成。

西安小吃"葫芦头"与孙思邈有何渊源

葫芦头泡馍，通常简称葫芦头，是西安特有的风味小吃。它和羊肉泡馍有相似的地方,但所用的是猪肠肉。

相传葫芦头源于唐代,名医孙思邈到长安一家猪肠店吃煎白肠时,觉得腥味大,且油腻,是制作不得法所致,便传授制法和佐料配方,并留药葫芦给店家。从此这美食饭才变得异常好吃,那家小店也因此生意日好。店家把孙思邈的药葫芦挂于门楣当炫耀的招牌,人们也因此称煎白肠为

西安春发生葫芦头

"葫芦头"。另一说,因大肠头形似歪把葫芦头,故名。

葫芦头做法,主要有三道程序:处理肠肚、熬汤、泡馍。肠肚要经过授、捋、刮、翻、摘、回翻、漂,再捋、煮等十几道工序,才能达到去污、去腥、去腻的效果;熬汤是将猪骨冲洗干净,配肥母鸡下汤锅烧煮,直熬成乳白色;泡馍是由进食者掰成碎块放入碗内,然后由厨师将肠肚和鸡肉切成细丝,放于馍块上,加滚开的汤,把馍浸透,放入一些香菜末、蒜苗丝、料酒、调料水,再浇入些滚汤汁,即可食用。葫芦头馍块洁白晶亮、软绵滑韧、肉嫩味美、汤浓味醇、肥而不腻,配以泡菜口味更好。

西安好吃的葫芦头店很多,最有名的是南远门春发生葫芦头泡馍,其开有几家分店。

岐山臊子面为何号称"陕西面食第一面"

臊子面,是陇东、关中、山西地区的一种传统面食,以陕西岐山臊子面最为著名,号称陕西面食第一面。在关中地区,婚丧、过年过节、孩子满月、老人过寿、迎接亲朋时,都用臊子面做早餐。臊子面历史悠久,明朝时已有明确记载,清朝时已很流行。

臊子面的来源有几种说法,其中一种说法,是源自唐朝时的长寿面。据南宋朱翌的《猗觉寮杂记》说:"唐人生日多俱汤饼,世所谓长命面者也。"《水浒传》第三回《鲁提辖拳打镇关西》中鲁达说:"要十斤精肉,切作臊子,不要见半点肥的在上面……再要十斤都是肥的,不要见些精的在上面,也要切做臊子……再要十斤寸金软骨,也要细细地剁做臊子。"郑屠说:"却不是特地来消遣我?"鲁达把两包臊子劈面打将去,却似下了一阵的肉雨。由此可见宋元时期已有臊子,也应有臊子面。明代高濂的《遵生八笺》里记有"臊子肉面法",是现存

岐山臊子面

文献中最早明确记载"臊子面"之名的。《辞海》中的释义："臊子,同燥子,肉末儿。"

臊子面的面条要用手擀细面,以筋韧光滑、软硬适度为标准。臊子,别的地方称为卤,有肉臊子和素臊子两种,以肉臊子为主。其基本做法,是将猪肉切成薄片,入热油锅中,加入生姜、食盐、调料、辣椒粉、陈醋,炒熟即可。把豆腐、黄花菜、木耳炒好,入碗中做底菜;把鸡蛋打入锅中摊成蛋皮,熟后切成菱形小片;将面条煮熟,捞入碗中,浇上汤,放臊子,再加鸡蛋小片和碎蒜苗做漂菜,即可食用。岐山臊子面鲜艳浓香,面薄、筋光;汤煎、稀汪,总体味道酸、辣、香,值得品尝。

为何陕西人爱吃油泼辣子

说起中国能吃辣的地区,人们恐怕首先想到的是四川和湖南。其实,陕西人吃辣的程度和水准不亚于四川和湖南。油泼辣子是陕西关中地区一道很重要的菜。在当地有一首民谣这样写道:"八百里秦川东风浩荡,三千万儿女齐唱秦腔。吃一碗羊肉泡喜气洋洋,没油泼辣子嘟嘟囔囔。"由此可见,当地人对油泼辣子情有独钟。

陕西人爱吃油泼辣子,有其历史渊源。也可以说,陕西人种辣椒、吃辣椒,是由地理环境因素决定的。早在唐代之前,陕西关中就是富庶之地,可以说是中国最早的"天府之国"。关中有千里沃野,土地平整,常年雨量充沛,适宜于栽培各种农作物,辣椒的种植也在其中。因陕西地处黄土高原地带,常年有西北风侵扰。因为人们要驱寒防冷,所以辣椒就成为一种极好的食品。辣椒有辛热、御寒、健胃等功能,所以吃辣椒就成为陕西人的一大嗜好。陕西的辣椒是一大名产,在中北方很有名气,称为秦椒。这就是北方人称辣椒为秦椒的原因。

20 世纪 90 年代初期,陕西

西安老马家口口香油泼辣子

三原县有位名叫姚正运的人。他突发奇想，将油泼辣椒装成瓶、装成罐去卖。经过试验后，他在耀县（今铜川市耀州区）创建了一个渭北秦椒加工厂。从此，当地祖祖辈辈、自古至今都喜爱吃的油泼辣椒，一下子从农家的锅台边，进入了琳琅满目的商品世界，被称为"陕西一绝"。油泼辣椒走出了陕西，走进了人民大会堂；走出了中国，进入了东南亚市场，还参加过在美国匹兹堡举办的食品博览会。几百年来，一直在农家饭桌上扮演小角色的油泼辣椒，如今成了陕西的一个名牌。

金线油塔的来历

金线油塔，是古城西安的一种传统小吃，相传始于唐代，原名"油塌"。清代时，"油塌"有了改进，人们开始选用上等面粉、猪板油等为原料，并增加了油饼层次，把饼状改为塔形，将烙制改为蒸制。这时的"油塌"层多丝细、松绵不腻。因为这种小吃的形状"提起似金线，放下像松塔"，故而人们把"油塌"改为"金线油塔"。

据《清异录》记载，唐穆宗时，宰相段文昌家里有一个号称是"膳祖"的老女仆，此人擅长制作"油塔"，且技艺精湛。在40多年的时间里，她曾将此技艺传授给了100多名女婢。据说，当时得其真传的只有9个女仆。而在西安的民间传说里，真正继承了段丞相家老女仆制作"油塌"技艺的，却只有一人。由此可见，这种制作技艺有多么高超，不是一般人所

西安饭庄金线油塔

能掌握的。后来，这种小吃渐渐传入了普通市肆。

清朝末年，陕西三原县县城里两家油饼铺"悦丰和"、"永丰亭"的店东彭占魁和杨丁海师傅，在继承唐代"油塌"技艺的基础上，不断创新。他们选用白、细、绵、软的上等面粉和用粮食喂养的生猪板油及网油，使油饼层次增多，并改饼状为塔状，改烙为蒸，名称也由"油塌"改为"金线油塔"。此后，这个名称沿用至今。

西安贾家灌汤包为何被誉为"西北一绝"

灌汤包子，是西安有名的风味小吃。包子形状像软缎灯笼罩，内有汤，馅成

贾家灌汤包

球,汤能浮馅,被誉为"西北一绝"。

西安灌汤包子是改革开放后才发展起来的一个饭食品种,出名后仿制的店家很多,总计有几十家,味道和品质不一,以贾家(清真)灌汤包子最为有名。馅有猪肉的、牛肉的、羊肉的、鸡肉的、虾肉的、素什锦的等很多种。

西安灌汤包"汤能浮馅"的制作秘密在于用的是冷冻馅。在包之前把肉馅冻在汤馅中,用面皮包好后放蒸笼上一蒸,冻汤便化开了。灌汤包讲究面皮要包得严,不能有缝,包子不粘笼屉。这样蒸熟后才能提起来像灯笼,且不漏汤。

灌汤包子的吃法是先用筷子扎一个洞,让汤流入小勺中,吹凉饮用,然后吃包子。若一口吃,会被热汤烫伤。皮薄、馅嫩、汤鲜,佐以醋、香油、辣子油、蒜汁等,吃起来味美可口。西安灌汤包子在形制和吃法上与开封第一楼灌汤包子相似或相同,可能有借鉴关系。

趣味滇菜知识

QUWEI DIANCAI ZHISHI

滇菜是怎样形成的,有何代表菜

滇菜,即云南菜,分为滇东北地区、滇西和滇西南地区、滇南地区 3 个地方风味,以滇东北菜系最为知名。其中,滇东北地区菜肴的烹调和口味以麻辣著称,如,沾益辣子鸡、曲靖蒸饵丝等;滇西和滇西南地区菜肴以藏、回等各少数民族特色菜和寺院菜为主,如,大理乳扇等;滇南地区菜肴主要以傣族风味为主,如,菠萝饭等。

滇菜:野山菌炒鸡蛋

滇菜独具云南特色。其形成,首先,得益于独特的自然地理环境。云南地处高原,气候的立体特征明显,尤其物产丰饶,盛产各种农作物、畜牧产品、水产品等有机农产品,所以为滇菜的形成提供了丰富而独特的食材,并具有绿色无污染的优良特点。

其次,云南是一个多民族地区,汉、回、彝、白、苗等多个民族在此杂居。在民族的相互融合中,各族人民在烹饪方面取长补短,注重吸取各民族菜系的长处,并在不断地融汇和改造中形成各种地方风味。可以说,滇菜集中了各民族菜系的精华,以选料广、风味多而著称于世。

滇菜以烹制山珍、水鲜见长。其菜肴特点是看起来色泽鲜美、造型逼真,闻起来清香扑鼻,吃起来酥脆、醇厚、鲜嫩,酸辣适中,原汁原味。此外,滇菜老少皆宜,营养丰富,具有健康养生之功效,是很值得一吃的中国地方菜系。

滇菜中的代表菜很多,主要包括沾益辣子鸡、过桥米线、金钱云腿、三七汽锅鸡、虫草汽锅鸡、大理夹沙乳扇、曲靖羊肉火锅、曲靖蒸饵丝、云南春卷、云南风味荞丝、滇味凉米线、傣味菠萝饭、傣味香茅草烤鱼、红烧鸡棕菌、芫爆松茸菌、辣炒野生菌、椰香泡椒煎牛柳、怒江金沙大虾、高黎贡山烩双宝等。

"过桥米线"中的"米线"是如何过桥的

过桥米线,是云南的特色食品,以用料考究、制作精良、吃法独特、独具风味而闻名中外。过桥米线已有 100 多年的历史,关于它的传说也有好几个版本。

传说一 相传,清朝时滇南蒙自城外有一个湖心小岛。一个秀才到岛上读书。其贤惠的娘子常常做了他爱吃的米线送去。但等出门到了岛上时，米线已经不热了。后来在一次偶然送鸡汤的时候，娘子发现鸡汤上覆盖着厚厚的一层鸡油有如锅盖一样，可以让汤保持温度，如果把作料和米线待到吃的时候再放，味道更加爽口。于是她先把肥鸡、筒子骨等熬成清汤，上覆厚厚鸡油；将米线在家烫好，

过桥米线

把配料切得纤薄；到岛上后再用滚油烫熟，之后加入米线，吃起来相当鲜香滑爽。此法一经传开，人们纷纷仿效。因为到岛上要经过一座桥，也为了纪念这位贤妻，后世就把它叫做"过桥米线"。经历代滇味厨师的改进创新，"过桥米线"渐渐成为滇南的一道著名小吃。

传说二　相传云南米线是由清朝时云南省建水县进士出身的李景椿所创。清道光年间，建水东城外太史巷有个厨师叫刘家庆。他在鸡市街头处开了一家名叫"宝兴楼"的米线馆。一天清早，一个举止文雅、穿着讲究的人来到他的馆中吃米线。他要求刘家庆照他介绍的方法做出汤来配米线吃。其方法是，把生猪脊肉切成薄片，用小粉水揉捏后放进一个大碗中，舀上一调羹熟猪油淋在猪脊肉薄片上，并盖上几片地椒叶子，然后再舀一大勺滚烫的草芽鲜肉汤汆入碗中，另用一个碗盛米线。店主人照此做好后，这顾客先用筷子在汤中搅拌片刻，

昆明桥香园过桥米线店

再将米线挑入汤碗中吃。此人名叫李景椿，多年来在外省做官，回乡后他仿照外省人"涮锅子"的吃法吃米线，味道异常鲜美。刘家庆对他的这种吃法感到很好奇，便询问起来。李景椿回答说："我从桥东（锁龙桥）来到桥西吃米线，人过桥，米线也过桥，我是吃过桥的米线。"随后，刘家庆采用李景椿介绍的方法做米线，并以李景椿说的"过桥"来命名，"过桥米线"由此而来。

传说三　从前有个书生，喜欢游玩，不愿读书。他有一个美丽的妻子和一个年幼的儿子。夫妇之间感情很深，但妻子对丈夫不爱读书深感忧虑，于是就对书生说："你终日游乐，不思上进，不想为妻儿争气吗？"书生听后，深感羞愧，便在

南湖建了一个书斋,独居苦读,贤惠的妻子每日三餐都送饭到书斋。书生学业大进,但也日渐消瘦。妻子很是心疼,于是宰鸡煨汤,切好肉片,备好米线,准备给书生送去。儿子年幼,将肉片放进汤里,母亲只好迅速把肉片捞起来,发现已经熟了,尝了一口觉得味道很香,非常惊喜。于是她就立刻提着食物送往书斋,但因为操劳过度,晕倒在南湖桥上。书生赶过来看见妻子已醒,汤和米线倒是都完好,汤面被浮油罩住了,没有一丝热气,以为汤已经凉了,用手摸汤罐,灼热烫手,觉得很奇怪,便问妻子是怎么做的,妻子据实以告。书生听后说,这可称为"过桥米线"。书生在妻子的精心照料下,考取了举人。这事被当地百姓传为佳话。从此,"过桥米线"的名声也不胫而走。

过桥米线中的米线就是这样"过桥"的。

为何说蒙自是"过桥米线"的发源地

"过桥米线"是云南滇南地区特有的食品,已有100多年历史,50多年前传至昆明,属滇菜菜系。为什么说蒙自是"过桥米线"的发源地呢?这跟一个传说有关。

相传在滇南的蒙自县城外有一个南湖(现在犹存),湖水清澈如碧,湖畔垂柳成行。湖心有个小岛,岛上不仅有亭台楼阁,而且翠竹成林、古木参天,景色优美幽静,空气清新宜人,是附近学子们攻读诗书的好地方。有个书生到湖心的小岛去读书备考,但因为埋头用功,常常忘记吃妻子送去的饭菜,等到吃的时候往往又凉了。由于饮食不规律,天长日久,身体日见消瘦,贤妻十分心疼。有一次,妻子杀了一只肥母鸡,用砂锅熬好后送去,过了很长时间仍然保持着温热,便放入当地人喜欢吃的米线和其他作料,味道很鲜美,书生也喜欢吃。贤惠的妻子就常常仿此做好送去。后来,书生金榜题名,但他念念不忘妻子的恩情,戏说是吃了妻子送的鸡汤米线才考中的。因为他妻子送米线到岛上要经过一道曲径小桥,书生便把这种做法的米线叫做"过桥米线",一时传为美谈。人们纷纷仿照书生妻子的做法吃米线,"过桥米线"从此流传开来。经过后人的加工改进,"过桥米线"就逐渐名闻天下了。

另外一种说法与此类似,但细节稍有变动。话说当年秀才苦

蒙自南湖风光

读,妻子为避免丈夫食用时过凉,就将汤内倒入热油以保温。其丈夫食用时汤面仍然很热,需用小碗冷食。于是,就将砂锅内的米线用筷子重置于碗中,米线将两碗架作一桥,有妻子送米线过桥之意,故称"过桥米线"。

因此,蒙自就成为人们口口相传的"过桥米线"发源地。

汽锅鸡有何来历及特色

汽锅鸡,是云南的名菜之一,因用汽锅蒸制而得名。所谓"汽锅",是指建水出产的一种别致的土陶蒸锅,专门用来蒸煮食物。汽锅鸡的主要食材是鸡肉,有补虚养身、补血、健脾开胃之功效。

早在清代乾隆年间,汽锅鸡就在滇南一带流行。相传是监安府(今建水县)"福德居"厨师杨沥发明的吃法。那年皇帝巡视监安,知府为取悦天子,发出布告征求佳肴,选中的赏银50两。杨沥家贫,老母病重。为得重赏,他综合了当地吃火锅和蒸馒头的方法,创造了汽锅,又不顾生命危险,爬上燕子洞顶采来燕窝,想做一道燕窝汽锅鸡应征。不料汽锅被盗,杨沥被问欺君之罪,要杀头。幸而皇帝问明真相,免杨沥一死,并把"福德居"改名为"杨沥汽锅鸡"。从此汽锅鸡名声大振,成为滇中名菜。那时汽锅鸡的做法很简单,但味道很醇正。

后来,云南杨林、建水等地用名贵药材冬虫夏草煨仔鸡,叫"杨林鸡",煨鸡的陶制火锅叫"杨林锅"。杨林锅产于建水,其陶器已有千年以上的历史。在清代,陶工师傅潘金怀用红、黄、紫、青、白五色陶土烧结成彩色陶器。1921年,有个叫向逢春的陶工,继承了他家祖传的手艺,创制了烹饪用汽锅。就这样,"汽锅鸡"取代了"杨林鸡"。

蒸制汽锅鸡的汽锅所选用的建水县特制陶器外形像荸荠,锅中心有一个空心管子,从蒸锅底通至上边盖子附近,样子古朴雅致。蒸鸡时,先将生鸡切块,放入汽锅内,加入生姜、精盐、葱、草果等作料,再加入云南名贵药材三七、虫草、天麻等,盖上盖子。把汽锅放在另一口盛水的汤锅上,水沸后,汤锅中的蒸汽便从空心管子冲入汽锅,蒸三四个小时后即可食用。由于汤汁是蒸汽凝成,鸡肉的鲜味在蒸的过程中丧失较少,所以基本上保持了鸡的原汁原味。其鸡肉软嫩,汤汁鲜美。用此法蒸制的鸽子、排骨更具风味,有滋补强身,祛病延年之效。

汽锅鸡

"牛撒撇"有何独特

在云南省景谷县傣族地区,有一道傣家人常用来宴请宾客的世传名菜,叫"牛撒撇"。"撒"是傣语,汉语意为凉拌。牛撒撇的主要原料为牛脊肉和牛肚,但它之所以特殊,在于其所用的独特的作料——牛胃中已与胃液混合在一起,但尚未被牛消化吸收的东西。听起来好像很恶心,但加入了这种作料的"牛撒撇"香味醇正、色泽诱人,吃起来细腻可口,具有健胃、消燥热、增食欲的功能。

傣味牛撒撇

"牛撒撇"的烹制方法比较特别,逢年过节或办喜事时,在宰杀牛前一个多小时给牛喂一些傣乡特有的野草——五加叶和香辣蓼草(五加叶因为周边长刺,所以也叫刺五加,是一种清凉、味苦的中草药;香辣蓼草叶形似辣椒叶,味道又辣又苦,具有杀菌的功效)。牛开膛后,取出牛的脊肉用火烤黄,再切成细肉丝。把牛肚洗净,放在开水里烫两分钟,捞出后快速刮洗干净,切成条,然后放作料;从牛胃里取出初步消化的草汁,跟牛肚和肉丝拌在一起,再加上其他作料:小米辣、花椒面、花生末、八角、草果面、味精、盐等。再放一些新鲜的切细了的五加叶和香辣蓼草,拌上从山里采来的野香葱,"牛撒撇"就制成了。制作"牛撒撇"最关键的配料就是那牛胃里的草汁,即牛粉肠水。城里人想吃"牛撒撇"但没有牛粉肠水,就用五加叶来替代搅拌,味道口感相似。听上去似乎难以置信,然而如果没有它,就不能称之为"牛撒撇"。

傣乡气候炎热,"牛撒撇"成了傣家人夏季不可缺少的消暑食品。在当地最闷热的时候,常常能看到屋檐下一家老小围坐吃"牛撒撇"的情景。小孩子们喜欢用芭蕉叶包上一包跑出去,边吃边玩。"牛撒撇"具有清凉解毒的功效,常吃的人很少生病。

"泥鳅钻豆腐"是如何制作的

"泥鳅钻豆腐",是民间的传统风味菜,具有浓郁的乡土气息,在许多地方都有制作,但以河南周口地区民间制作尤为出名。这道美食豆腐洁白,味道鲜美带辣,汤汁腻香。

泥鳅钻豆腐

这"泥鳅钻豆腐"是如何制作的呢?首先,要准备好活泥鳅、白豆腐、花生油、葱、生姜、米醋、黄酒、酱油、桂皮、花椒、食盐、白糖、干红椒等材料。烹制步骤为:

(1)将活泥鳅放入清水盆内,净养3天3夜,早晚各换水一次,排除其体内垃圾;

(2)将豆腐切成小立方块,红椒、生姜洗净切碎,葱洗净切成小段;

(3)将净养后的活泥鳅及切好的豆腐放入锅内水中,加盖、点火共煮,水量以漫过泥鳅、豆腐适量为宜,以便泥鳅能自由游动;

(4)煮沸5分钟后,将泥鳅、豆腐、汤汁,从锅内倒入干净容器中;

(5)炒锅上火,放入花生油,油稍冒烟后,投入生姜、干红椒碎末及桂皮、花椒、葱小段煸炒;

(6)煸炒至溢出香味后,倒入泥鳅、豆腐、汤汁、酱油、黄酒、米醋,旺火加盖共煮;

(7)煮沸后,再以中火焖煮15~20分钟后,加适量食盐、白糖调味即可。

此菜做成后味道鲜美,汤汁醇香、鲜嫩可口,十分美观,堪称一绝。据营养学家分析,泥鳅和豆腐营养价值都很高,同时烹煮更具有进补和食疗的功用。经几代厨师的改进,它已成为筵席饮宴上的名菜。

"琵琶猪"有何特色

摩梭人猪膘肉

"琵琶猪",是纳西摩梭人传统的风味食品。每年冬天,摩梭人家家户户都会宰猪制作琵琶肉。它肉味清香、肥而不腻,胜过火腿味,与牛头饭同时食用,更能体现出它的风味,是待客的佳品。清《滇南闻见录》就载:"丽江有琵琶猪。其色甚奇,煮而食之,颇似杭州之加香肉。"

"琵琶猪",又叫"猪膘肉"。摩梭人制作猪膘肉非常讲究。他们一般选在冬月初一杀猪，如果十月二十九属狗三十属猪，那么就改在十月二十九杀猪，如果初一属鼠、猪、羊、猴、狗、鸡，也是不能杀的，要改期进行。所以摩梭人在冬天做猪膘肉，一定要选择一个良辰吉日。每当吉日到了的时候，村子里到处都能听到杀猪声，家家户户都在制作猪膘肉，场面很是壮观。

自古至今，摩梭人都喜欢制作"琵琶猪"，猪膘的多少，象征着财产的多少和富裕程度。琵琶肉的加工、储藏方式独特：首先将猪杀死后，去掉猪身上的猪毛、骨头及猪肚子里的内脏；然后将花椒、胡椒、辣椒、草果、八角放在猪肚子里，并用椒盐揉搓均匀。接下来把猪肚子用细绳严严地缝成琵琶状，在通风阴凉处放一块木板，把猪放在上面，猪的身上再搭上一块木板，木板上压上大石头。这样风干后的猪就会犹如一个琵琶形状。冬季腌制，制成后可放数年而不腐，久者尚可作药用。

哈尼族是如何吃"长街宴"的

哈尼族是中国的一个古老的民族。"长街宴"是哈尼族的一种传统习俗。每到"昂玛突"节来临，哈尼人都会在山寨里摆上酒席，一起欢度节日。在摆酒庆祝时，家家户户桌连桌沿街摆成一条700多米长的街心宴（当地人称长龙宴或街心酒），恰似一条长龙，"长街宴"也因此得名。这是中国最长的宴席。

每年的农历十二月初是哈尼族的"春节"——昂玛突节，是哈尼人祭祀寨神，拜龙求雨的节日。这天一早，村中的龙头——哈尼族中德高望重的老人摆好祭桌，宰杀无杂毛的龙猪，敬请"龙神"和大家一起共度佳节。祭龙完毕，龙头

哈尼族长街宴

就把猪肉切成无数块分给那些无儿无女的孤寡老人，然后寨子里各家各户开始宰杀自己亲手饲养的大肥猪。猪宰好后，各家各户开始忙着煮饭炒菜。煮饭要用黄糯米，鸡蛋要煮成红、黄、绿三种颜色。红色，代表太阳、黄色代表月亮、绿色代表大地。据说，这是哈尼人历代祖先崇拜人与自然和谐留下的条规。菜的种类很多，有猪、鸡、鸭、鱼肉、牛干巴、麂子干巴、肉松、排骨、香肠、油炸虾乍、油炸花生等40多种哈尼民族风味菜肴。

饭菜准备好后，哈尼人将准备好的菜肴、美酒抬到指定的大街上摆起来。每家至少摆一至二桌，多则十几桌。摆宴席时，锣鼓喧天，热闹

非常,全寨男女老幼穿着节日的盛装,从四面八方集拢而来。入席时,主持人龙头坐首席,其他人根据男女性别、年龄层次、兴趣爱好的不同,自愿组合围长桌而坐。各家各户的菜肴上桌时,都先端到龙头面前,让龙头品尝,接受龙头的真诚祝酒。龙头将各家各户的菜肴扒出一部分堆在一起,然后又分发到各处去。这种混合在

哈尼族居室内场景

一起的菜肴,寓意全寨人同心合力祭神迎龙来和全寨人共度佳节。

　　一切准备就绪,龙头宣布长街宴吃喝开始。他率领赴宴人高举酒杯,祈祷龙神保佑,祝愿来年风调雨顺。席间,凡参加宴会的人,第一筷须夹桌子中央切成小块的龙猪肉吃下去,寓意龙已入心,表示对龙神的尊敬,然后开始任意品尝其他酒菜。更有趣的是,长街宴地不分南北、人不分老幼,只要有缘相会,大家都是朋友。游人如果遇上摆长街宴,热情好客的哈尼人就会起身让座拉你入席,盛情款待。每年的长街宴,人们总是慕名而来,入宴的人越来越多。席间,宾客和主人一起喝酒、吃菜,共同举杯祝福,一派欢声笑语、喜气和谐的景象。酒足饭饱之后,老年人借着酒兴,搬出各种乐器尽情弹奏,青年男女则随着乐声翩翩起舞。整个宴会一直欢乐到夜幕降临。散宴时,龙头敲起鼓,人们尾在身后绕席走到一棵龙树下,众人口中念念有词,示意送龙回家,保佑来年风调雨顺,长街宴上庆丰收。入夜酒席散去,互通情谊的青年男女相约跑进茅草丛中或竹林深处唱歌跳舞、谈情说爱,憧憬着未来的美好生活。

　　目前,哈尼人的这种长街宴已被载入吉尼斯世界纪录,为哈尼山区留下一份珍贵的民间文化遗产。

"乳扇"因何得名,如何制作

　　乳扇,是产于大理洱源的奶制品,是白族等滇西北各民族普遍食用的一种奶酪。它是一种含水较少的薄片,呈乳白色或乳黄色,形制独特,大致如菱角状竹扇之形,两头有抓脚,故名乳扇。

　　乳扇是将鲜牛奶煮沸,混合3∶1的食用酸炼制凝结,制为薄片,缠绕于细竿上晾干而成,可作各种菜肴,凉拌、油煎、烧烤皆可。乳扇是下酒的好菜,也可与云腿等材料一起用于烹调,切碎后也可加进甜茶里饮用。其他套炸、椒盐也都

烤乳扇

别具一格。乳扇可藏数月,便于远途运输,远销东南亚各地,很受欢迎,馈赠亲友别有新意。

制作时,先将鲜木瓜或干木瓜(北方可用乌梅代替)加水煮沸,经一定时间取其酸液即为酸水。将酸水加温至70℃左右,再将约500毫升牛奶倒入锅内,牛乳在酸和热的作用下迅速凝固。此时迅速加以搅拌,使乳变为丝状凝块。然后把凝块用竹筷夹出并用手揉成饼状,再将其两翼卷在筷子上,并将筷子的一端向外撑大,使凝块大致变为扇状,最后把它挂在固定的架子上晾干,即成乳扇。在晾挂中间必须用手松动一次,使之干固后容易取下。按此法制造乳扇时,在每制一张乳扇后,需将锅内酸水倒出,重新放入新酸水。但使用过的酸水收集起来,经发酵后还可以备用。

云南饵块的来历及特色

云南饵块,为大理特产,是大理市最著名的特色小吃之一。饵块系用优质大米加工制成,制作过程是将大米淘洗、浸泡、蒸熟、冲捣、揉制成各种形状,可大致分为块状、丝状和片状三类。其制作方法也很多样,烧、煮、炒、卤、蒸、炸均可,风味各异,百吃不厌。

饵块的起源有着很多不同的说法。广西、贵州、云南等地都有人认为是饵块的发源地。不过有个故事得到了大家的一致认可。据说很久以前,因为知府衙门不知道为何被火烧了。知府下令3个月内所有人家不得生火做饭,弄得满城百姓叫苦不迭。一天清晨,有个叫粗糠宝的人挑着一担山货到昆明去卖。刚刚走进大东门,就看见城门口站着不少老百姓,一个个怒气冲天,叫骂之声不绝于耳。粗糠宝站在旁边听了一会儿,才明白了事情的原委。粗糠宝向乡亲们如此这般地嘱咐了一通,大伙儿顿时乐得眉开眼笑。

杂菌饵块

回去后，大伙儿纷纷从家里搬出炉子，在上面烤起粑粑来，一个个吃得又香又甜。知府老爷知道后，急忙出来查看，他揪住一个老倌吹胡子瞪眼。粗糠宝走上前去，道："知府大人，布告上禁止在家里升火煮饭，可没有禁止在家门口烤粑粑吃呀！"知府懊恼不已，只得作罢。渐渐地，这个故事就传开了，又因当地有"溲米

大理饵块

面蒸之则为饵"一说，人们便把这个粑粑叫做"饵块"，流传至今。

饵块在昆明民俗中是过年必吃的食物。边陲百姓热衷于"饵食"，已有数千年历史。饵块平时或炒或煮或烧均无不宜。烧饵块用做成薄饼形的饵块在无烟炭火上烤到微焦黄时，在表面涂芝麻酱、辣酱、油辣椒等，还可夹入牛、羊肉冷片或油条，是美味的地方特色小吃。饵块切成一寸见方的小薄片加云腿丝、肉片、鸡蛋、蔬菜等一同翻炒，就成了既可做主食又可做佐餐的炒饵块。

炒饵块中最出名的要称"大救驾"。"大救驾"起源于腾冲，在昆明也很有名气。据说明朝灭亡后，李定、刘文秀等大西军，于1656年拥永历帝朱由榔辗转来到昆明。两年后，清军三路入滇，吴三桂率军逼近昆明，永历帝与李、刘二将率军西走。至腾冲时，永历帝由于常常食不果腹，危及性命，腾冲百姓炒饵块奉上，才算解围。永历帝叹道，这真是救了朕的大驾。因此，腾冲炒饵块就被称为"大救驾"。与昆明炒饵块不同的是，"大救驾"是被切成三角形的饵块，薄如纸，作料以鸡蛋、糟辣子、番茄、白菜心、葱为主，绝不可放酱油，只用盐调制咸味。因此，其色彩如水粉画，清新明快，红、黄、白、绿各色甚是清秀雅洁。食之味道清爽、香辣适度，别具一格。

宣威火腿有何特色

宣威火腿，是云南的著名特产之一，因产于宣威县而得名。其主要特点是：形似琵琶、只大骨小、皮薄肉厚、肥瘦适中；切开断面，香气浓郁、色泽鲜艳，瘦肉呈鲜红色或玫瑰色，肥肉呈乳白色，骨头略显桃红。其品质优良，足以代表云南火腿，故常称"云腿"，属中国三大名腿之一。

宣威火腿色香味美、营养丰富、风味独特。这种特色的形成，主要归功于宣威独特的自然环境及气候条件。宣威地处滇东北，冬季气候寒冷，适宜腌制腊

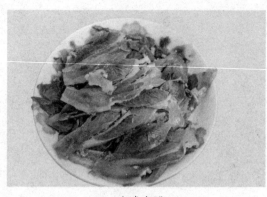

宣威火腿

肉。宣威火腿的腌制时间每年从霜降开始到立春结束，主要又集中于冬至到小寒期间。其腌制方法是将本地猪宰杀后，挤尽瘀血，放盐揉搓。然后再经过腌制、发酵、风干等过程，次年端午节后腌熟。

宣威火腿吃法多样，可炒、蒸、煮而食，也可切块烧烤至焦黄，以排出肉表腊味，再洗净煮熟，切片食用，色、香、味俱佳。讲究的吃法是用砂锅煮熟而食。这样更能品尝到宣威火腿的美味。其汤色清亮、味道鲜甜，肉质红嫩细腻。

宣威火腿营养丰富，富含蛋白质、脂肪、氨基酸、微量元素和维生素等多种营养物质，被消费者视为馈赠亲朋好友的珍贵礼品。据研究结果表明，宣威火腿内含 19 种氨基酸（其中 8 种人体不能合成的必需氨基酸全部含有）、11 种维生素、9 种微量元素。宣威火腿腌制时只用食用盐，不加任何食品添加剂。其理化指标优于国标，特别是亚硝酸盐含量很低，成为宣威火腿的一大特异性。宣威火腿的精加工产品美观大方、质量上乘、食用方便。

趣味桂菜知识

QUWEI GUICAI ZHISHI

桂菜是怎样形成的,有哪些主要流派

桂菜,即广西菜,由城市菜、少数民族菜两大部分组成。其中城市菜,主要包括南宁、桂林、柳州、梧州等地区的菜肴,以野味烹调最为著名;少数民族菜,主要包括壮、瑶、京、侗族等民族的菜肴,以小吃、点心等著称。

广西小吃:油果

桂菜的形成与其所处的地理环境直接相关。这是物质基础。因为广西地区西连云南,北接贵州、湖南,东临广东,隔北部湾与海南相望,所以自古以来为官宦、商旅云集之地。这样一来,桂菜兼收并蓄,融合了各地的饮食特色,如,粤、湘、川、浙、赣、闽等地方菜,其烹调方法尤其是受粤菜的影响很深。

桂菜取料独特而广泛,讲究原料鲜活;制作技艺考究,能在烹制过程中保持食材的原味,尤以烹调山珍野味遐迩闻名;菜肴特色表现为鲜香、微辣、爽嫩,营养丰富,具有帮助消化、养生保健之药膳作用。

桂菜中的代表菜有:天火烹饪鸡、梧州纸包鸡、花雕醉鸡、虫草炖海狗鱼、酸笋炒小鱼、侗族酸鱼、邕州鱼角、干锅狗肉、葵花马蹄肉饼、芋头扣肉、桂乳荔芋扣、桂林马肉米粉、奶油浪戟、白果炒百合、南宁腊肉、新菇炖山瑞、糊辣、艾粑粑、桂北油茶、蛤蚧粥等。

不过,由于种种原因,广西菜仍然不成体系,缺乏全面整合。这就需要当地人们对其餐饮文化再作深入挖掘,以使广西菜形成独特的品牌体系。

桂林米粉最早是谁做出来的

桂林米粉,是山水桂林的一张名片,素来以其独特的风味享誉海内外。它的制作工艺讲究,吃法多样、种类多样,历史悠久。长期以来,关于桂林米粉的发明者,一直是人们津津乐道的一个话题。据说,最先做出桂林米粉的是一个瑶族同胞。具体情况是怎样的呢?

秦始皇实现统一大业初期,为了进一步巩固政权,加强统治,便派史禄率秦国军民在兴安开凿了灵渠,沟通湘江和漓江。灵渠竣工后,秦始皇在丞相李斯等人的陪同下，前来视察，顺便一游美丽的桂林山水。据说，秦始皇的大哥特别喜欢用鲤鱼须和鱼肚做下酒菜。所以一行人来到漓江游览时，看到漓江里有许多鲤鱼，秦始皇便命人在漓江捕捉。不到半个月漓江上万条鲤鱼就被残忍地捕杀了。当时秦始皇的做法可把漓江里的鲤鱼王惹怒了。于是，他决定施法把秦始皇的游船弄翻，让其葬身漓江。河伯知

色香味俱佳的桂林米粉

道了鲤鱼王的想法后，立马警告道："秦始皇乃九五之尊，此事不得乱来，还是另谋他计吧！"鲤鱼王觉得河伯的话在理，就没有坚持。正在百般无奈之际，鲤鱼王突然灵光一闪，何不将大米加工制成鱼须状的米粉和鱼肚状的切粉，献给秦始皇享用？说不定能以假乱真，拯救漓江的鲤鱼们逃脱捕杀的厄运。于是，他们照此制作，并投入江中。秦始皇吃后，大呼美味，桂林米粉就这样问世了。

后来，秦始皇的残暴专制统治给人民带了深重的灾难。老百姓对他可以说是恨之入骨，于是就把关于秦始皇的那段传说给改了。说的是在桂林桃花江上摆渡的一个叫连连的年轻人，非常孝顺，但家里的母亲身体欠佳，食欲不振。另外，连连因为家境贫困，年近30还是单身。一次，连连救了漓江的鲤鱼王。为了报答他的救命之恩，鲤鱼王就教他学会了制作米粉的工艺。后来，靠着做米粉的手艺，连连发了家，不久就娶了一位美丽贤惠的姑娘。虽然连连生活好了，但他始终没有忘记乡亲们，竟然毫无保留地把制作米粉的窍门传授给大家。这样没过多久，制作米粉的工艺就传遍了桂林各处。据说连连是瑶族人，所以民间又有桂林米粉最早是瑶族人们做出来的说法。

桂林米粉中"卤水"的来历及妙处

提到享誉海内外的桂林米粉，就不得不说说米粉里的卤水了。卤水虽少，却是整个桂林米粉的精华所在。只要放那么一点点卤水在米粉里，其味便妙不可言。那么，卤水到底是怎么做成的，其究竟妙在何处呢？

欲知米粉之奥妙，就必须得把米粉和卤水的来龙去脉弄清楚。公元前221年，因岭南地区多高山，道路险阻，交通极为不便，所以秦始皇在南征百越的战争中一度处于被动局面。后来秦始皇派史禄修建了灵渠，解决了最严重的运输

桂林米粉

问题,也曾一度扭转了战争局面。不过此时还存在一个很严重的问题,因为大军多是西北将士,天生就是吃面食长大的。如今他们却远离故乡,征战南方,吃不好饭,许多将士都因此病倒。但是南方主产稻米,不种植小麦,就在秦军陷入困境万般无奈之际,有位伙夫急中生智,将大米磨成粉状,然后加工成米面,给将士们食用。这就是最初的桂林米粉。此外,为了解决将士们水土不服的问题,秦军大夫就在当地采集各种中草药,然后煎成防疫汤药,给将士服用。只是战事紧张,为了节约时间,将士们就经常把药汤倒在米粉里一起吃。时间一长,桂林米粉卤水的雏形就逐渐形成了。后来,经过米粉师傅的一再改进和加工,就成为如今风味独特的桂林米粉卤水了。

用草果、茴香、花椒、陈皮、槟榔、桂皮、丁香、桂枝、胡椒、香叶、甘草、沙姜、八角、白豆蔻等多种草药和香料熬制成的桂林米粉卤水,不仅美味无比,还有食疗保健的功效。这也就难怪如今桂林男女老少都嗜好桂林米粉了。两全其美,何乐而不食呢!

 ## 老友粉的特色及由来

南宁的老友粉与桂林米粉、柳州螺蛳粉共称广西三大粉。其以独特的方式将酸辣两味巧妙地结合在一起,在南宁的众多小吃中经久不衰。不少外地人经常会因为它浓郁的酸笋辣味而对其敬而远之,但对南宁人来说,正是这些臭味的酸笋,才是真正的老友。

老友粉的做法很简单,味道的好坏全取决于师傅的手艺。先要准备好一人份(二两或三两)的切粉或伊面、已经切好丝的酸笋、豆豉少许、姜丝、辣椒、青菜叶、肉片(也可用粉肠、猪肝等代

老友粉

替）；然后下锅，第一步大火爆香，再加入肉片与酸笋翻炒至肉片变色，加入高汤煮开，放入切粉或伊面，捞散后加青菜，煮熟后撒上葱花即成。其味鲜辣，汤料香浓，夏天开胃、冬天驱寒，深受食客欢迎。

其实南宁的"第一碗"老友，是面而不是粉，只是南宁人吃不惯面，才逐渐衍生出老友粉代替老友面。关于老友面的来源，在南宁民间有很多个版本。但流传最广的便是下面一则。

20世纪30年代，一位老板在南宁中山路经营茶馆。一老翁几乎每天都会到此饮上一杯。久而久之，老板和老翁就结为至交。后来，老翁有一段时间没去茶馆。老板很担心，前去询问才知道老翁得了重症感冒，头昏眼花、胃口全无。于是老板灵机一动，以精制的面条与爆香的酸笋、酸辣椒、豆豉、肉末、蒜蓉、姜末等作料，煮成一碗酸辣可口的热汤面，送给老友。老翁闻到这碗酸香扑鼻的面，不禁食欲大振，吃完后大汗淋漓、神清气爽，病症居然减轻了。老翁对此十分感激，特地做了一面"老友常来"的锦旗送给老板。这便是"老友面"的来历。老友面风味独特，食之开胃驱寒，但南宁本地人更爱吃粉，所以后来又发展出老友粉，并逐渐在民间流传开来。

螺蛳粉的来历

毋庸置疑，螺蛳粉，是柳州的首席风味小吃。不过关于它的来源，却是众说纷纭，孰真孰假，无法考证。如今，民间主要流传有三种说法：

一说，螺蛳粉起源于柳州谷埠街的夜市。1976年，"文化大革命"结束，工商业逐渐复苏，民间的商贸市场不断涌现，谷埠街菜市成为柳州地区生螺批发的最大集散地。附近电影院的生意也是红红火火，每天看夜场的观众络绎不绝。就这样，谷埠街的夜市就应运而生了。人流的旺盛吸引了许多商贩前来摆摊。后来一些精明商贩看中柳州人喜吃螺蛳和米粉的习俗，便开始同时煮起螺蛳和米粉来卖。当时，因为经济不景气，生活清苦，人们肚里很少进油盐，所以前来吃米粉的顾客们，便请求老板在米粉里加几勺油水稍多的螺蛳汤，混着一起吃。这就是最初的螺蛳粉。

二说，螺蛳粉源于一次偶然。20世纪80年代初期的某天晚上，几位外地人途经柳州，饥饿难

螺蛳粉

耐中找到一个即将打烊的米粉摊点。发现米粉还有,只是煮米粉的骨头汤已经没有了,只剩下一锅白天煮螺蛳剩下的螺蛳汤。摊主无奈之下,就把米粉放在螺蛳汤里煮,再放点青菜、花生和一些配料,忐忑不安地端给几位客人吃。不料客人吃后,直呼美味。摊主喜出望外,没想到无意中竟做出了一道美味。后来摊主经过不断加工和完善,便逐渐形成了如今声名远播的柳州螺蛳粉。

三说,螺蛳粉起源于阿婆的螺蛳摊。20世纪80年代中期,柳州的解放南路有一家杂货店,兼营干切粉。店员每天早上都要接受培训,完成培训已经是9:00多了。这样下来,店员们根本没有时间去吃早餐。于是他们就想了个主意,从店里拿上一把干切粉,放到隔壁阿婆家卖螺蛳的汤中煮着吃,后来还买了些青菜一起煮,味道甚佳。阿婆也觉得把粉放在螺蛳汤中煮,确实是个不错的创意,于是就干脆卖起了螺蛳粉。后来经过米粉师傅的不断改进,再加上一些配料,便逐渐形成了现在柳州民众为之狂热的螺蛳粉。

五色糯米饭的来历

五色糯米饭,是广西的传统特色美食。因其呈黑、红、黄、白、紫5种色彩而得名。每年的三月三日或清明节,广西壮族的家家户户都有做五色糯米饭的习俗。同时它也是好客的壮族人民用来招待宾客的传统食品。关于五色糯米饭的来历,民间还流传着一个感人的故事。

传说,那时候壮家村寨有个叫特侬的青年。他的父亲很早就去世了,只留下他与瘫痪在床的母亲相依为命。特侬是个十分孝顺的孩子,担心母亲一个人在家烦闷,有时上山砍柴或是下田插秧都背着母亲同去。为了防止母亲饿肚子,每次他都带着一大包母亲最爱吃的糯米饭放在身边,可以让母亲随时填饱肚子。有一天,一只猴子看到了他们,竟对特侬做的糯米饭起了歹心。它趁着特侬到山那边砍柴,悄悄地溜到特侬母亲身边,把一大包热气腾腾的糯米饭抢走了。母亲行动不便,又不忍心呼唤儿子,让儿子着急,连续几天母亲都被抢了糯米饭。事情最终还是被特侬发现了,可是他绞尽脑汁也没有想出好办法。晚上他们回到家,特侬一不小心,把从树上砍下的枫树叶扔到了泡糯米的水里,直到第二天才发现。可是第二天糯米已经变成黑色了。无奈之下,他把黑色

五色糯米饭

的糯米捞起蒸煮，顿时一股清香弥漫全屋。真是意外的惊喜！果真这个法子十分奏效，猴子们看到这黑乎乎的东西，以为是毒物，便悻悻而归了。后来，壮族人跟特侬学做黑色糯米饭，甚至还发展为用黄栀子、红蓝草等做成各色的糯米饭，并逐渐演变成今天的五色糯米饭，深受壮族人民的喜爱。

五色糯米饭还被壮族人民视为五谷丰登、健康如意的象征，是他们心目中的吉祥物。

广西荔浦芋头有何佳话

荔浦芋头，是全国家喻户晓的风味佳肴，产于广西桂林荔浦县。它肉质细腻嫩滑，风味独特，属芋头中的佼佼者，在清朝时，曾被皇家钦点为广西首选贡品。另外，民间还流传着关于荔浦芋头的一段佳话。

明永乐初年，南方久旱无雨，颗粒无收，加上地方官吏的残酷剥削，万民的生活处在水深火热之中，而且尤其以广西为重。官拜翰林院大学士的解缙听闻之后，忧心忡忡，日思夜想地希望寻得一对策，劝说皇上减轻税负，以救民出水火。正当他一筹莫展之时，夫人蒸煮的荔浦芋头让他回忆起了儿时家乡受灾缺粮，以"余粮"代粮充饥的情景。于是，他脑海中便产生了一个想法。一日，解缙借与明成祖朱棣在翰林院谈诗论赋的机会，邀请皇上前去家中品尝由广西送来的荔浦芋头。明成祖至家安坐后，解缙取下一半荔浦芋头送到皇上手里，自己则取另一半大口地食之，一会儿工夫便吃得一干二净。皇上见状，也大口地咬起来，但是入口之后只觉一股涩味，很勉强地咽了下去。解缙伺机询问皇上味道怎么样。皇上面露难色道："这到底是何物，为何如此难以下咽？"解缙回答道："皇上有所不知，此物名为'余粮'，乃山野之物。如今，南方地区久旱未雨，庄稼歉收，广西尤为严重，百姓们无粮食只能靠此充饥。"皇上听后明白了解缙话中之意，随即下旨，减免广西 3 年赋税。这回解缙和广西的老百姓总算是松了一口气。其实，解缙就是利用了"余粮"与荔浦芋头外表相似的特点，才巧妙地将两物对接起来，自己吃的那一半是荔浦芋头，给皇上吃的另一半则是"余粮"。从那以后，解缙巧借荔浦芋头力劝皇上减免赋税的事，一时传为佳话，被广为传颂。

荔浦芋头

"白切鸡"名称的来历

在广西,历来有着"无鸡不成宴"之说。家中请宾宴客或者逢年过节时,如果没有鸡就会显得不正式、不隆重。这里指的鸡,就是号称广西十大特色名菜之一的白切鸡。那么,白切鸡这个极具特色的名称又是从何而来的呢?

白切鸡

古时候,有个读书人,历经十几年的寒窗苦读终于谋得了一官半职。但后来他因看不惯官场的黑暗腐败,便辞官还乡,回归乡村田园生活。他除了饱读诗书外,还乐善好施,因此深得村民的拥戴。读书人一直生活得很清苦,年过半百,仍无一儿半女。有一年中秋佳节,他和妻子商量了一下,决定杀只母鸡,一来祈求上天保佑早生贵子,二来给家里改善一下伙食。就在妻子刚将母鸡剥洗干净端进厨房时,窗外突然传来哭喊声。读书人出去一探究竟,才知道原来是邻居家的小孩子因为玩灯笼,不幸酿成了火灾。眼看一些村民的家财就要化为灰烬,读书人和妻子便不由分说地一人抄起一个水桶冲了出去。最后,在大家的共同努力下,火势很快被控制住了。村民的家财也免受了火灾。火灭了之后,夫妻俩便回家了。一回到家发现灶火已熄,锅中水微温。原来因为救火走得匆忙,妻子只在灶中添了柴火,却忘了放作料及盖上锅盖。此时,锅中的鸡都被热水煮熟了! 无奈之下,夫妻俩便商量着干脆白切来吃。"白切鸡"的名称便由此而来。

后来白切鸡通过数百年的推陈出新,加上了用沙姜、蒜蓉、花生油、香菜、酱油等调制而成的配料。这样不仅保留了白切鸡的原汁原味、皮爽肉滑,而且人们吃起来更为香嫩可口、常食不厌。另外,白切鸡还含有丰富的容易被人体消化器官吸收的营养元素,有强身健体、温中益气、健脾胃、活血强筋的功效。

梧州纸包鸡是谁首创的

梧州纸包鸡,始创于梧州,历史悠久。"纸包鸡"选用纯正的三黄(嘴黄、脚黄、毛黄)鸡作主料,切块调味后,以玉扣纸包裹,花生油浸炸而成。其制作独特,气味芳香、鲜嫩可口。那么,如此色、香、味俱全的美味是谁首创的呢?

细细考究起来,梧州纸包鸡已经走过了风风雨雨 70 多个春秋。据说当时,在梧州北山脚下坐落着一个环境清幽的园林,名为同园。在园林深处有一座专门为官宦豪门享乐聚会而建的"翠环楼"。楼内可谓是名厨会聚、美味云集。其中有位姓黄的掌厨师傅,经过多年的细心观察,发现食客们对鸡肉传统的蒸、炒、煎等

梧州纸包鸡

吃法已经心生厌倦。为了推陈出新,招揽生意,通过多日冥思苦想和反复研究,他决定做出一道纸炸鸡。这种炸鸡不仅选料十分讲究,而且制作精细。要做好这道纸炸鸡,第一步是要选好一只约一公斤重的地道"三黄鸡",宰杀去毛后,吊干水分,只取鸡腿和翼翅 4 件;然后取适量的香麻油、盐、白糖、味精、姜汁、老抽、酱油、汾酒等进行腌制,并加入八角、陈皮、草果、大小茴香、五香粉等调料;待鸡块完全浸料后,就用炸过的"玉扣纸"将其包成荷叶状;最后下锅,用花生油将纸包鸡炸至浮上,即可出锅。当众开包时色泽金黄,满堂飘香。食用时会有一股奇香扑鼻而来,令人垂涎欲滴。之后,吃过黄师傅纸包鸡的客人无不对其赞不绝口。梧州同园"翠环楼"的纸包鸡也是名噪一时。后来,纸包鸡经过黄师傅的一个叫宫华的徒弟的发扬和改进,整只鸡的口感和外观相比之前更佳。

现在,纸包鸡已经成为梧州当地大小家宴的必有菜肴,深受广大食客们的厚爱,声名远播!

 ## 侗族人为何要吃合拢饭

吃合拢饭,是侗族同胞待客的一种习俗。侗族是个好客的民族,吃合拢饭就是他们好客的具体表现。那么,到底什么是合拢饭?其有何来历呢?

比如,有位贵客来造访兄弟俩,哥哥为客人准备了酒菜,而弟弟也要招待这位客人。这时,兄弟俩就将各自准备的酒菜端到一起,共同招待客人。这就是吃合拢饭。

这种待客的习俗历史悠久。据说,有一个寨子在河的对岸唱侗戏。兄弟俩相邀前去欣赏。不料散戏回家经过浮桥时,大水冲垮了桥。兄弟俩随即掉进河里。这时,岸边的一个老汉看见后,就立即划着舢板船将兄弟二人救上了岸。几年后,这两个兄弟都长成英俊小伙子,并各自成了家。有一天,那位老汉要到

广西侗族合拢宴

兄弟俩所住的侗寨里去办事。兄弟俩闻讯后，就邀请老汉到各自家中做客。可是老汉因时间紧迫，不能同时接受两家的招待。经过商议，兄弟俩就各自办了一些好酒菜，拿到一起招待这位救命恩人。这样，吃合拢饭的习俗就由他俩传承了下来。

之后，由一家逐渐演变为几家，或一个家族，或整个村寨一起待客。比如，某人曾经为哪个家族或寨子做了好事，当这个人再次到来时，就会受到整个家族或寨子的热情接待。各家便会将事先准备好的好酒、好菜、好肉聚在一起待客。

吃合拢饭开始时，最热闹的场面还是喝"转转酒"吃"转转菜"。几句简单的欢迎词之后，喝"转转酒"正式开始。每个人各喝邻座的杯中酒，全席的人再同时举杯敬邻座。而吃"转转菜"则是一个家庭的菜肴，一人接一人地传下去，使每个人都能吃到。在酒喝到半酣时，主人要与客人换盏对饮，然后再依长幼辈分再与客人换盏对饮。

对客人来说，吃合拢饭是一种荣誉。这种习俗一直传承至今，被誉为佳话。

"打油茶"有何神秘之处

据史料记载，广西三江侗家人的油茶文化，始于唐朝，已有上千年的历史。它属于侗族饮食文化的一个部分，带有神秘的民族色彩。关于它的神秘之处，还得追溯到民间一个古老的传说。

相传古时候，有个侗族姑娘，自幼父母双亡，孤苦无依，便寄住在姑妈家里，自小学习纺纱织布技艺。姑娘貌美善良、多才多艺、勤劳好学，深得大家喜爱。借着参加邻村一次文化交流活动的契机，再凭着自己的资质和努力，姑娘不仅学会了唱侗族大歌，还学到了油茶的制作工艺。但她并没有把学来的工艺

三江侗族"打油茶"风情

据为己有,而是选择和家乡人民分享。回到家后,姑娘一天三餐"打油茶",一日三时饮茗茶,还开起了"打油茶培训班",手把手地教村里的妇女"打油茶"。就这样,不仅村里妇女"打油茶"的工艺有了提高,她自己的知名度也日渐提升。据说有一年秋天,附近侗族地区的人们为了一睹她的风采,就在她家门前堆满了高若小山的笋皮,十分壮观。功成名就之后,她并没有忘记家乡父老,而是到处施善积德,为村子架桥铺路。也许是好人有好报,她一共活了99个春秋。后人为了纪念这位德艺双馨的"油茶女",每月初一和十五,便以香火、油茶祭之。在侗族人民的心目中,她是一位功德显赫的"萨老"(祖母),还获得了侗家"女神"的美称。

作为三江地区一种特有的本土饮食文化的代表,侗族油茶继承和发扬了侗族的灿烂文化。如今,油茶已经逐渐走进现代都市人的生活里,受到了人们的热捧。油茶产业也成为侗族地区的一个经济发展亮点。

南宁人吃艾糍的习俗是如何传承下来的

艾糍,是南宁的传统小吃,也叫艾粑粑,是南宁人在清明祭祀祖先时所制作的一道食品。在南宁民间有"吃了野艾草,春耕倍添劲"的说法。

传说太平天国起义后,清政府为镇压起义军,对各个地方都进行了大规模的追捕。一次清明节,李秀成的得力大将陈太平被清军围追到一座村子里。他找到附近的一户农民,请求帮忙。农民于是将陈太平也化装成务农的样子,与自己一起耕地干活,将清军骗了过去;然后又将他藏在了村外的山洞里。清军没抓到人,很不甘心。于是在村口设岗,对每个村民都进行检查,以防他们把食物带给陈太平。那位农民回家后苦思冥想该带什么东西给陈太平吃,一不留神竟一脚踩在一丛艾草上,滑了一跤。当他爬起来时,发现自己手上、膝盖上都被艾草染绿了。他顿时计上心来,赶紧把这些艾草采回家洗净挤汁,揉进糯米粉内,做成一个个团子,然后再把这些绿色的团子放在青草里,混过了村口的清军。陈太平吃了这些青团,觉得又香又糯,十分饱足。天黑后,他趁清兵换岗之机,绕回太平军大本营。后来,李秀成下令太平军都要学会做青团。于是,吃青团艾糍的习俗流传下来。

艾糍就是由艾草或白头翁草加

艾糍

入糍粑里做出的。初尝时,艾糍味道浓烈,可能会有些不适,但吃过后却回味悠长,风味难忘。根据李时珍《本草纲目》的描述,艾草性味苦、辛、温,入脾、肝、肾。以叶入药,具回阳、理气血、逐湿寒、止血安胎等功效。因此常吃艾糍,有利健康,尤其适合女性食用。白头翁草具有清热凉血、解毒的功效,且气味比艾草清香,用白头翁草做的艾糍,适合肠胃湿热的人食用。

玉林"牛巴"的来历及特色

　　玉林是岭南重镇,自古就商贾云集。这里小吃众多、风味独特,以历史悠久的"牛巴"最具代表性。早在北宋时就有《清异录》对其独特的美味进行记载。

　　传说玉林"牛巴"最早出现在南宋。在过去,牛是一个家庭最主要的劳动力,也是普通家庭最重要的财富。人们很少能吃到牛肉。

　　当时有一个邝姓的盐商。他家的牛因年老体衰而死。盐商舍不得将它丢掉,于是将牛分解,用盐把牛肉腌起来,晒成牛肉干。回家后,他把牛肉放到锅里煮,又辅以八角、桂皮等焖烧。牛肉出锅后异香扑鼻,左邻右舍闻香而至。主人便请大家共同品尝,众人纷纷称赞肉香味美。

　　其使用上好的黄牛臀部肉(俗称打棒肉)作为原料,洗净后切成薄片,用沸水去除血水,加白酒、精盐、酱油、白糖、味精、葱、姜、蒜等一起腌渍1~2个小时;再将腌好的牛肉片摊在太阳底下曝晒至七成干;然后下油锅煸炒,先在干净的锅内加入少许植物油,烧至七成热后加入切成丁条的柠檬、干松、草果、沙姜、花椒、桂皮、八角等爆香,再放入牛肉干用中火炒,待肉干回软,锅中无汁时,加入清油翻炒,盖上锅盖,改用文火慢慢煨制1~2小时;牛巴煨好后,拣去姜、蒜及香料,控去油汁晾凉,才算成菜。

玉林牛巴罐头

　　正如《清异录》所载:"牛巴赤明香,世传邝士良家脯也。轻薄甘香,殷红浮脆,后世莫及。"

趣味海南菜知识

QUWEI HAINANCAI ZHISHI

海南粉的来历及特色

海南粉
海南粉，相传是在明正德年间，由一位从福建闽南迁来的工匠发明的。据说当时这位工匠带着上了年纪的母亲迁居到海南澄迈老城。但海南炎热的气候令他体弱多病的老母亲胃口不开。这位工匠看到当地产的稻米质地很好，便想出将稻米加工成米粉，淋上自己做的酱料腌渍好后请母亲吃。母亲尝后胃口顿时大开，身体也恢复了健康。

工匠的孝心流传开来，很多人纷纷慕名前来品尝他的手艺。由于他做的米粉白若凝脂、柔嫩爽滑，令人百吃不厌。于是，很快传遍全岛，被大家称为"海南粉"。

海南粉细如丝、白如雪，食用时在粉上撒上油炸花生米、葱花、炒芝麻、豆芽、肉丝、香油、酸菜、香菜等，再淋上店家自制的茨粉汁，味道鲜美无比。茨粉汁是海南粉味道的关键，好吃与否，全看茨粉汁的制作水平如何，因而店家一般都不会公开茨粉的制作方法。

海南人管这种吃法叫"腌粉"，其实就是北方所说的"凉拌"，因为海南粉较其他粉类细，所以非常容易入味。拌好后的海南粉，香气醇厚、余味无穷。

抱罗粉有何特色

抱罗粉，是海南人最常吃的一种粉，在琼北又叫做"粗粉汤"。它来自海南文昌的抱罗镇，从明代开始就是海南著名的风味小吃。

抱罗粉味道的精华主要来自汤靓。过去的汤底主要用牛骨煮制，后来经过厨师的不断发展，吸收了粤菜的上汤做法，在牛骨汤的基础上加入其他多种原料，这样熬出来的味道较之前的粉汤更加鲜美。因为用这种鲜汤冲调出来的米粉味道更为醇厚鲜美，经营抱罗粉的店家纷纷效仿，创制出自己独特的汤底。

真正的抱罗粉汤靓，米粉白嫩爽

抱罗粉

滑。吃时把烫熟的米粉晾凉,沥干水分,再摆上已经炒熟的笋丝、酸菜、牛肉干、猪肉丝及蒜油、香菜、葱花、花生米、芝麻仁等,最后再舀上一大勺滚烫的靓汤浇下,一碗鲜美的抱罗粉就做成了。

抱罗粉汤汁鲜美,加之米粉白嫩爽滑、作料奇香,是到海南必尝的美味。

海南鸡饭有何特色

海南鸡饭,采用海南"四大名菜"之首的文昌鸡做原料,故而又叫做文昌鸡饭。经过厨师的精心制作,将文昌鸡皮薄、肉嫩、骨细的特点发挥得淋漓尽致。

海南鸡饭

文昌鸡享誉全国,可以说是到海南必尝的一道美味。文昌出过许多历史名人。其中最著名的当属宋氏一族。宋霭龄、宋庆龄、宋美龄、宋子文都是20世纪对中国历史发展产生过重大影响的人。

1936年,时任国民政府财政部部长的宋子文回乡祭祖,家乡人以白切文昌鸡款待。宋子文尝过后大为赞赏,临走时还让人打包几只带回广州,请其他官员品尝。于是文昌鸡一时名声大噪。

海南鸡饭中的文昌鸡是用白切的手法进行处理,最大程度上保留了鸡的美味,加上橘子、蒜泥、生姜等作料,别具海岛风味。其鸡肉细嫩鲜美、米饭芳香浓郁、酱料丰富多样,吃后齿颊留香,回味无穷。

薏粿的来历及特色

薏粿,即椰子糕,又叫"薏粑"、"燕粿"。其是海南第一批被冠以"中华名小吃"称号的风味小吃。单是从它的名字我们就可以感受到浓浓的海岛风味。海南人吃薏粿的历史悠久,民间普遍都会制作。

相传300多年前,在海南岛上的一个村落,有一对相依为命的母子。母亲勤劳贤惠,儿子聪明伶俐,日子虽说艰苦,倒也其乐融融。

当时正值明朝中晚期,是倭寇对我国沿海骚扰最厉害的时候。沿海百姓常年为此而苦。儿子自幼就立下长大后要投军打倭寇为民除害的志愿,因此专门拜师学艺,练就了一身好功夫。等到他18岁成人时,便漂洋过海到台湾投奔到郑成功麾下,当了一名海军。

儿子离家在外,母亲分外思念,但却也只能在中秋佳节时,在月光下摆上儿子最

薏粿

爱吃的粿，焚香祷告祈求其早日平安归来。

时间匆匆，母亲整整祷告了30年，儿子仍然没有回来。但母亲仍不死心，终于在第31年的中秋节时，等到了已经染上白发的儿子。母子相会，儿子接过母亲亲手做的"薏粿"，不禁悲喜交集。于是，薏粿的名字便逐渐传开。

其制作时要先将大米与糯米混合浸泡，磨浆滤水压干，和成粉团，再把事先腌好的椰丝、芝麻、花生、油麻、猪肉丁等馅料裹入一个个小粉团内，最后用黄叶芭蕉托底上屉蒸熟即大功告成。

薏粿的外表像果冻，洁白如雪，呈扁圆形，一般只有碗底大小，外面用椰叶或芭蕉叶包裹，卖相虽不怎么样，但吃起来绵软香甜不粘牙、冰凉清爽、内层细密厚实、椰香迷人。

黎家竹筒饭的来历及特色

黎族是海南居住历史最悠久的土著民族。他们在饮食上讲究原汁原味。竹筒饭就是其饮食的代表之作。

自古以来，黎族人在上山狩猎或出门远行时都随身携带稻米和火石，以便在饥饿时能随时做出香美可口的竹筒饭。有时在山上捕获了猎物，还会将其瘦肉拌混在糯米中，加入盐巴，装入刚砍下的竹节里就地烤制。一般他们不会马上吃，而是带回家与妻子、孩子一起分享。

过去黎家制作竹筒饭，是在山野上用木炭烧制，做法十分粗犷原始。如今经过厨师们的改进，这道黎家传统美食可以登上宴席餐桌，成为海南的著名美味。

黎家制作的竹筒饭选取的是猪瘦肉与当地产的山兰米。首先，将猪肉剁成小块，放入调料腌制，放入锅中炒熟后取出，与山兰米一起拌匀；然后，把已经拌匀的猪肉与山兰米装入竹筒里，竹筒的内壁事先抹上一层猪油，这样做出来的竹筒饭既不容易粘壁，也更香；最后倒入当地的山泉水，用布封口，再放入烤箱烤熟就能取出来吃了。

竹筒饭

黎家竹筒饭竹节青翠，米饭酱黄，香气飘逸、柔韧适口。吃时，再饮一口黎家"山兰酒"，慢品细嚼，趣味盎然。

趣味新疆菜知识

QUWEI XINJIANGCAI ZHISHI

维族菜是怎样形成的，有何代表菜

维族菜，即维吾尔族美食，是我国新疆地区的一个重要少数民族菜系。它以面食和牛羊肉风味小吃为主，以水果、奶制品、茶点心等为辅。在维吾尔族的一日三餐中，一般早餐吃的是馕，喝的是茶或玉米面粥（乌马什）；午餐为面类主食，如，手抓饭等；晚餐以汤面或馕茶为主。

新疆大盘鸡

维族菜的形成，自然与维吾尔族这个少数民族自身相关。该民族主要分布在新疆天山以南的各个绿洲，信仰伊斯兰教，使用维吾尔语和以阿拉伯字母为基础的维吾尔文。他们生活在边疆绿洲，最早为游牧民族，饮食文化中至今仍保留着许多早期的风俗。比如，维族人喜欢吃肉类、乳类等，如，牛、羊、鸡肉和酸奶、奶子、多嘎甫等。

后来在历史的发展中，维吾尔族转变为定居的农业民族之一。他们开始主要从事农业生产，尤其以种植棉花、果园等著称，盛产品种繁多的瓜果，如，哈密瓜、吐鲁番葡萄和葡萄干、水蜜桃、核桃、石榴、无花果、甜瓜、番梨、巴丹杏仁，等等，所以这里被誉为美丽的"瓜果之乡"。一年之中，新疆维族人有近 7 个月能吃到新鲜水果，每年从 5 月份开始，桑葚、杏子等各种水果就从未中断。可以说，果园是维吾尔族人的天然宝库。当然，这还是与新疆维吾尔族所处的地理环境有关。比如，吐鲁番地区光照充足，特别适合种植无核白葡萄。

此外，维族菜的形成跟他们的宗教信仰、饮食习惯有关。维族人严格遵守宗教信仰，比如，南疆地区禁食马肉、鸽子肉、骆驼肉，也很少吃酱油；又因他们特别重视饮食卫生，所以也不吃大肉。就连他们使用的餐具也具有典型的穆斯林特征，如，瓷盘子、碗、匙等。

维族菜中的代表菜非常多，主要包括烤全羊、烤羊肉串、新疆大盘鸡、手抓饭、羊杂碎、羊羔肉、手抓羊肉、馕、米肠子和面肺子、拉条子、油塔子、烤包子、烤羊腿、香酥羊腿、炒烤肉、风干牛肉、马肠子、酿皮子、揪片子、新疆拌面、新疆炒面、新疆凉菜等。

馕的特色及由来

馕，是新疆人最喜爱的面食之一，已有 2000 多年的历史，在古代人们称之为"炉饼"、"胡饼"。其品种可达 50 多个，花样多，原料也很丰富，常见的有油馕、肉馕、芝麻馕等。其一般制作方法和汉族的烤烧饼相似，但不同的是馕的里边加入了各种口味的馅心，因此其味道丰富多样。

传说当年唐僧西天取经路过沙漠时随身带的食物便是馕，是这种食物帮助他顺利地走过艰辛的路途。"馕"源于波斯语，中原人称之为"胡饼"，《突厥语词典》称馕为"尤哈"或"埃特买克"。相传在东汉时期宫廷里还曾兴起过胡饼热。张骞通西域后，随着商业贸易活动的频

馕

繁，胡饼也在内地得到普及。其名称从汉代到宋代一直都在中原流行。这说明它对中国的饮食文化具有深远的影响。

馕中间薄两边略厚，可根据个人喜好加入不同口味的馅心，十分美味。此外这种饼可存放的时间长，方便保存。

手抓饭的来历及特色

手抓饭，被维吾尔族称为"朴劳"，是当地人逢年过节、婚嫁丧葬的日子里招

新疆手抓饭

待宾客的必备食物。

相传 1000 多年前，有个医生名为阿布艾里·依比西纳。他晚年体弱多病，吃了许多药物也不管事儿。于是他研究了一种新型的饭进行食疗。他把羊肉、洋葱、羊油、胡萝卜、清油和大米加入盐后焖熟。这种方法制成的饭色、香、味俱全，使人食欲大增。阿布艾里·依比西纳医生从研制成这种饭后便每日早晚都食用，不久身体就康复了。大家都为此感到好奇，还以为他吃了什么灵丹妙药。最后，医生把这种能食疗的"药方"告诉了大家。这种饭通过代代相传，便形成了我们今日所见的"手抓饭"。

在吃手抓饭时主人要先请客人围坐在炕上，然后端来一个盆和一个装满水的壶请客人逐个洗手，并递送毛巾。待到主人端上几盘"抓饭"后（一般 2～3 人一盘），客人便可直接用手从盘中抓着吃了。这种食物就是因为其吃法而得名为"手抓饭"。

"手抓饭"的主要原料有大米、羊肉、洋葱、胡萝卜和清油，先把羊肉切成小块并用油炸；然后加入孜然、胡萝卜、洋葱；把它们炒完后放入清油、盐，再倒入大米将其一起焖熟即可。

手抓饭油亮美味、香气四溢、味道可口、富有营养，是旅游新疆必尝的美味。

拉条子的特点及由来

拉条子，是拌面的一种俗称。大凡内地人到了美丽的新疆，都要品尝其美味。到新疆不吃拉条子，就如同到西安不吃腰带面，到武汉不吃热干面一样令人遗憾。

拉条子圆滑、细长、筋道，再加入自己喜欢的拌面菜，十分美味。其最大特点就是不用擀、不用压，而是直接用手拉制而成。制作拉条子时一定要掌握好要领，否则很难成功。首先，面粉很有讲究，一定要用新疆的小麦，因为新疆小麦生长周期长，面粉筋骨好；其次，和面的时候盐要放适量，否则面很容易拉断

or拉不开；和好面后要在其表面抹上清油并盖上盖子放置半小时以上（2～3个小时效果最佳）；最后需要注意的是，拌面的菜一定要选芹菜炒肉、青椒炒肉或菠菜炒肉等，否则味道就没那么好了。

关于拉条子的由来众说纷纭，有说它最早起源于山西，是由当年的骆驼客将其带到新疆的；有说这是由回族同胞发明的；还有说其是由新疆维吾尔人发明的。我们现在不必太拘泥于它的来源。随着历史的发展变迁，各民族间的相互学习与交流，拉条子已经成为国内很有名气的一种新疆特色美食，备受大众青睐。

拉条子

新疆烤羊肉串的来历及特色

据古书记载，烤羊肉串在中国已有1800多年的历史。早在1800年前的时候，马王堆一号汉墓就出土过烤肉用的扇子。考古专家还在临沂市内的五里堡村发现两幅东汉晚期的石残墓画像，上面都刻有烤肉串的景象。两幅画中的人物都是汉人。他们用两根叉的工具来串肉，然后放在鼎上烧烤，并且用扇子扇火，就像现在的新疆人烤羊肉串一样。

烤羊肉串

新疆烤羊肉串是一种备受青睐的传统风味小吃。维吾尔语称其为"喀瓦甫"。其制作方法为，先把羊肉切成薄片，然后肥瘦交错地穿在铁钎上，放在炭火上一边扇风一边来回翻动地烤制；最后在羊肉串上均匀地撒上辣椒面、孜然粉和盐，几分钟便可烤熟。其焦黄诱人、香味扑鼻、肉嫩味美、不膻不腻。

近年来，乌鲁木齐、库车、墨玉等地出现了一种民间称为"米特尔卡瓦普"的烤羊肉串的新形式，意思就是"1米长的烤肉串"。其肉块大、钎子长，吃起来更加过瘾。

吃手抓羊肉有何礼节

手抓羊肉或手抓羊肉面，是新疆牧区的特色美味佳肴。当客人吃完手抓羊肉面，主人还要请其喝制作此面的原汤，以达到"原汤化原食"的作用。

手抓羊肉

相传手抓羊肉有近千年的历史，以手抓食用而得名。它是维吾尔族人民非常喜欢并在生活中必不可少的食物。这与他们的生活环境及生活习惯有着很大的关系。牧民们每次外出都要很久，而羊肉有饱食一顿整天都不饿的功效，因此他们对于羊肉情有独钟。

吃这种饭对主人和客人来说都是有讲究的。首先，主人在做这种饭前要举行一种叫"巴塔"的仪式，即主人先把要杀的羊给客人过目，经过客人允许后便可动手杀羊。与此同时，客人也要向主人表示感谢和祝福。吃饭前大家都要洗手，在餐桌上主人还要把羊头放在主要的客人面前，以示尊敬。客人在吃之前要削下羊头脸上的一块肉送给主人，再割一只羊耳朵送给在座的年纪最小者，最后把羊头还给主人。这些礼节结束后大家才可以开始吃肉。可见，吃前的礼节颇多，给人一种神秘感，但吃起来却鲜美无比，别有一番风味。

烤包子的特色及由来

烤包子,维吾尔语称"沙木萨",是维吾尔族人们非常喜爱的食物之一。它的皮要用死面皮,并将其擀成很薄的方形。馅心用羊肉丁、羊尾油丁、孜然粉、胡椒粉、洋葱和盐均匀搅拌而成。将包好的包子放在馕坑里烤十几分钟即熟。其色泽金黄、皮薄馅鲜,令人回味无穷。

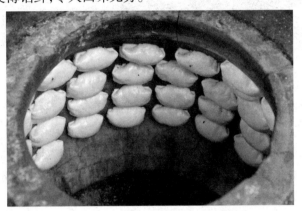

烤包子

相传最早的烤包子是在野外诞生的。早先新疆地区的牧民经常外出放羊、打猎,由于很长时间不能回家,他们就带上刀、面粉、水、馕等。他们打来野兔后,便用和好的面将洗净并切好的兔肉包起来放到木炭上烤着吃。但是烤好的食物外层总是沾着一层炭灰,于是牧民们想出一个好办法。他们找来三块石头,两块作为支架,另一块放在支架上面。他们先用火将石头烤热,再将面裹兔肉放到石头架的内壁上烤。以这种方法烤出来的食物外层没有炭灰。于是,以后的烤包子都是放在炉膛里烤了。

据说依布拉音·艾利克斯拉木是几百年前的一位名厨。他做的烤包子味道一绝,备受欢迎。后人常用他的名字来吸引顾客。

 ## 油馓子的特色及由来

油馓子,是在肉孜节和古尔邦节上维吾尔等少数民族家家户户餐桌上必备的一道风味名点。当客人到来并入座后,主人要热情地招待他们。主人要先掰下一束油馓子给客人,然后再为他们倒上奶茶并泡上自己喜欢食用的方块糖

维吾尔族巨型馓子

（新疆石河子产的），最后还要感谢他们的光临。

油馓子颜色黄亮，呈圆柱形，香脆甘甜。关于其来历，还与乾隆皇帝颇有渊源。

相传乾隆皇帝下江南到了王江泾时，被一阵阵香气吸引到了一座尼姑庵。他看到几个尼姑在斋房正忙着做油馓子。油馓子不仅味香，色泽和形状也很招人喜爱。但真正令乾隆大悦的是这里的一位年轻尼姑。她样貌俊俏，十分招人喜欢。两人一见钟情，并约定：尼姑会一直做油馓子，乾隆再来江南时就可循着香气找到她。

由于尼姑太过兴奋，竟把这个约定告诉了自己的师妹，而师妹又把约定告诉了其他人。等到乾隆再次来江南时正赶上端午节，岸边四处都飘散着香气。油馓子已由尼姑庵的食物变成了民间大众美食。乾隆再也找不到曾经和他约定的那个尼姑了，于是只好无奈地离开了这里。

虽然皇帝坐船离开了，但是端午节做油馓子的习俗却流传了下来。

趣味黔菜知识

QUWEI QIANCAI ZHISHI

黔菜是怎样形成的,有何代表菜

黔菜,即贵州菜,以辣、麻、酸等特色著称,包括民族菜、民间菜两大部分。其中,民族菜,即少数民族的菜肴,特点为酸、鲜、辣、醇;民间菜,则讲究野趣天成,千滋百味,且以土法秘方闻名。

黔菜:酸汤鲩鱼

一方面,黔菜的形成与其特殊的地理环境有关。贵州地处云贵高原,盛产上百种天然野生食用植物、上百种野生食用动物,以及上百种中药材,而这些都是黔菜中食材的重要来源。贵州饮食文化博采奇珍异兽,尤其擅长烹制肉食,如,猪肉宴、牛肉宴、羊肉宴、狗肉宴、蛇宴等。而同一种肉食,也能做出 20 多种不同的味道。此外,黔菜中无论主菜还是配菜的选材,60％为中药材植物。

另一方面,黔菜的饮食文化和贵州的多民族特征有关。贵州是一个世居多民族的省份。其饮食文化融合了不同民族的饮食特点。斋宴,是黔菜的一大特色。这是贵州多个民族的饮食习惯。斋宴丰富而隆重,食材以天然绿色植物为主,烹制以炒、煮、蒸、炸、凉拌为主,口味以酸、辣、咸、甜为主。此外,这里民族节日众多,因而饮食习俗也受到节日的影响,比如,吃肉必有酒,喝酒必吃肉,还有自制的水烟等。

此外,黔菜还受到其他地方菜系的影响,主要是川菜、湘菜、粤菜等。但是,这些菜系在进入贵州后也被做了很多方面的改进。如,黔菜与川菜相比,原料、口味都更加丰富多彩。以辣椒的使用为例,黔菜辣而不猛,香鲜味美,有油辣、酸辣、香辣、烧辣、糊辣、糟辣、酱辣、腌辣、泡辣等各种味型。

黔菜取材范围广泛、制作技巧讲究、盛装器皿繁多,味道鲜美、营养丰富,而且民族性强。其代表菜包括酸汤鱼、鸿运排骨、乡村鸡中翅、纸包小米火腿、糟辣带鱼、糟辣脆皮鱼、糟辣肉丝、黔味烤鸡、宫保鳝鱼、宫保鸡丁、独山盐酸鳝片、八宝汽锅脚鱼、天麻鸳鸯鸽等。

肠旺面的特色及由来

肠旺面，又叫肠益面，以色泽浓烈、香气扑鼻、味道鲜美风靡贵州，是贵州众多小吃中最负盛名的一道。又因"肠旺"与"常旺"同音，所以贵州人吃肠旺面又有盼望吉祥如意的寓意。

肠旺面的"肠"，指的是猪大肠，"旺"指的是猪血。它们是这道小吃最重要的部分。店家在做这道小吃的时候，会佐以20多种配料，要经过12道工序才能做出一碗肠旺面。其特制的辣油是用肠油、脆臊和本地产的辣椒油做成的，味道十分独特，淋在面上，色泽更加红艳浓烈，味道也更加醇厚。

贵州肠旺面

肠旺面诞生于清同治年间，到民国初期，贵阳人苏德胜对其进行了改进。他以鸡蛋面、猪大肠、血旺、肉臊为主料，辅以多种配料，经过精心烹调，使此面散发出让人难以抵抗的香味，很快便风靡贵阳。于是其他店家纷纷效仿，一家一家的面馆如雨后春笋般在贵阳城里开张，很快就遍布了贵阳的大街小巷。其中最著名的便是"王家巷肠旺面"。新中国成立后，肠旺面收归国有经营。三年困难时期，贵阳市商业部还专门印刷专票做特殊照顾供应。改革开放后，允许个体经营，于是像"陈肠旺"这样的私人经营的肠旺面馆又出现在贵阳街头，并以其精湛的手艺得到市民的喜爱。再经过后来的发展，肠旺面逐渐坐上了贵阳小吃的头把交椅，用独特的味道欢迎八方来客。

肠旺面口感香辣，其面条爽滑细脆，肉臊与肠旺香脆鲜嫩，汤汁鲜美回味无穷。

丝娃娃因何得名，有何美味

丝娃娃，又名素春卷，是贵阳街头最常见的一道风味小吃，因其外形与婴儿被裹在襁褓中很相似而得名。丝娃娃是用大米面粉浆所烙成的薄饼，卷入粉丝、萝卜丝、鱼腥草、海带丝等氽过新鲜蔬菜，吃时会加入当地特有的酱汁，酸酸辣辣的。其面皮口感酥脆绵柔、米香四溢，素菜脆嫩爽口、酱汁酸辣开胃，味道妙不可言。

贵阳丝娃娃

丝娃娃是贵阳的名小吃，深受贵阳人的喜爱，但这道小吃出现的时间并不久远，直到 20 世纪的七八十年代才正式出现在贵阳的街头。然而其发明者如今却已经不可考了。

在贵阳吃丝娃娃是一件很壮观的事情，长长的摊位上摆上 20 多种切成丝的时鲜蔬菜，红、黄、绿、白色彩鲜艳，丰富诱人。当然少不了美味的调料，辣椒酱、白糖、酱油、醋、麻油、姜、葱等应有尽有。客人入座后，摊主只需递给客人一碟面皮就可以了，客人自己选择要吃的蔬菜，自己调制酱料，与自助餐有异曲同工之处。

恋爱豆腐果的美味及来历

恋爱豆腐果，是贵阳街头最常见的风味小吃，简称"豆腐果"。它是用豆腐经碱水洗泡发酵后切成小块，置于烤架上，用无味的柏木锯面作燃料，烤至两面发黄；食用时用薄竹片将豆腐当腰剖开，添进由胡辣椒、生姜米、点葱、蒜泥、酱油、醋、味精等调制而成的佐料，趁热吃下，咸辣爽滑、满口喷香。

关于"恋爱豆腐果"名字的由来，有一段很浪漫的传说。

抗日战争的时候，贵阳城经常遭到日军的空中轰炸。于是像彭家桥这样的贵阳郊区，就成了城里人躲避飞机的藏身之所。在彭家桥附近有一对姓张的夫妇，以经营烤豆腐果为生。当时到这里避难的人们，因饥饿或打发时间，时常光顾老张的豆腐摊子。后来老张夫妇发现，一般人吃豆腐，大概因有空袭的威胁，精神还是很紧张的，往往吃完便走。但有一些恋爱中的青年男女，却是买上一

恋爱豆腐果

盘豆腐果,淋了辣椒油,然后一边谈天说地,一边慢慢品尝,一坐就是半天,似乎忘记了空中的危险,十分浪漫。一时间,老张的豆腐果就成了贵阳街头巷尾的佳话。人们还送给它一个浪漫的名字——恋爱豆腐果。

 ## 波波糖的特色及由来

波波糖,是贵州四大著名糕点之一,糖酥甜易脆,芝麻香味浓郁诱人,入口即化,是一种老少皆宜的小吃。明朝时即有记载,距今已有 500 年的历史。因其有落口即酥的特殊口感,波波糖,又名落口酥、波波酥等。

波波糖

波波糖的原料包括用糯米加工成的饴糖和炒熟的黑芝麻。其做法是,将饴糖加温至 40℃,使其呈半融化状态。此时加入芝麻末,就能使饴糖层层起酥,再将起酥的糖皮卷成扁圆状,待晾凉后就是著名的波波糖了。

波波糖是镇宁的地方特产。当时的镇宁知州为发展当地的糖食,在县衙大门张贴出公告,向民间征求制糖食品。住在钟鼓楼脚下的农民刘兴汉以镇宁盛产的芝麻、糯米、小麦为原料,经多次试验,终于做出了酥脆香甜的波波糖。当刘兴汉将这道做好的波波糖呈给知州品尝鉴定后,知州赞不绝口,并将其作为贡品进贡给皇室贵族享用。当时有人写下一副对子来赞扬波波糖:"镇宁城,钟鼓楼,既宏既高,高临全宇称魁首;刘记号,波波糖,又脆又香,香酥沁人誉名州。"于是波波糖成了进京赶考的黔中学子及过往商旅必买的名产,渐渐驰名全国。

遵义羊肉粉的来历及制法

遵义羊肉粉,曾荣获第二届"中华名小吃"称号。它首创于明朝年间,距今已有 300 多年的历史,后历经数代改进与发展,现在已经是贵州著名的传统风味小吃。如今,在贵州各地都可以看到挂有遵义羊肉粉的饮食店。

遵义羊肉粉

遵义羊肉粉选用的是思南县的矮脚山羊为汤底原料。首先,将鲜羊肉放入锅中,用小火慢炖,等到羊肉汤清而不浊的时候,捞出骨肉,加入刚宰杀的老母鸡,佐以少量冰糖。这样熬出来的汤汁味道特别鲜美。吃时,先将米粉用开水烫熟,盛在瓷碗里,再铺上熬汤时捞出的羊肉,切片,淋上鲜汤,最后再浇上贵州的辣椒油,撒上花椒粉、蒜苗、香葱等。其汤汁鲜美清香,加入贵州产的辣椒后,滚烫入味。尤其是在冬天的时候,一碗下肚,浑身暖和。

遵义是著名的红色之都,在中国共产党的历史上占有重要的历史地位。据说当年党中央召开著名的遵义会议时,会址的旁边就有一家羊肉粉店。毛泽东、周恩来、朱德、张闻天等党和军队的重要领导人经常在会议的间隙到这家店吃夜宵。当时的红军正处于非常时期,需经常转移,时间急迫,店家就把米粉做好送上门请红军吃。这碗热辣香喷的羊肉粉是许多老红军两万五千里长征的深刻记忆。

黄粑的来历及制法

黄粑,又名黄糕粑,是贵州的一道特色小吃,以遵义市的南白镇黄粑和贵阳的清镇黄粑为最佳。前者个头大,吃起来可以让人大快朵颐,过足口瘾;后者个头较小,却可以细细品尝,别有风趣。

贵州黄粑

据说在三国时期,蜀国贤相诸葛亮率军平定孟获,在夜郎国与其作战。一天,蜀军正在做饭,探子突然来报,"有蛮军临阵"。诸葛亮于是下令出战,击退了敌人。但诸葛亮并不满足,又下令士兵乘胜追击。这一出兵,就是两天。这可让军中的伙头夫急坏了,粮草可是军队的命根子,一点都浪费不得。他久等部队不归,眼看着已经煮好的豆汁与米饭就要坏掉了,赶紧去问军师诸葛亮怎么办。诸葛亮一看这情形,只好命将士把豆汁与米饭混在一起,放到大木甑里蒸煮,免得馊掉。等到战士们回营,大米早已煮过了两天,变得油黄发亮。但又累又饿的士兵也顾不上其他,拿到这个从未见过的东西就往嘴里送。哪知这东西吃起来味道甘甜香软,别有滋味。不明所以的将士还以为这是军师特别犒劳他们的美味。后来这种做法从军中流传到百姓中间,经过1000多年的传承和改进,就成为今天贵州的又一名小吃黄粑了。

黄粑的主要原料是粳米、糯米和黄豆,但制作却很繁复。首先,要将黏米与黄豆洗净混合打制成米浆,再将糯米洗净入木甑蒸煮至七八成熟。然后把米浆再与糯米倒入大木盆中混合,同时加入少量红糖。几经搅拌,待米浆的水分完全被糯米饭吸收,将糯米饭搓打成饭团。之后用已经清洗干净并煮好的笋壳或竹叶将糯米饭依次捆好,最后再入木甑加火蒸煮熟就可以吃了。

蒸制好的黄粑色泽黄润晶莹,糯米香、豆香、木香与竹香混合,清甜诱人,令人食欲大开。

遵义豆花面的由来及特色

遵义豆花面,始创于20世纪初。它以面软滑、味烈、香浓的特殊风味风靡遵义100多年。豆花面最大的特色是，它会在面条上覆上一层雪白的豆花，将面条浸泡在豆浆之中。这样做出来的面还有一股浓浓的豆味。

遵义豆花面

据说豆花面的起源是在清光绪年间，最开始是一户笃信佛教的人家，专门为前来湘山寺烧香拜佛的信徒开设了一家素面馆，因此价钱很便宜，成本很低，故不能使用太贵的材料来改善面的口味。到民国年间，几经改进，发展成了今天遵义市面上的豆花面。如今在遵义的大街小巷，豆花面馆到处都是，生意十分红火。1958年，邓小平等中央领导视察遵义，还特意品尝了豆花面，足见其魅力。

豆花面所用的豆花，也叫水豆腐，比较特别的是它点豆腐所使用的不是南方普遍用的石膏，而是酸汤。这样点出的豆腐没有石膏或卤水的苦涩味，较一般豆腐细嫩，又比豆腐脑紧扎。面条制作的时候会加入一些土碱，用手工反复揉拉，做成薄而透的宽面条，下锅煮至不软不硬后捞出，再以豆浆为汤底，覆上嫩豆花，另加一碟特制的辣椒水即成。其汤汁味道鲜美，豆味浓厚，辣椒水香辣过瘾，面条软滑可口。

趣味晋菜知识

QUWEI JINCAI ZHISHI

晋菜是怎样形成的,有何代表菜

晋菜:辣炒土豆片

晋菜,即山西菜,以山西为发源地,具有选料朴实、烹饪技法丰富、讲究原汁原味等特色。其中,晋菜烹调方法很多,尤其擅长爆、炒、熘、煨、烧、烩、扒、蒸等;口味以咸香为主,甜酸为辅。2002年,晋菜在杭州美食节上被评为"新八大菜系"之一。

晋菜的形成,除自身所处的地理环境外,还得益于它深厚的历史底蕴和文化积淀。尤其是明清时期,在晋商的带动下,晋菜开始吸取其他菜系之所长,形成了自己的独特体系。也是在这一时期,一批晋菜走出了山西,从而成为一个真正意义上的地方菜系。

此外,长期以来形成的饮食习惯在无形中也影响了晋菜的发展。比如,山西人爱吃面食,所以这里的面食不仅品种多,而且风味独特。最让人奇怪的是,这里的面食竟然可以成为一道独立的宴席。再如,晋菜善用调味品,如,老陈醋、代县辣椒、雁北胡麻油、应县紫皮蒜等。这也是晋菜的一大饮食特色。

按地域分类的话,晋菜可分为晋南菜、晋中菜、晋北菜、上党菜4种。晋南菜,以临汾、翼城等地为代表,口味偏辣、甜、微酸。晋中菜,以太原为中心,选料精细,制作讲究,菜品特点表现为酥烂、香嫩、重色、重味。晋北菜,以大同、忻州等地为代表,烹饪方法以烧、烤、炖、焖、涮等为主,口味偏重,具有油厚、咸香等特色。上党菜,以长治、晋城等地为代表,烹饪技法以熏、卤、烧、焖等为主,口味适中。其中,晋中菜是晋菜的代表,正所谓:"天下面食数太原,山珍海味难比鲜。味压神州南北地,舌上泾渭天上天。"

晋菜中的代表菜有:刀削面、熏猪肉、过油肉、喇嘛肉、腐乳肉、定襄蒸肉、炒蝴蛤羊肉、锅烧羊肉、葱爆柏籽羊肉、羊杂烩、西北羊汤、猪肉粉条、猪血灌肠、糖醋鱼、拔鱼、拔丝山药、铁碗烤蛋、头脑、猫耳朵、莜面栲栳、闻喜饼等。

刀削面的来历及特色

刀削面,是山西面食的代表、中国五大面食之一、山西四大面食之一。其起源于元朝时的山西,至今已有数百年的历史,故天下刀削面以山西为正宗。

刀削面

传说,元朝蒙古鞑靼人统治中原时,为防止汉人起义,将家家户户的刀具锐利之器全部没收,规定十户共用一把厨刀,用后交回鞑靼人保管。当时山西有一户人家,有老两口,一天中午,老婆婆做好高粱面面团,让老汉去保长那里取刀。老汉去取时,刀却被别人先拿走了,只好返回。当走到保长的大门时,他看见一小块薄铁皮,便拾了起来。回到家时,全家人正等着用刀切面条吃,可是刀没取回来。老汉便拿出小铁片说:"就用这个试试!"

老婆婆手拿小铁片先是切,再是砍,因均不顺手,渐渐改为削,一会儿便把面削完了,做了一顿很好的面条。这样一传十,十传百,传遍了山西大地。后来朱元璋领兵赶跑了蒙古人,建立了大明朝。这种用铁片削面的方法就在全国推广开来。

刀削面对面的水、面配比要求严格,一般是一斤面三两水,打成面穗,揉成面团,用湿布蒙住,饧半小时,再揉,到匀、软、光为止。如果面不揉好,削面时容易黏刀、断条。

刀削面全凭刀削得名,削面技法独特,最有看头,堪称天下一绝。削面时不用菜刀,要用特制的弧形削刀,左手托住面团,右手连续挥刀削面,一根根面条飞出,准确落入汤锅。有人形容之:"一根落汤锅,一根空中飘,一根刚出刀,根根鱼儿跃。"高超的做面师每分钟能削 200 刀左右,削出的面中厚边薄、棱角分明,形似柳叶,且每个都是六寸长。

削面的师傅

山西刀削面的卤又称浇头、调和、臊子,有秘传配方。一般的店家宁传别人削法,不传其制卤配方。卤有多种,有番茄酱、肉炸酱、羊肉汤、鸡肉、金针木耳鸡蛋等。面出锅入锅之后,加卤,再加上些鲜菜,如,黄瓜丝、韭菜花、绿豆芽、煮黄豆、青蒜末等,再加点辣椒油和老陈醋,吃起来味美可口,也是人生一大享受。

"头脑"的特色及由来

"头脑",又名"八珍汤",是太原特有的一种清真小吃,起源于14世纪的元末明初时期,距今已有700多年的历史。其食材包括羊肉、羊髓、酒糟、煨面、藕根、长山药、黄芪、良姜等8种,故而得名"八珍汤"。因为它是药膳食品,故而对人体有重要的药效,如活血健胃、滋补虚损、益气调元等。

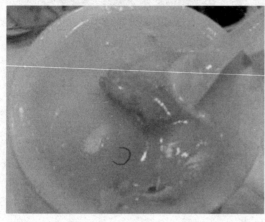

头脑

关于"头脑"的由来是这样的:传说明末清初,著名医学家、人称"仙医"的一代名医傅山隐居太原故里,专门侍养老母,研究医学。为让母亲康复,他创制了"八珍汤"给母亲喝。后来,"清和元"饭馆从傅山那里学来了这道风味,并且将其更名为"头脑"。再后来,傅山每当给体弱需补的病人看病时,就建议他们去吃"清和元的头脑"。这里面当然包含了他的民族情绪,意思是:去吃清朝和元朝统治者的头脑。

"头脑"与其他饮食的不同之处在于,它的里面配了黄芪和良姜两味草药。其中,黄芪具有补脾胃、健肺之功效,所以特别适合体虚者食用;良姜具有消食、下气、温中之功效,特别适合治疗胃寒。所以,将这两种草药配合起来,可以预防脾虚和胃寒。

每年农历白露到立春期间,太原各清真饭店就会供应"头脑"。早些年,因太原人喜欢天不亮就吃头脑,所以经营"头脑"的饭店门前都会挂一盏纸灯笼照明。这在当地被称作"赶头脑"。吃"头脑"这道药膳时,还要佐以腌韭菜。这相当于它的"药引子"。

"剔尖"的特色及由来

剔尖,又称拨鱼、剔拨股、八姑、拨股,是流行于晋中一带的传统面食,与刀削面、抻面、刀拨面合称山西四大面食。剔尖面条是用筷子从面盘边上剔出来的,面条比较短,呈中间圆、两头尖形状,故名。因做出的面条好似小鱼儿,又被称为"拨鱼"。剔尖有放在专用的铁板上,配专用铁筷做的;有把面放在盘或碗里,用竹筷剔的。而高手就着盆沿也能做。

传说唐贞观年间,秦川大旱,魏征荐晋中绵山
(介山)的高僧田善友祈雨。后果然大雨倾盆,解了
旱灾。于是李世民带领一些大臣赴绵山还愿。皇妹
八姑亦要求随同前往。还愿后,众人皆回去,八姑却
留在绵山修行。八姑时常为当地乡民采药医病。一
日,她为一患病老妪做面条时,面和稀了,可锅中水已
开,便把面放在小板上,用一根筷子往锅里拨,竟也拨
出了一根根面条。老妪吃时问:"孩子,这是啥?"八姑
误听为:"孩子,你叫啥?"便说:"八姑。"老妪误听为
"拨股"。从此介休一带称此面为"拨股",或"八姑"。

做剔尖的面有小麦面、高粱面及其他杂粮面。
所和的面要稍稀,否则很难剔出长而不断的面条来。
把和好的面放在专用铁板(或盘子)上,可顺其边缘

唐太宗李世民

用筷子将一缕缕面剔出。其要点是,在面条将离板(盘)边之时,顺势将其拉长,
用筷尾快速拨离板(盘)边,将剔出的面鱼直接入锅。面煮好后,捞出入碗,加卤
和鲜菜,即可食用。

平遥牛肉的特色及由来

平遥牛肉,是山西名产品,在明清时已很有名。其制作采用独特的传统工
艺,在屠宰、切割、腌渍、锅煮等操作程序上严格要求,对用盐、用水和加工的节
气时令也十分讲究,前后共约需1个月才能做成。经国家肉类食品质检中心检
测,平遥牛肉的钙、铁、锌、维生素含量比一般牛肉高,是牛肉中的上品。其色泽
红润、茬口鲜红、肉质鲜嫩、瘦而不柴、肥而不腻、软硬均匀、咸淡适中、绵软
可口。

相传,清朝末期,慈禧太后避八
国联军之难逃往西安,路过平遥时,
山西地方官特献平遥牛肉。太后闻
其香而提神,品其味而解困,将其列
为宫廷食品。1956年在北京全国
食品博览会上,平遥牛肉被评为
"全国名产";1997年冠云牌平遥牛
肉获山西省著名商标;1999年被认

平遥冠云牛肉店

定为国际农业博览会名牌产品。

太谷饼为何享有"糕点之王"的美誉

太谷饼，是山西省传统八大糕点之一，当地俗称"干饼"、"烧饼"，因产于晋中市太谷县而得名；以香、酥、绵、软闻名，享有"糕点之王"的美誉。

太谷饼，原名甘饼，始制于明朝后期，已有400多年的历史。其基本做法，是先将白面、白糖、食油、碱面、饴糖放入盆内，调拌均匀，加温水和面，揉匀，上案板搓成长卷，揪成小段的剂子；再拚上一层芝麻，按成饼形，放入扣炉内，先烫正面，稍等一会儿，定住皮后，把饼翻过来烤；底火不能大，扣上炉盖，留小口通气，约烧十几分钟即成。

烤好的饼呈圆形，直径约11厘米，厚约3厘米，边与心大致厚薄均匀，表皮为茶黄色，粘有一层脱皮芝麻仁。此饼可储存时间长，既可作茶点，也可当旅行食品，是人们相互馈赠的上好礼品。另外还有包入澄沙、枣泥或其他糖馅的太谷饼，称为带馅的太谷饼。

荣欣堂太谷饼

以前太谷饼主要卖给富商官宦之家，一般人家买不起。清朝末期慈禧太后亲尝太谷饼后，将其列为宫廷食品，以致身价倍增。民国二十三年（1934年），蒋介石到太谷视察，孔祥熙用太谷饼招待。饼味之美出乎蒋的意料，遂大加称赞了一番。后来国民党败退台湾，孔祥熙一家也随迁台湾，仍用太谷饼招待贵宾，从而使其在台湾的上流社会也很有名气。

趣味陇菜知识

QUWEI LONGCAI ZHISHI

陇菜是怎样形成的，有何代表菜

陇菜，即甘肃菜。它以原生态原料为主导，以甘肃文化、敦煌艺术为背景，

灰豆子

以五香、五味、绿色无污染、营养等为特点。其中，"五香"，指苦豆、小茴香、芥末、孜然、大蒜5种调味品；"五味"，指咸鲜、酸辣、香辣、苦味、五香味5种味道。此菜不仅历史悠久，源远流长，文化内涵深厚，而且口味醇厚、汁咸味鲜、营养合理，独具地方特色。

在中华各大流派菜系中，陇菜独树一帜，堪称我国烹饪艺苑中的一朵奇葩。甘肃菜作为西北菜的重要组成部分，最早起源于西汉通西域时期的"丝绸之路"。这条贯通东西方的路促进了西汉同中亚、欧洲一些国家的交流，也为甘肃菜的发展奠定了传统的基础。后来，陇菜又吸收了四川、陕西等地菜系的精髓，经过漫长历史年月的改进与发展，最终成为独具特色的饮食。

陇菜中有很多特色代表菜，主要包括雪山驼掌、玛瑙海参、兰州烤乳猪、兰州拉面、甘南虫草炖乳鸽、百花翡翠扒羊肚菌、羊羔肉、金鱼发菜、陇南花椒芽、红梅百合、天水浆水面、灰豆子、陇西腊肉、敦煌佛跳墙、荞麦蔬菜卷、热冬果、西北甜胚子等。

兰州牛肉拉面有何特色

兰州牛肉拉面，俗称"牛肉面"，是兰州特色风味小吃，已有160多年的历史，原是游牧民族款待高级宾客的必备食物。

其汤采用牛肉、牛肝、牛骨及十多种天然香料熬制而成，面条由高精面粉掺水后手工拉制。观看拉面就像是欣赏杂技表演，一团面在师傅手中可拉出大宽、二细、一窝丝等十余种不同的面形。

品尝兰州牛肉拉面时只选用清汤，佐以牛肉片、香菜和蒜苗，浇上辣椒油即可。成品色泽鲜亮、面条绵长柔韧、肉汤香味浓醇、麻辣感后知后觉。

1915 年回族人马保子因家境贫寒沿街叫卖自制的牛肉面。他将牛、羊肝汤兑入面中以吸引顾客，始创了正宗的兰州牛肉拉面。后来他开始经营固定的店铺，采取"客人进店即可免费喝一碗汤"的点子来吸引顾客。牛肉拉面香味扑鼻、味爽汤清，逐渐闻名四海。

兰州牛肉拉面

 ## 浆水面的特色及由来

浆水面，是以浆水做汤汁的一种面条，广泛流行于兰州、天水等地。浆水面的灵魂在于浆水。浆水制作工艺简单，用坛子装入不沾油渍的纯净面汤，配以芹菜或莲花菜，将坛子置放在 30℃ 以上的地方，发酵三五天后其味变酸即可。

浆水面

相传浆水面的名字是由汉高祖刘邦与萧何所取。清末兰州进士王煊在《浆水面戏咏》中道："消暑凭浆水，炎消胃自和。面长咀嚼耐，芹美品评多。溅赤酸含透，沁心冻不呵。加餐终日饱，味比秀才何？"道出了浆水面的独特之处。

做好的浆水面色味俱佳，入口酸辣爽口，令人回味无穷。

高担酿皮子有何特色

高担酿皮子，最初由关中人高老二从陕西引进甘肃，因其走家串户挑担叫卖而得名。后高老二在大佛寺附近开设店铺，将高担酿皮子的制作工艺传授给他人。因高担酿皮子味道独特鲜美，逐渐成为当地名吃。

酿皮子

高担酿皮子色泽透明如玉、入口柔韧爽滑，配以辣椒、醋等调料后酸辣味鲜。其酿皮制作方式独特，俗称"洗面皮"。制作时用当地特有的蓬灰代替碱，把蓬灰与面粉和成的面团放入清水中多次揉搓，将分离出的稠浆装入平底容器，上笼蒸熟即可。

高担酿皮子是凉州当地特色面食，最早挑担经营，因担子特别高而得名。其外表晶莹通透，品尝时将其切成筷子粗细长条状，浇上醋、蒜泥、红油等料，扑鼻儿香。

甜醅子的特色及由来

甜醅子，又名酒醅子，是兰州风味小吃。当地有顺口溜唱道："甜醅甜，老人娃娃口水咽，一碗两碗能开胃，三碗四碗顶顿饭。"在炎热的夏天吃甜醅子，倦意立刻消除，冬天食用则能暖胃壮身。

甜醅子制作方式简单，选取去皮的荞麦或青稞，煮熟晾凉后按分量加入曲，然后置入瓷盆中高温密封发酵，待酒香四溢时便成。其有凉热之分，品时酒味香醇、浓郁芳香、清凉甘甜。

甜醅子

每年端午，兰州人会在自家大门上插上杨柳枝条。其端午食俗却异于其他地方，男女老少在当天都品尝甜醅子。因兰州地处内陆，糯米和粽叶稀缺，当地人也不会包粽子，便用甜醅子代替。古时，每年清明过后，兰州家家户户便开始忙着酿制甜醅子，准备端午节当天食用。其习俗源于我国古代用米酒祭祖敬神的传统，是几千年遗留下来的古老文化形态。

 ## "搓鱼子"因何得名，是如何制作的

"搓鱼子"，俗称搓鱼面，是甘肃省张掖市经典面食小吃。其中间粗、两头尖，形似小鱼，故得名。张掖当地人吃搓鱼子隐含着年年有余、如鱼得水的美好祝愿。用筷子搅动锅中的搓鱼子，它们就像一群摇头摆尾的小鱼在水中畅游。张掖人将其当做日常面食，尤其是在农忙时期，一顿搓鱼子既耐饥，又美味可口。上好的搓鱼子鲜香爽口、催人食欲、柔滑筋道、调料齐全、配菜五色齐备。

搓鱼子做法复杂，先选用当地特产青稞面，用盐水和成咸面团，把面团擀成面皮子后切成菱形块儿；然后在面板上搓成两头尖一寸长的鱼形片，放入锅中煮熟；最后拌上红色的胡萝卜或肉、绿色的菜叶、黄

搓鱼子

色的鸡蛋花、白色的葱段、黑色的木耳等料即可。

"三炮台"的来历及特色

"三炮台",是兰州具有浓郁地方特色的茶品。其源于盛唐时期,明清时传入西北,是与当地穆斯林饮茶习俗相结合形成的饮品。

"三炮台"相传是唐德宗建中年间(780—783 年)由西川节度使崔宁之女在成都发明的。因原来的茶杯没有衬底,易烫手指,于是崔宁之女就发明了木盘子来承托茶杯。为了防止饮茶时茶杯倾倒,她又设法用蜡将木盘中央环上一圈,使杯子更加固定。这便是茶船的雏形。后来茶船改用漆环代替蜡环,更加方便。这样,茶船文化即盖碗茶文化,就在成都地区诞生了。后来,这种饮茶方式逐步由巴蜀向四周扩展,逐渐遍及整个南方。

三炮台

其茶具玲珑小巧,由茶盖、茶碗、茶托三部分组成,故称为"三炮台"。"三炮台",是用上等的菊花、福建桂圆、新疆葡萄干、甘肃临泽小枣、荔枝干、优质冰糖为作料配制而成的。其香而不清则为一般,香而不甜为苦茶,甜而不活不算上等,只有鲜、爽、活才为茗中佳品。

"三炮台"又称"盖碗茶",为回族传统饮茶风俗,是成都人最先发明并独具特色。所谓"盖碗茶",包括茶盖、茶碗、茶船三部分。其寓意为"天盖之,茶盖;地载之,茶船;人育之,茶碗。"

其汁清色碧、水汽袅袅、浓郁纯正,轻嚼慢咽下,一股茶香沁人心脾,实乃一大享受。

趣味渝菜知识

QUWEI YUCAI ZHISHI

渝菜是怎样形成的,有何代表菜

渝菜,即重庆菜,主要盛行于重庆地区,以味型鲜明、主次有序为特色。其中,渝菜味型除麻辣味外,还有酸辣味、糊辣味、家常味、咸鲜味、酸甜味、糟香味、熏香味、五香味、酱香味、鱼香味等;烹饪方法有27种,包括爆、炒、烧、烤、烩、焖、炖、煮、蒸、汆、卤、熏等。

重庆火锅

渝菜的形成,首先,与其所在的地理环境相关。重庆地区依山傍水、气候湿润,尤其盛产各种山珍野味、水产水禽等。特别是各种水产,为这里发展鱼类菜肴提供了丰富的食材,由此而产生了干烧岩鲤、豆瓣鲢鱼、酸菜鱿鱼、鸡茸鱼翅、鱼翅席等重要菜品。

其次,渝菜的形成与其历史人文环境相关。渝菜最早可追溯到远古时期,而真正形成是在20世纪30年代的抗战时期。当时,重庆作为南京国民政府的陪都而存在,所以涌入了大批官商、百姓等。当然,其他各个菜系也就同时流入了这里。由此,一批渝菜大厨开始对本地的菜肴进行改革,在吸收其他各派菜系的烹饪技法后,逐渐发展成为地方特色菜系。再经过80多年的发展,渝菜已成为中国菜系中的一颗明星,在某种程度上还引领着全国美食的主流。

渝菜的代表菜有重庆火锅、重庆万州烤鱼、歌乐山辣子鸡、南山泉水鸡、重庆黔江鸡杂、回锅肉、毛血旺、鱼香肉丝、特色干锅、樟茶鸭子、陈皮兔丁、翠云水煮鱼、重庆小面、豆花饭、清炖牛尾汤、酸萝卜鸭子汤等。

重庆小面有何特色

重庆小面，是重庆人的日常早餐之一。其在当地的名气超过火锅。清晨早餐时段，街头巷尾的小面面馆都挤满了市民。由此足见小面对于重庆人日常生活的意义。当地有"要了解重庆人，就去吃碗小面"之说。

重庆小面

重庆小面只是一个统称，包括素小面、牛肉面、炸酱面、豌豆面等。小面以香鲜麻辣著称，佐料有油辣子、花椒面、姜蒜水、葱花、碎炒花生、油炸黄豆、酱油、猪油、榨菜粒、芝麻酱等。煮面时用面汤或肉汤、菜汤来煮，味道好；若用清水煮，味道欠佳。面煮好后，盛入碗中，加入佐料和烫过的鲜菜，即可食用。其面条筋道滑溜、汤汁香鲜麻辣，一碗下肚，能吃出汗来。

"不吃小面不自在"是重庆十八怪之一，是说若隔天不吃小面，让人想得慌，身心皆不自在。在重庆，清早街边小面摊的生意格外红火，无论男女老少，绅士或外来打工者，都放下身段，三下五下就吃了一碗面。一碗下肚之后，方觉舒畅，找回了以前的感觉，继而开始一天新的生活。

重庆酸辣粉是如何制作的

酸辣粉，是重庆、四川、贵州的传统名小吃，以重庆的最为有名，是用红薯粉条制作的酸辣粉条汤。由于价格低、味道美，一直深受当地人的喜爱。其基本做法，是先把红薯、豌豆按比例制成粉条；另用猪骨、鸡骨、牛骨、一点海鲜和作料熬制成汤；食用时取一勺汤入锅煮沸，放入粉条煮熟，再加些配菜、盐、辣椒油，即可出锅入碗；最后加点香醋、香油即可。其粉条筋道、汤汁酸辣鲜

重庆酸辣粉

香、爽口开胃。

在四川和重庆,红薯称为红苕。制作酸辣粉的粉条以红薯粉条为最宜,口感劲道,有咀嚼感,吃起来滑爽,即使煮后泡半个小时也还有弹性。酸辣粉的汤含有丰富的钙质、骨胶原、氨基酸等,很有营养。但一些劣质酸辣粉的汤水是用水加辣椒和醋做的,没什么营养,最好不要喝。

 ## 江津米花糖是如何制作的

江津米花糖,是重庆江津区的传统名产品,是用糯米和白糖做的糕点。其制作过程是将糯米蒸熟,抖散晾干,入锅加糖水焙制;每5公斤糯米用200克饴糖水,糖水比例1:10,糖水用完后,改用砂炒,粒米可涨到4粒米大;将涨大的米

江津米花糖

倒入糖浆内,加少许的熟花生仁、核桃仁、芝麻仁,搅拌均匀,倒入案上方匣内,摊开成方块,再用刀切成小块即可,每块重约 125 克。

米花糖有很多品种,有香油米花糖、猪油米花糖、油酥米花糖、芝麻秆米花糖、怪味胡豆米花糖、开水米花糖等。其中的开水米花糖是重庆南岸食品厂的制品,食用时需先用开水泡一会儿再吃。

江津米花糖已有 100 多年的历史,俗称谷花。"玫瑰"牌油酥米花糖是江津正宗老字号产品,早在 1943 年就获得"四川省农业改进厅甲等奖状";1985 年荣获中商部国家旅游局优质产品奖;1993 年被评为首批重庆名牌产品;1996 年被评为国际名牌食品。

重庆抄手有何特色

重庆抄手,属四川抄手的一个分支,是山城人喜爱的小吃之一,有红油抄手、清汤抄手、鸡汁抄手、牛腩抄手等几种。红油抄手,是在煮好的抄手上加辣椒红油,味道麻辣鲜香。清汤抄手,是在煮好的抄手上加清汤,皮薄肉香、汤味清鲜。鸡汁抄手,是在抄手煮好后另加用鸡骨、鸭骨熬制的汤,美味可口、肉香浓郁。

民国时期,重庆的抄手没有成都的名气大,当时名气最大的是成都青石桥的"吴抄手",于是各地的抄手店纷纷取名"吴抄手"。1952 年有几个重庆人开了一家抄手店,也取名"吴抄手"。重庆吴抄手在选料上十分讲究,面

重庆吴抄手店

粉一定选最好的,馅是用猪背柳肉剁成肉茸,再加金钩等配料做成。煮好的抄手鲜美顺滑、皮薄肉嫩。

重庆吴抄手的品种也比其他抄手店多。其于 1999 年获国家商业部"优质食品金鼎奖";2000 年获中国烹协授予的"中华名小吃"称号。

陈麻花有何特色

陈麻花,是重庆古镇瓷器口的名产品,是用面粉、糯米粉、花生油、核桃油等做成的,味道酥软、口味独特,先后获得"重庆特产"、"重庆名点"等称号。

陈麻花有甜味、蜂蜜、椒盐、麻辣四个品种。甜味麻花,香甜可口,入口即碎,老少皆宜;椒盐麻花,口味略咸,酥脆化渣;麻辣麻花,集甜、麻、辣于一体;蜂蜜麻花,口味纯甜,常被当做礼品。

磁器口陈麻花

陈麻花是近十多年才发展起来的小吃品种。麻花原是重庆及合川的街头小吃之一,有很多店家经营。从 1998 年起,合川县金钟村人陈昌银也开始在重庆街头卖麻花。他的做麻花技术来自其本村的一个老人家。2000 年磁器口古镇搞旅游开发,他便在此开店经营。不久,陈麻花成为磁器口的知名美食。2003 年已发展为年创利百万元的公司,又注册了"陈昌银"和"古镇陈麻"两个商标。2005 年陈昌银的麻花上了中央电视台的节目,名气一时高涨起来。于是其他麻花店纷纷改名为陈麻花,一条街上共有八家陈麻花。

趣味青海菜知识

QUWEI QINGHAICAI ZHISHI

青海菜是如何形成的,有何代表菜

青海菜,主料以牛羊肉为多,菜肴品种多样、风味迥异,具有软酥、脆嫩、酸辣、醇香之特色,可以说融合了北方菜的清醇、南菜的鲜香、川菜的麻辣。

青海湖黄鱼

青海风味的形成,首先,得益于青海地区的地理环境。青海地处青藏高原,主要生产野畜、野禽、蔬菜瓜果等,如,野牦牛、野骆驼、藏野驴、藏羊、湟鱼、冬虫夏草等特产。而这些特产则为青海菜的形成提供了大量丰富的食材来源。

其次,青海菜与青海作为多民族聚集地的特征有关。青海烹饪以汉族和回族风味为主,除这两者相互影响之外,还受到藏族风味的影响。在制作技法、调味上交错融汇后,青海菜最终形成了自己的独特饮食体系。也就是说,此菜在原料选取上以牛羊肉等土特产为主;在烹调方法上以炒、烧、烤、蒸、煮、炖等为主;在口味上以酸辣、醇香、酥脆为主。

青海菜的代表菜有:人参羊筋、蛋白虫草鸡、手抓羊肉、爆焖羊羔肉、羊肉炒面片、羊肉尕面片、羊肉筏子、羊肉麦仁饭、犀脯湟鱼、青海月饼、西宁凉粉、酥油糌粑、蜂尔里脊、三色芙蓉丸子、发菜蒸蛋、雪莲人参果等。

青海老酸奶的特色及由来

青海老酸奶,是由牦牛奶经过高温发酵形成的特色饮品,在青海地区已有一千多年的历史。青海当地人都会自制酸奶,其传统制作方式,是取纯牛奶加热到60℃~70℃,置入瓷碗中,以10:1的比例加入酸牛奶,搅拌均匀后密封放在高温地方,待其发酵7小时后凝固即成。青海老酸奶营养美味,酿造过程中不加任何人工添加剂,是真正的健康食品。

西宁马忠酸奶

青海老酸奶状若豆腐脑,上层浮有一层奶皮,香浓稠滑、酸甜可口。

青海老酸奶已有上千年历史,在流传的民间故事中就有关于酸奶的记述。公元641年,文成公主经过青海湖畔时不幸身染重疾,卧帐不起。随行的吐蕃大臣们试过多种治疗方法都毫不见效。正当大家不知所措时,观世音菩萨派格桑花仙子告知文成公主身边的侍女娜姆:"要想治好公主的病,需采集100头藏家牦牛奶给公主服用。"随行的吐蕃大臣听闻后立马组织人员到草原各地收集牦牛奶。纯朴的藏民们纷纷将自家的新鲜牦牛奶相送。与此同时,当地活佛带领99名弟子为公主日夜祈福,法事活动在草原上持续了三天三夜。当活佛睁开眼时,看见供桌上的钵中散发出万丈光芒,只见盛于钵中的牦牛奶凝结成了固体,明亮细滑。活佛认为这是观世音菩萨的拯救,于是高举着神圣之物给文成公主饮用。文成公主连饮几日后果然大病痊愈,而后给其取名为"雪"。"雪"就是最早的酸奶。

"狗浇尿"因何得名,有何特色

狗浇尿,是青海地区家喻户晓的一种麦面烙饼,当地人戏称其狗浇尿油饼,因其制作时反复沿锅浇油的动作与狗撒尿相似而得名。做法是将小麦面和成面饼,撒上香豆粉、食盐等调料后卷成长卷,在烧热的烙馍锅中边烙边用尖嘴油壶沿锅浇油,不停转动薄饼使其成色均匀,煎熟后即可食用。"狗浇尿"外表金黄美观、口味甜香柔软,配上醇香的奶茶滋味甚好。

狗浇尿

青海地处青藏高原,受地理条件和气候的影响,其粮食作物以小麦和青稞为主。当地人多吃面食,"狗浇尿"便是其中之一。2010 年"狗浇尿"入选世博风味小吃之一,因名字不雅而改为"青海甘蓝饼"。

尕面片有何特色

尕面片,又叫面片子,因面片小而得名,是青海地区家常面食。按面片形状和烹饪方法不同,尕面片可做成玲珑小巧的"指甲面片"、与蘑菇混煮的"蘑菇面片"、炸酱拌吃的"烩面片",以及和粉丝、辣椒、牛羊肉同炒的"炒面片"等。

其制作方法独特,将揉好的软面切成粗条——"面基基",覆上湿毛巾,待其回好面后,不用擀面杖而是单纯用手将面团压扁揪成手指长短,而后将面片投入沸水中煮熟即可。

尕面片的面片细腻、滋味各异,蘑菇面片汤鲜味美、指甲面片口感滑嫩、炒面片香醇爽口。

青海地广人稀,古时交通不便,中途旅店很少。各族人奔走于农牧区之间需跋涉多日,每当日落天黑时往往在路边扎起帐房。他们在帐旁用石块架一口锅,不用切刀、案板、擀面杖等工具,只需一个木碗,冷水拌面后将面团揪成小面片投入锅中煮熟,加入羊肉就是有名的"三石一锅羊肉尕面片"。一顿饭操作简

尕面片

单,省时省事。草原人们食毕后将木碗揣入怀中,铜锅搭于马背,扬鞭驱马继续前行。

炮仗面有何特色

炮仗面,是青海风味面食"拉条"中的一种,因其形似炮仗而得名。

炮仗面

拉条是西北人日常主食之一,名目繁多。细圆的是鸡肠儿,一寸左右的鸡肠面叫"炮仗子",更细的是"香头子"、"一根线"。压成宽扁形的是"扁叶子",窄扁的是"韭叶子",揪成方形薄片的是"揪片子"。

制作炮仗面时,先将面条揉到硬滑,饧分十多种,另煮一锅放有土豆、西红

柿、青椒、羊肉等料的浓汤,待水沸时迅速将面条掐成小炮仗大小射入汤中,煮熟后搭配调料即可。

炮仗面吃到嘴里火辣辣,有放炮仗的感觉,令人胃口大开,一碗过后仍意犹未尽。

羊肠面是如何制作的

羊肠面,是青海省省会西宁地区常见的一种风味小吃。它以羊肠为主料,与热汤切面一起共食。

羊肠面

羊肠分为肉肠和面肠。肉肠,由羊的内脏等经过调味制作而成。同时另外,有些地方还有用煎锅煎出来的大肚片,以及上好的羊腿肉制作,绝对是色香味美,值得品尝。羊肠面肠段细脆馅软、面条悠长爽口,夏天可凉吃,冬日可热吃,实属地道美味小吃。

羊肠面以大小羊肠管、葱、姜、花椒、精盐、萝卜为主料,并伴以热汤切面共食。其做法,是先洗净羊的大小肠管,不剔剥肠壁油;再装入葱、姜、花椒、精盐等为佐料的糊状豆面粉,然后扎口煮熟,并在煮羊肠的汤内投入已煮熟的小萝卜丁、葱蒜丁混合的臊子汤。

食用时,先喝一口热羊肠汤,而后切豆面肠为寸段一小碗,再吃一碗臊子汤浇的面条。

趣味宁夏菜知识

QUWEI NINGXIACAI ZHISHI

宁夏菜是如何形成的,有何代表菜

宁夏菜,是指盛行于宁夏回族自治区的地方菜系,主要包括回族风味菜和汉族菜肴两种。其中以回族清真菜为主。此菜系会聚了回族饮食的精华,因用料讲究、香料搭配、做法独特、风味别致而著称于世。它以牛羊肉、面食为主料,以西红柿、辣椒、花椒、八角、茴香、葱、姜、蒜等为作料,口味偏酸、辣。

宁夏涮羊肉

宁夏清真菜历史悠久,源远流长,最早可追溯到唐代,而真正形成流派是在元朝时期。唐朝时,来自西域各国的阿拉伯人来到中国。他们开始与中国的汉族杂居、通婚。到了元代,这些相互融合的民族群体开始形成一个新的民族——回族。因为阿拉伯人带来了他们独特的穆斯林饮食习俗,也使得中国出现了一种新的菜系——回族菜。约成书于元代的《居家必用事类全集》,最早记载了回族菜肴。当时,伊斯兰菜还较多保留了阿拉伯特色。

到了明末清初,回族菜逐渐被"清真菜"一名取代。这一时期,清真菜不仅流行于民间,更传入了清代宫廷。加上穆斯林人口逐渐增多,穆斯林菜肴也迅速发展起来,并形成了自己独特的风味。而在宁夏地区,清真菜成为主要组成部分。

按照档次分类,宁夏菜包括家常菜、便餐菜、筵席菜三种。其特色代表菜包括糖醋黄河鲤鱼、手抓羊肉、金鼎羊肚、香酥羊腿、清蒸羊羔肉、炒羊羔肉、黄渠桥羊羔肉、烩羊杂碎、羯羊脖肉炖黄芪、羊肉炒面片、羊肉枸杞芽、甘草霜烧牛肉、丁香肘子、吴忠白水鸡、香酥鸡、凉拌面皮、烩腰柱、翡翠蹄筋、燕面揉揉等。

手抓羊肉有何美味

宁夏手抓羊肉，至少已有100多年的历史，是回族食品中一道有名的美食。其因不膻气，且佐料味正，故远近闻名。当地的滩羊吃野生甘草、山麻黄等，肉质纯正无膻味，是宁夏手抓羊肉味道好的最根本原因。现在以吴忠县"老毛手抓"、银川"国强手抓"最为有名，均入选"中华清真名小吃"。

老毛手抓羊肉

宁夏手抓羊肉制作时选用宁夏滩羊肉，最好是8个月的羯羊（去势公羊），切成2斤左右的大块，放入开水锅中，加花椒、小茴香、八角、桂皮和杏、橘皮干等调料，先温火煮慢炖，再大火爆煅，至骨肉分离时即可出锅；切肉要肥瘦相间，这样好看又有味；肉上盘后，另用小碗盛芝麻酱、豆腐乳（调成汁）、腌韭菜花、酱油、醋、葱花、蒜泥、辣椒油等以调味，手拿羊肉蘸食。尤其是蒜泥可单独盛在小碗内蘸食，因为"吃羊肉不吃蒜，味道减一半"。

"油香"有何特色

"油香"在中国北方分布很广，是一种很普遍的油炸面饼。其中河南汉族的"油香"与宁夏的在做法和形状上一样，连名字都一样，二者有同源关系。基本可以肯定的是"油香"不是西方传来的，而是中国本土的食品。其创制时间和传播路径还有待学者考证。

油香

　　宁夏"油香"是在该地区很流行的一种油炸小麦面饼,是家常主食之一。其做法是取酵母添温开水和面,发酵后倒入碱水中和,打入几个鸡蛋,揉成面团,擀成长卷,分段,做成碗口大小的薄圆饼,中间划二三刀条,放在油锅里炸熟,捞出控干油即成。吃的时候要顺着刀口撕,一条一条地吃。

烩羊杂碎的来历

　　烩羊杂碎,是西北地区有名的风味小吃,出自宁夏同心县,现以吴忠市的最为出名,又被称为"吴忠风味羊杂碎"。吴忠羊杂碎在 1994 年 5 月被评为"全国清真名牌风味食品"。

勉记羊杂碎

相传，蒙古人征西夏时，有一次被困静赛军（今宁夏同心县）山林，军队就地解决温饱。主管后勤的一个小兵把废弃的羊头、蹄、肝肺找回来，用水洗净剁成碎块，放入锅中熬煮，只加了些野菜和盐当调料。因调料不足，他受到了上司将官的责骂。等汤熬好后，他先盛出一部分让官兵品尝。没想到，品尝的人都称赞汤味鲜美。于是士兵们便都按这种方法熬制。后来，这种煮羊杂碎的方法便在同心县流传开来。后经民间厨师多次改良，成为如今的宁夏烩羊杂碎。

其做法是，先拿一个完整的羊肺从喉管处注水，经多次冲洗，直至肉色变白为止；再把和好的面糊灌入羊肺，羊肺被盛满后，立刻挂起来控干水分，之后下锅炖成汤；把熟羊头肉、心、肚、肝、肠切成丝放入碗里，盛入原汤，再加些葱花、姜末、蒜末、辣椒油、味精、香菜等，即可享用。

爆炒羊羔肉有何美味

爆炒羊羔肉，流行于宁夏、甘肃、青海、新疆四省，是当地的清真美食。羊羔肉在宁夏俗称"够毛羔"，一般指 40～50 天大的小羊。较为正宗的爆炒羊羔肉，出自于宁夏石嘴山市平罗县黄渠桥镇。

其基本做法，是先用清水把羊肉泡两个小时，再切成约 3 厘米的小方块，放入热油锅爆炒 10 分钟，等肉色发红时放入葱、蒜苗、盐、花椒、醋、辣椒片、姜、酱油，翻炒数下再倒入一些羊肉汤，焖 25 分钟即可出锅盛盘。

黄渠桥爆炒羊羔肉店

平罗县黄渠桥镇的爆炒羊羔肉已有近百年的历史，据说它之所以味好，是因为当地的水有碱性。用碱性水泡出来的羊肉没有膻味，而且肉质鲜嫩，因此爆炒羊羔肉就成了黄渠桥的一绝,以马家和周家的最为有名。

羊肉小揪面有何特色

　　羊肉小揪面,是宁夏有名的面食小吃,因面片是揪出来的,故名揪面。其面片长短不一、厚薄不均,大小由个人喜好而定,可谓是一大特色。

羊肉小揪面

　　宁夏盐池县的滩羊肉,尤其羯羊肉,不膻气且味鲜,是做小揪面的上等原料,深受当地人的喜爱。在陕甘宁及蒙古西部地区,只要提起盐池的滩羊肉,人们就赞不绝口。据说盐池的滩羊是西汉时的苏武从北方带来的。当时汉朝的苏武出使匈奴,竟被扣押,后又被置于北海牧羊19年。汉昭帝时,汉使得知苏武未死,便迫使匈奴释放苏武等人回汉。苏武回来时带了一群羊,至盐池县时暂驻。羊群吃的是野甘草秧、莎草、野苜蓿、苦豆、盐蒿等,喝的是微咸水。不久,苏武发现羊肉变得不膻且味鲜,知是水草的原因,便将羊群放养于此地。后来这群羊发展成为当地的滩羊。

　　做羊肉小揪面要先和面,后做面汤。面要和得软一点,和好备用。汤的做法是先往锅里放点油,油热后,放入羊肉片、姜丝,炒至肉的水分干掉,加调料粉,小炒两下,加水烧开,稍煮,放入酸菜和蒜,待再次水开,放入盐、味精、葱、绿辣椒即可。把和好的面擀开切条,揪成面片,放入另一开水锅中,等面片熟后捞出,放到汤锅里,和匀,就可以出锅入碗了。

趣味西藏菜知识

QUWEI XIZANGCAI ZHISHI

藏族喝酥油茶的习惯是怎样形成的,有何注意事项

酥油茶,是藏族人每天都必不可少的饮品,多作为主食与糌粑一起食用。

拉萨仓姑寺甜茶馆酥油茶

在藏区几乎每户人家都会制作酥油茶。很多人常常是三餐均喝酥油茶。酥油茶的脂肪与蛋白质含量很高,对于食材种类少的藏人来说,是极好的营养品。它还含有丰富的鞣酸,可以刺激肠道蠕动,促进消化。在寒冷的高原地区。这是补充体能和缓解高原反应的最佳食品。

相传藏族喝茶的习惯是由唐朝的文成公主带起的。作为汉藏友好的象征,当年的文成公主远嫁边疆,和亲西藏。文成公主刚入藏时,发现西藏无论是气候还是饮食,都与中原差异甚大,这让她很不适应。后来她发现将茶与奶混合起来一起喝,可以减少奶腥味,原先喝不惯的鲜牛奶也就不那么难喝了。因文成公主常常以此招待前来觐见的权贵,这一做法遂逐渐在上层社会流行开来。人们纷纷效仿,饮茶之风于是盛行。

在藏家做客的时候,热情的主人都会端出自家最好的酥油茶进行招待。客人喝茶也有几个需要注意的地方。刚倒下的酥油茶并不能马上喝;第一杯酥油茶,客人要端起茶碗,用无名指蘸少许茶,弹洒 3 次,以示感谢天、地、神灵,而且不能一饮到底,需留一半左右,等主人添满了再喝,一般以喝 3 碗为吉利;如果不想再喝,当茶碗添满时就不要再动,临告别时可以多喝几口,但也不能喝干。

糌粑的独特吃法及来历

糌粑吃法独特,不需生火,因而携带十分方便,加之营养丰富,是藏族最传统的主食。在藏区,很多藏族群众一日三餐都吃糌粑。他们认为只有这样,才能拥有黝黑健壮的体格。一个外族人若想融入藏人的生活,必须从吃糌粑开始。

糌粑是藏语的音译,翻译成汉话就是青稞炒面,做起来也不复杂。青稞面与小麦面的制作有些不同。它是先炒熟再磨成面,而且不除皮。吃时把磨成面

的青稞加入一些酥油、茶水，并不断搅拌均匀，当炒面可以捏成团时就可以吃了。

糌粑

相传在很久以前，青藏高原上的各大部族发生混战。藏王为扩大领地经常出征，但高原上雪山连绵，荒芜之地众多，道路难行，交通十分不便，这给军队的给养带来很大的困难。为此，藏王日夜忧虑，茶饭不思。直到有一天晚上，在天上的格萨尔王给藏王托了一梦："何不将青稞炒熟磨成面，既便于携带又易于贮藏。"藏王一下惊醒过来，心中很是高兴。于是他立即命令部下生火，将军队里的青稞全都拿来炒熟磨成面。后来这种加工方法便从军队流传到民间，成为藏民处理青稞的主要方法。

吃糌粑时一般会配上酥油茶和青稞酒，营养丰富、爽口不腻，且酒香、茶香与青稞面的味道混合，沁人心脾。

 ## 青稞酒为何独特

青稞酒，是用高原上最主要的作物青稞酿制出来的一种酒。其制作工艺十分独特，先把青稞洗净煮熟，待温度降下后加入酒曲，再装入陶罐或木桶封好；让其发酵两三天后，打开盖子加清水，再重新封好口；最后再等上一两天，桶里的青稞就变成高原第一酒——青稞酒了。

青稞酒

青稞酒的度数很低，类似我们熟悉的啤酒。在西藏男女老少都很爱喝青稞酒。它是藏族节庆的必备饮品。在藏族人家做客时，喝青稞酒讲究"三口一杯"，即先喝一口，斟满，再喝一口，再斟满，喝到第三口时再斟满后就要干一杯。在酒宴上，热情的主人经常会轮番劝酒，直到客人醉倒为止。

相传清康熙年间，军机大臣张廷玉奉康熙之命入藏册封达赖、班禅。一行人到达拉萨册封完毕，张廷玉告诉达赖、班禅，康熙帝很喜欢饮酒。于是达赖、班禅便派特使携带精心酿制的青稞酒觐见康熙。皇帝品后觉得此酒醇厚回甘、馨洌绵甜、回味无穷，便问张廷玉："这是什么酒？"张廷玉据实相告。康熙龙心大悦，钦点此酒为朝廷贡酒。

青稞酒酒色橙黄，味道酸甜、醇厚，浓郁的酒香令人迷醉。

风干肉有何美味

风干肉，与酥油茶、糌粑、青稞酒并称西藏美食"四宝"，是西藏小吃的代表。其原先是藏区牧民在野外时，为了携带更多的干粮，同时也是为了更长久地保存食物而想出的一种加工食物的方法。但经风干过的肉片却独具风味，成为高原美食。

西藏风干肉

过去，每当气温变冷时，藏民就会将已经宰杀好的牛羊肉切成小条，挂在阴凉处，让其自然风干，待到来年开春时再食用。它的保存时间可以超过一年。

西藏饮食大致可分为以肉为主的"红食"和以奶为主的"白食"。可见，藏人对于肉类是十分喜爱的。不过，藏人吃肉也有许多禁忌。如，他们只吃偶蹄类牲畜（以牛、羊为代表），不吃奇蹄类牲畜（以马、驴、骡子为代表）。不过他们也不爱吃山羊，因为他们认为吃山羊肉伤肾。在藏区还流行"山羊肉上不了宴席"的谚语。藏人对狗肉更是深恶痛绝，常常用"吃狗肉的"来骂人。老一辈的西藏人则不会吃鱼，因为他们认为那是生长在神圣湖泊里的神灵的化身。

牛羊肉经风干后肉质变得松脆耐嚼，而且还有独特的自然香味，令人回味无穷。

拉萨甜茶的来历及特色

藏族群众嗜好饮茶，喝茶是他们生活中一件非常重要的事情。在拉萨，茶馆遍布每个角落。在这些茶类中，拉萨甜茶以它特有的风味享有盛誉。

拉萨甜茶并不是藏族人原创的茶品，而是由外人带到西藏的舶来品，已有上百年的历史。作为西藏茶饮的代表，甜茶选用的材料十分简单，制作也并不复杂。首先，是将红茶熬出汁，再加入牛奶、白糖，充分搅拌即可。

关于甜茶的来历，民间有两种说法：一说，是由当年入侵的英军带到西藏的。当年的英军中不少是世袭的贵族，喝下午茶是他们的传统习惯。这种悠闲享受的生活影响了当时西藏统治者的上层。他们也开始喝起了"下午茶"。之后逐渐推广到民间。另外一说认为，甜茶是在清雍正年间，由逃难到西藏的回民带来的清真食品。当时吐蕃藩王在拉萨

拉萨甜茶

的西郊划出一块地给这些难民，作为他们的安身之所，并为他们建起清真寺。而这些回民为了生活，便开始做起了清真传统甜茶的生意。

拉萨甜茶乳黄浓稠、香甜可口，沁人心脾。

 ## 酥酪糕有何特色

藏族酥酪糕，是西藏的著名糕点。酥酪又叫做"醍"，指从牛奶中提取出来的酥油。其营养价值极高，是滋补身体的上品。酥酪糕还是藏族同胞常拿来招待客人的美味点心。

酥酪糕是用提炼过的曲热（即奶油淀粉）、奶油、白糖、人参果（蕨麻）、葡萄干、核桃仁等加水和成"醍面胚"，再在面团的表面用红绿丝绘出一些吉祥的图案，上屉蒸熟。吃时用藏刀将蒸好的糕点切成小块就可以了。

酥酪糕

曾有人考证，酥酪糕里的人参果可能就是《西游记》中镇元大仙道观里人参果的原型。因为在藏语里，其名意为"吉祥长寿"，译为长生不老之果。从现代医学角度来看，人参果的营养

价值极高，富含皂甙、黄酮、氨基酸、蛋白质、矿物质等多种对人体有益的营养元素，具有强身健体、益寿延年的保健价值。

在西藏，不少僧侣在进行禁食修行前就只吃少许人参果。足见其营养价值之高。

酥酪糕奶味浓郁、口感绵软香浓、造型美观。

奶渣饼是如何制作的

奶渣饼，是藏族人家几乎都会做的一道甜点，也是主人经常拿来招待客人的糕点。在藏语中，奶渣饼被称为"推"，是由奶渣和酥油混合制成的一种甜食。

奶渣饼

奶渣，其实是制作酥油时剩下的物质。做奶渣饼时，舀出奶渣，加白糖（或红糖）、酥油和少许面粉，揉成面团，最后再压成饼状，入锅煎至金黄即成。

奶渣饼奶香浓郁、营养丰富、色白味酸，具有很好的助消化作用，可预防水土不服。

人们常会将西藏的奶渣饼与乌克兰奶渣饼搞混，但其实二者无论从选材还是制作工艺上都相差甚远，风味也完全不同。西藏奶渣饼的奶渣是酥油提炼的产物，因而其营养价值较用鲜奶制作的乌克兰奶渣更高；而在烧煮奶渣的过程，会浮出一层奶皮，可以揭下，藏语称之为"比玛"，也是一种营养价值很高的奶制品。

趣味台湾菜知识

QUWEI TAIWANCAI ZHISHI

"蚵仔煎"的特色及来历

"蚵仔煎"用闽南语读应为 ǒu ā jā,换成普通话就是"海蛎煎"。它原是古代海民在没有足够粮食的情况下,想出的一种替代食品,是过去底层人民生活的象征。而如今,"蚵仔煎"是台湾夜市中最具人气的本土小吃,常年占据台湾小吃销售排行榜的第一名。

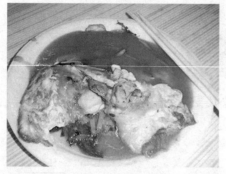
蚵仔煎

闽南语将生蚝称作"蚵仔",因此所谓"蚵仔煎",就是将"蚵仔"与鸡蛋、薯粉浆、葱花、蒜等置于铁板上混合煎成饼状。吃时再根据个人的口味刷上不同的酱料。好吃的"蚵仔煎"需用嘉义东石、台南安平或屏东东港等地所产的"蚵仔"。这里的"蚵仔"个大肥嫩,做出来的"蚵仔煎"汁多鲜美,很受欢迎。

关于"蚵仔煎"的起源,有两种说法:一说,是由颜思齐、郑芝龙发明的,主要是根据《文义小品》上的记载:"海无食,又与官军抵触,颜郑命从人,以蛎和粉水,煮以飨食。"另一种说法则认为,"蚵仔煎"是由郑芝龙的儿子郑成功创造的。民间传闻,1661 年郑成功率兵从鹿耳门攻打荷兰军队,意欲收复被占领的台湾岛。一路上郑军势如破竹,大败荷兰军。荷兰军首领大怒,命东印度公司将粮食全部藏起来,使得郑军粮草得不到及时补充。情急之下,郑成功便命手下士卒用当地产的"蚵仔"与薯粉混合煎成饼吃。

珍珠奶茶有何特色

珍珠奶茶,也叫粉圆奶茶或波霸奶茶,诞生于 20 世纪 80 年代,是当时台湾很风靡的泡沫红茶的代表。在台湾,有两家店铺宣称是珍珠奶茶的最早发明者。一家,是台中市的春水堂;另一家,则是台南市的翰林茶馆。两家店还曾为此闹到法院。但因为两家都没有申请商标权和专利权,法院不能作出判决,才使得珍珠奶茶成为如今台湾具有代表性的小吃。

珍珠奶茶

珍珠奶茶由"奶茶"与"珍珠"两部分组成。其中奶茶，以红茶为底，加入牛奶与白糖搅拌过滤后而成。所谓珍珠，则是用木薯粉或地瓜粉加入焦糖、糯米等做成的圆球。喝时将珍珠加入香醇的奶茶中就可以了。

珍珠奶茶味道醇厚、甜而不腻、奶味十足；珍珠耐嚼有弹性，口感十分独特。

度小月担仔面有何来历及特色

担仔面，是发源于台南地区的一种地方小吃。其时间可追溯至清光绪年间，是由当时的台南渔民洪芋头所创。台湾在清明时节与七八月份时常会有台风侵袭。这样的天气渔家是不能出海的，因此在台湾与大陆沿海一带，经常把台风侵袭频繁、生计难以维系的月份称为"小月"。每当小月时，无法出海捕鱼的洪芋头就挑上扁担，到台南市水仙宫庙前贩卖面食，以度时日。因其味道独特，很多尝过的人都赞不绝口，生

台湾小吃担仔面

意越做越好，逐渐成为远近闻名的台南代表美食。此面也因此被称为"度小月担仔面"。

在台湾，度小月担仔面最为有名。这家店已有100多年的历史。其面条爽滑、汤汁鲜美、肉臊独特，小小一碗就可以满足食客对味觉的所有要求，令无数过往者垂涎不已。

度小月担仔面不仅曾摆上过台湾的上层宴会，令蒋经国赞不绝口，还曾远赴英国、新加坡、中国澳门等地参加美食展，接待过数不尽的政商名流，甚至连挑嘴的香港美食家蔡澜都深为佩服。

"担仔"在闽南语里是"挑扁担"的意思，即指挑着担子卖的面。整个台湾最有名的担仔面就是"度小月担仔面"。

卤肉饭有何特色

卤肉饭，是台湾地区饭食类小吃的代表，在台湾各地都有店家贩卖。

卤肉，在台湾地区也叫做"鲁肉"（据说因为它来自于鲁菜）。当初从大陆迁移到台湾的移民，生活条件艰苦，大家对于任何事物都很珍惜，于是想出了将

卤肉饭

整肉剁成小块,加酱油、八角、盐等卤过后拌在饭中。这样做出的卤肉不仅很下饭,而且可以长时间保存。在物质匮乏的年代,这是一种既省钱又省事,还富有营养的穷人料理。

卤肉饭在台湾南部和北部的做法和特点不尽相同,各有自己的独特风格。在南部,卤肉饭指的是将大块五花肉用酱油、汤、五香粉等一起卤成焢肉,再把焢肉倒扣在白米饭上,摆上烫熟的青菜。而在北部,卤肉饭则是在白米饭上淋上一层用酱油卤汁炖煮的碎猪肉。这种卤肉饭在南部也叫"肉臊饭"。

台湾人做卤肉饭很讲究,不仅选料要精,炖煮卤汁的工序与火候都很重要,任何一个环节出错都会影响到最后的成果。因此,台湾人常说,风味独特的卤肉饭,只有台湾人会做!

"棺材板"的来历

"棺材板"的名字,乍听不太吉利,但实际上这是台湾地区小吃中的名品。"棺材板"源于台南,是用西式吐司片制成酥盒,装入中式爆炒的鸡胗、鸡肝等配菜,经油锅炸成金黄色的一种小吃。

其发明者是一个叫许六一的台南小贩。最初它并不叫这个有些不吉利的名字,而是叫"鸡肝板"。后来一支考古队到台南进行考古挖掘,中途累了,来到许六一的店铺休息吃饭,就点了这道鸡肝板。当时店里也清闲,除考古队外没有别的客人。于是考古队教授便与许老板聊了起来。两人聊得正开心时,鸡肝板就上来了。教授看着金黄方正的美味,忽然对老板说:"您这鸡肝板很像我们正在挖掘的棺材板呢!"性格开朗乐观的许六一听后不但不生气,还爽朗地回答:"那从此以后我的鸡肝板就叫棺材板好了!"于是,"棺材板"就取代了"鸡肝板"。不过这个名字也的确太过耸人听闻,于是有不

棺材板

少店家将其改为"棺财板",图个吉利。

吃"棺财板"的时候要趁热,否则等到冷却后油脂凝成块,容易腻口。另外,这是一道高面粉质的食品,放久会变酸,味道就不好吃了。

车轮饼因何得名,有何美味

车轮饼,是来自台湾地区的传统美食,之所以叫做车轮饼,是因为其成品与汽车轮子十分相似。因为刚开始时这种糕点只有红豆馅的,所以其最初叫红豆饼。

车轮饼在台湾地区已经有50多年的历史,由最初的炭火烤制,到液化石油气,再到电加热烤制,其口味也越来越丰富。

台湾宁夏夜市红豆饼

在台湾地区,很多人都知道马英九对车轮饼的喜爱。无论是在私下还是在公共场合,这位台湾地区最高领导人都不掩饰自己对这道街头美食的喜爱。在2008年"双十晚宴"上,记者拍下了马英九大口吃车轮饼,并被夫人周美青皱眉瞪眼的照片。这张照片后来被刊登在报纸的头版上,掀起一阵车轮饼的热潮。

"刈包"的特色及由来

刈包,也叫虎咬猪、割包、挂包,是来自福州的一种传统小吃。经过几代台湾人的发展,如今已经是台湾人喝下午茶或吃消夜时的一道必不可少的点心。

刈包

在台湾,刈包最初是在腊月的时候用来祭神的,因此也叫尾牙刈包。这个习惯至今仍被不少台商保留着。关于为什么台湾人要在新年吃刈包,王浩一先生在他的《慢食府城:台湾古早味全纪录》中写道:"因为它的样子很像老虎张开大嘴,咬住一块松香软嫩的肉片。在尾牙时吃'虎咬猪',想一整年不好的东西都被它吃掉,烟消云散,迎接来年事事顺利。"刘包形状又像钱包,象征发财的意思。

传统的刘包是将馒头割成两片,往里面填入用红椒、大蒜、海山碧及八角、当归等12味中药烧制的五花肉,最后再淋上自制的花生酱就可以吃了。刘包外形上与我们常吃的肉夹馍有些相似,但其味道不同。经过长时间熬煮的刘包肉料入口即化,并带有浓厚的药香。而自制的花生酱香浓甜腻,再加上酸菜与腌渍好的白萝卜,五味俱全,令人难以拒绝。

"烧仙草"的特色及由来

"烧仙草",是继珍珠奶茶之后,又一风靡大陆的台湾小吃。但其实烧仙草并非台湾本土原创,而是由移民台湾的广东客家人带过去的。如今,人们更多的是将其归为台湾地区小吃的代表。

烧仙草

关于"烧仙草"的来历,据说和后羿有关。

后羿射日,嫦娥奔月的故事很多人都听过,据说之后还有后传。

留在人间的后羿对于妻子的背叛深感痛苦、备受煎熬,也无心管理部族,令奸臣当道,渐渐地民心涣散,部下也逐渐离他而去。最后他也心力交瘁,仰天而终。后羿死后不久,在他的坟头上长出了一种野草,并很快繁衍到各地。老百姓把这种草拿来熬煮,发现煮出来的汁水会凝结成块,食之可降温解暑、清心除火。于是百姓又将这种草称作仙人草。寓意后羿生前备受心火之苦,直到死后,其灵魂才醒悟到自己的错。为了弥补自己生前的过错,他化身为仙草,欲以自己的献身平息世人对他的怨愤。

"烧仙草"原料中的仙草是一种一年生草本植物,在两广一带也叫凉粉草,可长到一米多高。将其采摘后晒干,制成仙草干后就可以熬煮"烧仙草"了。在台湾地区,"烧仙草"有热饮与冻吃两种吃法。热饮,是在"烧仙草"上加入加热的奶茶与糖水,同时用花生仁、葡萄干、红豆等作为点缀;冻吃,就是在热饮的基础上加入冰块。无论是何种吃法,均因加入奶茶与糖水,食之苦中带甜、清凉不腻。

趣味香港菜知识

QUWEI XIANGGANGCAI ZHISHI

辣鱼蛋是如何制作的

辣鱼蛋，又名咖喱鱼蛋，是香港地区小吃的台柱子。其成本低廉、弹性十足、味道鲜美，是学生们的最爱。辣鱼蛋的主要材料是鱼蛋，而鱼蛋的味道大同小异，卖家只能凭酱汁出奇制胜。一般的店主都会在自制的辣酱中混入咖喱粉。这样既能缓解辣味，又能让辣味中透着浓浓的咖喱香，十分诱人。

制作时将成串的鱼蛋在油锅中炸熟后刷上特制的辣酱便可食用了。其在香港销量惊人。据统计，香港地区每天可消费掉上万颗鱼蛋。咖喱鱼蛋也是一种营养丰富的保健品，所含鱼肉成分既对心血管起到一定的保护作用，也能清热解毒、养肝补血，对人体有百利而无一害。

咖喱鱼蛋

咖喱鱼蛋虽是香港名吃，但历史并不悠久，起源于20世纪五六十年代。当时香港地区已兴起街边小摊。为了降低成本，摊主便低价收购一些卖剩的潮州白鱼蛋和鱼肉，将其油炸后淋上辣酱贩卖。没想到咖喱鱼蛋一经推出，便大受欢迎，不出几年便风靡香港，现已成为香港小吃界的龙头。

"西多士"是如何制作的

"西多士"，又名"西多"，是香港常见的茶餐厅小食之一。但在早年的香港，其只在高档餐厅才能吃到，属于高档消费品。起初的"西多"只有两种吃法：一种，是将制好的咖喱做成馅料包入"西多"中，然后蘸满蛋浆放入油锅中炸熟，最后拌牛油吃；另一种，是直接将"西多"蘸上蛋浆放入油锅中炸熟，最后淋上炼乳食用。

"西多"味道香甜，且制作简便，所以现在很多香港人也会在家做此美食。其在制作时要先将两片吐司的内层涂上花生酱使其黏合，再将

西多士

调好的蛋浆刷在外面,接着将其放入油锅中炸至金黄,最后淋上炼乳装盘便可。刚出锅的"西多"松软可口、香气逼人,真是让人食欲大开。

20世纪60年代,"西多士"由法国传入香港,成为香港高级餐厅的特色小食。其本名是法兰西多士,到了香港被人们简称为"西多士"或"西多"。后来几经发展,由兰芳园最先引入茶餐厅,成为常见小吃之一。

鸡蛋仔因何得名,是如何制作的

20世纪50年代前后,香港地区由于经济低迷,迫使很多老板都缩衣节食。有的杂货店为了节省开支,将破裂的蛋挑出,打入碗中,并逐一加入牛油、面粉等配料制成浓浆,最后倒入模具中用炭火烘烤,制成小饼。因其色泽金黄,外形颇像鸡蛋,故得名"鸡蛋仔"。如今,鸡蛋仔已走出香港,在台湾、北京、浙江等地均有销售,且广为人知。

鸡蛋仔

传统的鸡蛋仔以面粉和鸡蛋为主料,制作时先将面粉、发粉、鸡蛋、砂糖等拌匀制成汁液,接着倒入铁制的模板中,压上另一块模板,最后放在火上烤熟即可。随着时代的发展,鸡蛋仔也由单一的品种演变成口味丰富的小吃。其中销路最好的当属原味、朱古力和椰丝等几种口味。现在,鸡蛋仔时尚新颖,颇富创意,成了很多港星的心头之爱,如,曾志伟、任达华和郑秀文等都是它的忠实"粉丝"。

其外形浑圆、小巧可爱、内里松软、外表酥脆,咬下时,浓浓的蛋香在口中散发,口感一流。

"碗仔翅"因何得名,有何特色

"碗仔翅"以仿鱼翅而出名,是香港的街头名吃。其本身并没有昂贵的鱼翅,取而代之的是廉价的粉丝,但是做出的成品却与高汤鱼翅有着惊人的相似之处,故名"碗仔翅"。

香港路边碗仔翅

1960 年前后,香港地区街头小贩为了满足人们的需求,研制出了一种用粉丝仿鱼翅的小吃。因其用小碗盛装,外观酷似鱼翅,故人们将其称为碗仔翅。起初一碗普通的碗仔翅并不能给人带来饱腹感,所以小贩都将其同鱼肉汤或通心粉一同贩卖。后来经过人们的改良,增加了碗仔翅的食料,大大增加了分量,使其更受人们喜爱,成为香港地区街头必有的小吃之一。

起初的碗仔翅制作简单,用料较少,而且加入大量的味精,对人体造成一定的伤害,虽然好吃但却被视为垃圾食品。20 世纪 90 年代后,一些酒楼将其改良,加入了火腿、猪皮等富含营养的食料,一改人们对旧时碗仔翅的印象,让更多不同阶层的消费者欣然接受。

碗仔翅是以粉丝为主料,制作时先将粉丝泡软,接着将泡好的粉丝放入锅中并加入香菇和肉丝熬煮,煮至九成熟时再依次加入淀粉和老抽,使其浓稠,最后佐以麻油、胡椒粉等即可食用。

其味道鲜美、食料丰富、浓稠相宜、粉丝微韧、色泽美观,是老少皆宜的营养小吃。

咖喱鱿鱼的来历及制作

20 世纪 50 年代前后，香港掀起了一股食用咖喱的热潮。很多街边小吃都采用咖喱做配料。咖喱鱿鱼便是那个年代的产物。晒干后的鱿鱼没有多余的水分，更加容易吸收咖喱的香味，所以正宗的咖喱鱿鱼应是用咖喱汁和晒干后的鱿鱼快炒而成。

咖喱鱿鱼

据说，咖喱鱿鱼起源于街头小吃，由小贩们首创。早年香港遍地是小摊小贩。他们为了吸引顾客，总是会创出新式菜品。20 世纪 50 年代前后，小贩们受咖喱鱼蛋的启发，将鱿鱼切碎和咖喱一起翻炒，制成咖喱鱿鱼。没想到这样做出的鱿鱼不仅掩盖了腥味，还增加了咖喱的浓香，十分诱人。自此咖喱鱿鱼改变了鱿鱼单一的口味，成为香港街头流行的小吃之一。

咖喱鱿鱼的主料是鱿鱼和咖喱，制作时先将鱿鱼洗净切块，放入沸水中焯一下后捞起备用，再将土豆、胡萝卜、洋葱和甜椒切块，放入锅中翻炒，接着加水煮熟，待水变得浓稠时放入制好的鱿鱼一起翻炒，最后加入咖喱拌匀即可。做好的鱿鱼可直接食用，也可根据个人口味淋上番茄酱等酱料一同食用，口感香脆，咖喱味浓，让人望而生涎。

鱿鱼微韧不腥、咖喱香浓醇厚，两者交加，既有海鲜的甜美，又有咖喱的浓香，食而不厌。

煎酿三宝的来历及特色

煎酿三宝，是香港人对三种煎酿类街头小吃的统称。据说，煎酿类小吃在早年的香港地区颇受欢迎。后来人们发现将茄子、青椒和豆腐放在一起味道更

煎酿三宝

绝,便制成了这道小吃。因其是把剁碎的鲮鱼肉酿在豆腐、青椒和茄子这三种食品中,然后放在热油锅中煎制而成,故称煎酿三宝。煎酿三宝因经济实惠且具有祛风通络、消肿止痛等功效而深受人们喜爱。起初的煎酿三宝只有茄子、青椒和豆腐三种。现在随着时代的发展,又加入了不少当代元素,如,香肠、云吞皮和酿红肠等纷纷成为其食材之一。

煎酿三宝起初是以"五元三件"的价钱闻名于世,现在由于物价上涨,其价格也有所波动,但依然是实惠的小吃之一。如今很多小吃摊也会在里面加入适量的面粉,既增加了嫩滑的口感,又降低了成本。其口感独特、肉质鲜香、软嫩味美、油而不腻。

趣味澳门菜知识

QUWEI AOMENCAI ZHISHI

葡式蛋挞的来历及制作

葡式蛋挞，也叫葡挞、焦糖玛琪朵蛋挞，因最早源自葡萄牙而得名。它是在澳门地区流行的一种小型奶油酥皮馅饼，以独特的口感、焦黑的表面为特色。

葡式蛋挞由英国人安德鲁·史斗创制。早年安德鲁在葡萄牙品尝到里斯本附近城市 Belem 的传统蛋挞后，决定采用英国式的糕点做法，改用英式奶黄馅并减少糖的用量制出葡式蛋挞。1989 年他在澳门的海岛一隅开设了安德鲁饼店出售葡挞等糕点。但葡挞的出名却是在安德鲁与妻子玛嘉烈离婚之后。1996 年，

葡式蛋挞

玛嘉烈离开安德鲁，在澳门市区用自己的名字开了玛嘉烈咖啡店。不经意间葡挞在澳门卷起了一阵旋风。

制作葡式蛋挞时讲究烘焙技巧，先用酥油、面粉、水混合揉成面团，饧 20 分钟后擀成长片；然后将麦淇淋擀成 0.6cm 的薄片，用面片包住，擀成长条后对折三次，再重复擀长、对折，置冰箱内松弛半小时后用模子压出挞皮；最后把用砂糖、牛奶、鸡蛋、低粉混合制成的挞水倒入挞皮中，放入 220℃的烤箱中烤 15 分钟即可。

葡式蛋挞有着精致圆润的挞皮，浓郁的蛋香奶香。一口咬去，其口感香酥松软，内馅十足，甜而不腻。

猪扒包有何特色

猪扒包，是澳门地区特色食品。澳门经过了 500 多年外国文明的洗礼，在文化上呈现东西交融的景象。澳门人的饮食习惯受西方影响深刻，如，猪扒包就是一例。猪扒包与三明治类似，数年前便在澳门流行。

"猪扒"就是猪排，而猪扒包是一种在面包或猪仔包里涂上牛油，夹一块猪排的食物。其制作方式简单，先用酱油、糖、太白粉和蔬菜水调制成腌

猪扒包

料;然后用刀背将肉排剁松,放入腌料中腌制 15 分钟后煎炸至金黄;最后将猪仔包从侧边切开放入炒熟的洋葱丝,夹入猪扒便成。

炸过的猪扒松香鲜美,味浓而不油腻,配以精心烤制的面包,内软外脆,口感一流。近年来,当地"大利来记"将澳门猪扒包的美名传扬海内外。

礼记杏仁饼的特色及由来

礼记杏仁饼,是由澳门地区百年老店礼记饼家创制出的特色糕点。其由绿豆饼发展而来,因形似杏仁而得名。礼记杏仁饼有上百种口味,如,杏仁肉心杏仁饼、黑芝麻杏仁饼、紫菜杏仁饼等。

礼记杏仁饼色泽金黄、入口松软,杏仁颗粒多,绿豆味香浓。其做法如下:先用绿豆粉、糖粉、杏仁粒和油加水搅拌成饼料;而后将饼料放入饼模内压实;最后将饼小心地从饼模中倒出,放在烤盘(烤架)上用150℃烘烤约25分钟即可。

礼记杏仁饼

相传元末明初朱元璋率领起义军抗元。其妻马氏用绿豆、小麦、黄豆等磨成粉制成饼给军士携带。后人在这种饼的基础上改进制法和原料,用绿豆粉、猪肉等做馅,制成了最早的杏仁饼。此后的数百年杏仁饼品种及制作方式一直都很单一。20 世纪初,礼记饼家在澳门开设。凭着传统的手工制法及不断创新,小店师傅将杏仁饼发展到 20 多个品种,数百种口味。如今,礼记饼家已经变成驰名中外的百年老字号,而礼记杏仁饼也成为澳门地区的特色产品。

凤凰卷是如何制作的

凤凰卷,由蛋卷演变而来,是澳门地区传统小吃。其名字中的"凤凰"二字是为了取意吉祥。早年凤凰卷品种单一,现已有肉松凤凰卷、椰蓉凤凰卷、芝麻凤凰卷等 20 多种口味。市场上出售的凤凰卷多由蛋卷机做成,手工制作的已很少见。

传统的凤凰卷制作工序复杂,先将奶油溶解,加入糖粉、蛋及各色调料拌

凤凰卷

味,凤凰卷就是其一。

匀;然后加入低筋面粉搅拌到没有粉粒状面糊,将面糊抹开成圆薄片状放置在烤盘上;最后放入已预热的烤箱中烤5分钟左右,待饼干上色后趁热将其翻面、卷起定型即成。

早年间贫瘠的百姓为了填饱肚子,咽野菜、吃草根。后来有人想出将鸡蛋、野菜、草根混在一起煮,使其味道变好点儿。但鸡蛋不是经常会有,所以又有人将鸡蛋、野菜、草根煮成糊后烘干卷起来,留作储备粮,这就是最原始的蛋卷。后来随着生活质量的不断提高,蛋卷演变成多种风

三可老婆饼的来历

三可老婆饼,是澳门地区特色糕点,因其由一个名叫三可的人制作而得名。三可老婆饼的特色在于其制作时坚持传统手工造饼工艺并不断创新。其以冬瓜、糖、芝麻为馅料,糯米粉为饼皮烘烤制成。

据说澳门有个名叫三可的人从十几岁开始学做饼,50多年来一直坚持传统的手工造饼工艺,且不断研究新品种。他所制的老婆饼名气最大,澳门当地人称其为三可老婆饼。

老婆饼

三可老婆饼皮酥馅糯、咸甜薄脆、甜而不腻,令人百尝不厌。

策　　划:丁海秀　李荣强

责任编辑:张　毅

图书在版编目(CIP)数据

趣味导游美食知识/《趣味导游知识》编辑部主编
— 北京:旅游教育出版社,2015.1
(趣味导游知识丛书)
ISBN 978 - 7 - 5637 - 2991 - 3

Ⅰ.①趣…　Ⅱ.①趣…　Ⅲ.①饮食—文化—中国
Ⅳ.①TS971

中国版本图书馆 CIP 数据核字(2014)第 171705 号

趣味导游知识丛书

趣味导游美食知识

《趣味导游知识》编辑部　主编

出版单位	旅游教育出版社
地　　址	北京市朝阳区定福庄南里 1 号
邮　　编	100024
发行电话	(010)65778403 65728372 65767462(传真)
本社网址	www.tepcb.com
E - mail	tepfx@ 163. com
印刷单位	北京嘉业印刷厂
经销单位	新华书店
开　　本	710 毫米 ×1000 毫米　1/16
印　　张	21
字　　数	306 千字
版　　次	2015 年 1 月第 1 版
印　　次	2015 年 1 月第 1 次印刷
定　　价	36.00 元

(图书如有装订差错请与发行部联系)